高等院校应用创新教材

土木工程材料

杨三强　杜二霞　郑　轩　主编

科学出版社

北京

内 容 简 介

本书是高等院校应用创新教材之一，主要内容包括土木工程材料的基本性质、无机胶凝材料、建筑钢材、混凝土、砂浆、砌筑材料、沥青及沥青混合料、合成高分子材料、木材、建筑功能材料、装饰材料。

本书既可作为高等院校本科土木工程、建筑管理工程、给排水工程、建筑学等土木建筑类专业的教材，也可供交通土建、水利工程等相关专业使用。本书还可供有关专业科研、设计、施工、管理人员参考。

图书在版编目（CIP）数据

土木工程材料/杨三强，杜二霞，郑轩主编. —北京：科学出版社，2017
（高等院校应用创新教材）
ISBN 978-7-03-050996-3

Ⅰ. ①土… Ⅱ. ①杨… ②杜… ③郑… Ⅲ. ①土木工程-建筑材料-高等学校-教材 Ⅳ. ①TU5

中国版本图书馆 CIP 数据核字（2016）第 299618 号

责任编辑：周艳萍 / 责任校对：马英菊
责任印制：吕春珉 / 封面设计：耕者设计工作室

科学出版社 出版
北京东黄城根北街 16 号
邮政编码：100717
http://www.sciencep.com

北京九州迅驰传媒文化有限公司 印刷
科学出版社发行　各地新华书店经销
*
2017 年 11 月第 一 版　开本：787×1092 1/16
2017 年 11 月第一次印刷　印张：16 1/4
字数：385 000

定价：48.00 元

（如有印装质量问题，我社负责调换〈九州迅驰〉）
销售部电话 010-62136230　编辑部电话 010-62151061

前　言

本书根据《高等工科院校土木工程专业本科教学大纲》编写而成，为土木工程、建筑学、工程管理等土木类专业用书，也可供从事土木工程设计、施工、管理等相关专业人员参考。编者们在多年教学、科研积累的基础上，总结自己的教学经验，编写了本教材。以培养应用型人才为基础，本书系统全面地介绍土木工程材料的基础知识、基本理论和基本方法。

本书内容包括土木工程材料的基本性质、无机胶凝材料、建筑钢材、混凝土、砂浆、砌筑材料、沥青及沥青混合料、合成高分子材料、木材、建筑功能材料和装饰材料。每部分内容主要从材料的基本成分、生产工艺、性质、选配应用、材料检验等基本理论和实验技能等方面进行介绍。针对土木类专业性质，重点在材料性质、选配应用、材料检验三个方面进行讲解，并结合基本概念、基础理论、基本技能，力求理论性和实践性相结合，教学内容与实验内容相结合。

本书除绪论外共 11 章，由河北大学杨三强、杜二霞与郑轩担任主编，具体编写分工如下：河北大学杨三强编写绪论、第 1 章、第 2 章、第 3 章及第 7 章，并由河北大学阎红霞、河北农业大学孟志良修订；杜二霞编写第 4 章～第 6 章，并由河北大学宋鹏彦、河北工业大学肖庆一修订；河北大学郑轩编写第 8 章～第 11 章，并由河北大学刘娜、长安大学汪海年修订。

本书在编写过程中得到科学出版社、河北大学、河北农业大学、河北工业大学以及长安大学的大力支持和帮助，在此表示感谢。

限于编者水平，书中难免存在不足之处，恳请广大读者批评指正。

编　者

2017 年 3 月

目　录

绪　论

土木工程材料指建造土木工程（泛指建筑、水利、水运、道路、桥梁等建设性工程）中使用的各种材料及制品，它是一切土木工程的物质基础。

土木工程材料有各种不同的分类方法。例如，根据用途可将工程材料分为结构主体材料和辅助材料；根据工程材料在工程结构物中的部位（以工业建筑为例）可分为承重材料、装饰材料、功能（声、光、电、热、磁）材料等。

目前，土木工程材料通常是根据组成物质的种类和化学成分分类，如图 0-1 所示。

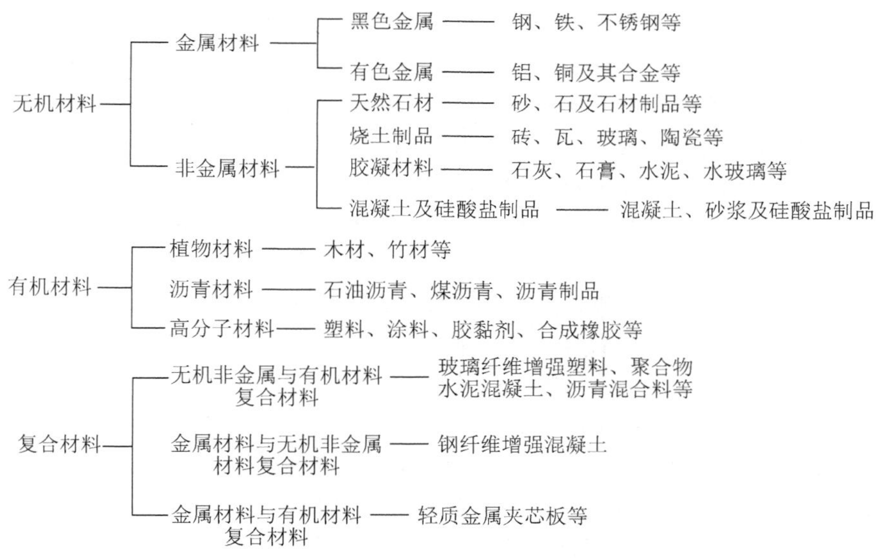

图 0-1　土木工程材料分类

土木工程材料是随着人类社会生产力和科学技术水平的提高而逐步发展起来。人类最早穴居巢处，到石器、铁器时代，人类能制造简单的工具，才开始挖土、凿石为洞，伐木、搭竹为棚，利用天然材料建造非常简陋的房屋等土木工程。早在公元前 3000 年—公元前 2000 年，人类就能够用黏土烧制砖、瓦，用岩石烧制石灰、石膏，土木工程材料才由天然材料进入人工生产阶段。

但无论中外，在漫长的奴隶社会和封建社会中，建筑技术和土木工程材料的进步都相当缓慢。直到 19 世纪资本主义兴起，资本主义各国先后发生工业革命，土木工程材料领域才出现突飞猛进的进步，土木工程材料进入一个新的发展阶段，钢材、水泥、混凝土及其他材料相继问世，为现代土木工程建筑奠定了基础。进入20世纪后，由于社会生产力突飞猛进，以及材料科学与工程学的形成和发展，土木工程材料不仅性能和质量不断改善，而且品种不断增加，以有机材料为主的化学建材异军突起，一些具有特殊功能的新型土木工程材料，如绝热材料、吸声隔声材料、各种装饰材料、耐热防火材料、防水抗渗材料，以及耐磨、耐腐蚀、防爆和防辐射材料等应运而生。

改革开放以来，我国的土木工程材料工业有了巨大的发展，许多重要的土木工程材料的年产量已经位居世界前列，但传统的生产方式使我国在资源、能源和生态环境等方面付出了沉重代价。进入21世纪，全球性的生存环境恶化问题更加突出，表现在人口爆炸性增长、资源日益匮乏、森林锐减、湖河干涸、土地沙化、气候异常等，制约了经济和社会的可持续发展。为此，土木工程材料行业需要建立循环节约型的生产方式，需要采用清洁的生产技术，少用天然资源，大量使用工农业或城市固体废弃物。土木工程材料应朝着研制高性能材料、节约资源和能源，有利健康和循环利用的方向发展。

各种土木工程材料在原材料、生产工艺、结构及构造、性能及应用、检验及验收、运输及储存等方面既有共性，也有各自的特点，全面掌握土木工程材料的知识，需要学习和研究的内容范围很广，涉及众多学料。对于从事土木工程设计、施工、科研和管理的专业人员，掌握各种土木工程材料的性能及其适用范围，以便在种类繁多的土木工程材料中选择最合适的加以应用，尤为重要。除了在施工现场直接配制或加工的材料（如砂浆、混凝土、金属焊接等）外，对于以产品形式直接在施工现场使用的材料，也需要了解其原材料、生产工艺及结构、构造的一般知识，以明了这些因素是如何影响材料的性能。

此外，作为有关生产、设计应用、管理和研究等部门应共同遵循的依据，对于绝大多数常用的土木工程材料，均由专门的机构制定并发布了相应的“技术标准”，对其质量、规格和验收方法等作了详尽而明确的规定。在我国，技术标准分为四级：国家标准、行业标准、地方标准和企业标准。国家标准是由国家质量监督检验检疫总局颁布的全国性的指导技术文件，其代号为GB；行业标准也是全国性的指导技术文件，但它由主管生产部（或总局）颁布，其代号按部名而定，如建材行业标准的代号为JC，建工行业标准的代号为JG，交通行业标准代号为JT；地方标准是地方主管部门颁布的地方性指导技术文件其代号为DB；企业标准则仅适用于本企业，其代号为QB。凡没有制定国家标准、行业标准的产品，均应制定企业标准。

随着我国对外开放和加入世界贸易组织（WTO），还涉及一些与土木工程材料关系密切的国际或外国标准，其中主要有：国际标准，代号为ISO；美国材料与试验协会标准，代号为ASTM；日本工业标准，代号为JIS；德国工业标准，代号为DIN；英国标准，代号为BS；法国标准，代号为NF等。熟悉有关的技术标准，并了解制定标准的科学依据，也是十分必要的。

本课程作为土木工程类各专业的基础课，将通过课堂教学，结合现行的技术标准和相关的试验，以土木工程材料的性能及合理使用为中心，进行系统讲述。教学目的在于配合专业，为专业设计和施工提供合理地选择和使用土木工程材料的基本知识。同时，也为今后从事土木工程材料科学技术的专门研究打下必要的基础。

在本课程的学习过程中，要注意了解事物的本质和内在联系。例如学习某一种材料的性质时，不能只满足于知道该材料具有哪些性质，哪些表象，更重要的是应当知道形成这些性质的内在原因和这些性质之间的相互联系。对于同一类属的不同品种的材料，不但要学习它们的共性，更重要的是要了解各自的特性和具备这些特性的原因。例如学习各种水泥时，不仅要知道它们都能在水中硬化等共同性质，更要注意它们各自质的区别，因而反映在性能上的差异。材料的性质不是固定不变的，在使用、运输和储存过程中，它们的性质都不同程度地发生着变化。为了保证工程的耐久性和控制材料在使用前的变质问题，我们还必须了解引起变化的外界条件和材料本身的内在原因，从而了解变化的规律。

除了课堂教学外，土木工程材料的学习还应进行必要的试验。试验课是本课程必不可少的重要教学环节，其任务是验证基本理论，学习试验方法和技术，培养科学研究能力和严谨的科学态度。进行试验时，要严肃认真，一丝不苟。即使对一些操作简单的试验，也不例外。特别应注意了解试验条件对试验结果的影响。并对试验结果做出正确的分析和判断。

第1章　土木工程材料的基本性质

土木工程材料是土木工程的物质基础，材料的性质与质量很大程度上决定了工程的性能与质量。在工程实践中，选择、利用、分析和评价材料，通常是以其性质为基本依据。土木工程材料的性质可分为基本性质和特殊性质两部分。基本性质是指土木工程材料所具有的最基本、共有的性质；特殊性质是指材料本身所特有的不同于其他材料的性质。在土木工程各类建筑物中，材料受到的各种物理、化学、力学因素单独及综合的作用，因此，对土木工程材料性质的要求也必须全面而严格。

1.1　材料科学的基础知识

材料的组成、结构和构造是决定材料性质的内在因素，为了深入了解材料的各种性质及其变化规律，就必须了解其组成、结构与材料性质之间的关系。

1.1.1　材料的组成

材料的组成是影响材料物理力学性质和性能的重要因素，这是材料科学最基本的原理之一。材料的组成包括材料的化学组成、矿物组成和相组成。

1. 化学组成

材料的化学组成是指构成材料的化学元素及其化合物的种类和数目，是决定材料化学性质（耐蚀、燃烧等）、物理性质（耐水、耐热等）和力学性质的重要因素。不同的化学成分构成了不同的材料，因而也表现出不同的性质。例如，钢材密度较大，强度较高，但易于锈蚀；木料质轻强度较高，但易于燃烧和腐朽。

2. 矿物组成

材料科学中常将具备特定的晶体结构和特定的物理力学性能的组织结构称为矿物。矿物组成是指构成材料的矿物种类和数量。化学组成不同，其材料性质不同；化学组成相同的材料，也可以表现出不同的性质，这是由于其矿物组成不同的缘故。这类材料的化学组成是影响性能的主要因素。如天然石料，由于其矿物组成不同，所以构成了不同的岩石品种。

3. 相组成

材料中结构相近、性质相同的均匀部分称为相。自然界中的物质可分为气相、液相、固相三种形态。同一种材料可由多相物质组成。例如，在铁碳合金中就有铁素体、渗碳体、珠光体，它们的比例不同，就能生产出不同强度和塑性的钢材。同种物质在不同的温度、压力等环境条件下，也常常会转变其存在状态，如由气相转变为液相或固相。土木工程材料大多是多相固体材料，通常将由两相或两相以上的物质组成的材料，称为复合材料。例如，混凝土可认为是由骨料颗粒（骨料相）分散在水泥浆体（基相）中所组成的两相复合材料。

1.1.2　材料的结构

材料的结构和构造是决定材料性能的极其重要的因素，研究材料的结构和构造以及它们与材料性能的关系，是材料科学的主要任务之一。

广义上，结构与构造指从原子结构到肉眼宏观结构各个层次的构造状态的通称。影响材料性能的结构层次及其类别十分丰富，大体上材料的结构可分为宏观结构、亚微观结构和微观结构。

1. 宏观结构

材料的宏观结构（表 1-1）是指用肉眼或放大镜可分辨出的结构和构造状况，其尺度范围为 10^{-3}m 以上。按孔隙特征分类，可分为致密结构、微孔结构、多孔结构；按构造特征分类，可分为纤维结构、层状结构、散粒结构和聚集结构。

表 1-1　材料的宏观结构和构造及特征

宏观结构		结构特征	常用的土木工程材料
按孔隙特征	致密结构	无宏观尺度的孔隙	钢铁、玻璃、塑料等
	微孔结构	主要具有微细孔隙	石膏制品、烧土制品
	多孔结构	具有较多粗大孔隙	加气混凝土、泡沫玻璃等
按构造特征	纤维结构	主要由纤维状材料构成	木材、玻璃、岩棉
	层状结构	由多层材料叠合构成	复合墙板、胶合板
	散粒结构	由松散颗粒状材料构成	砂土材料、膨胀蛭石
	聚集结构	由骨料和胶结材料构成	各种混凝土、砂浆、陶瓷

2. 亚微观结构

亚微观结构是指可用光学显微镜观察到的微米级的组织结构，又称介观结构，其尺度范围在 10^{-6}～10^{-3}m。亚微观结构主要研究材料内部的晶体、颗粒等大小和形态，晶界或界面，孔隙与微裂纹的大小、形状及分布等。材料在亚微观层次上的各种组织结构的性质和特点各异，它们的特征、数量和分布对土木工程材料的性能有重要影响。

3. 微观结构

微观结构是指原子、分子层次的结构，又称显微结构或微细结构。其尺寸范围为 10^{-10}～10^{-6}m，可用电子显微镜或 X 射线来进行分析研究。微观结构是由原子的种类及其排列状态决定的，可分为晶体、玻璃体、胶体。

（1）晶体

内部质点（离子、原子、分子）在空间上按一定的规则，呈周期性排列时所形成的结构称为晶体结构。晶体具有如下特点。

① 具有特定的几何外形：晶体内部质点按一定规则排列的外观表现。

② 各向异性：晶体结构特征在性能上的反映。

③ 固定的熔点和化学稳定性：晶体键能和质点所处最低的能量状态所决定的。

晶体结构按质点和化学键的不同可分为：

A．原子晶体：中性原子以共价键结合而成的晶体，如石英。

B．离子晶体：正负离子以离子键结合而成的晶体，如碳酸钙（$CaCO_3$）。

C．分子晶体：以分子间的范德华力即分子键结合而成的晶体，如有机化合物。

D．金属晶体：以金属阳离子为晶格，由自由电子与金属阳离子间的金属键结合而成的晶体，如钢铁材料。

（2）玻璃体

玻璃体亦称无定形体或非晶体，是呈熔融状态的材料在急冷时，其质点来不及或因某种原因不能按规律排列而产生凝固所形成的结构。玻璃体的结构特征为没有固定的熔点和几何形状，且各向同性，化学稳定性差，易与其他物质发生化学反应，其质点在空间上呈非周期性排列。

玻璃体是化学不稳定的结构，容易与其他物质起化学反应，故玻璃体类物质的化学活性较高。例如火山灰、炉渣、粒化高炉矿渣等能与石灰或水泥在有水的条件下起水化、硬化作用。

（3）胶体

以胶粒（粒径为 10^{-10}～10^{-7}m 的固体颗粒）作为分散相，分散在连续相介质中，形成的分散体系称为胶体。

在胶体结构中，若胶粒较少，液体性质对胶体的性质影响较大，这种结构称为溶胶结构。若胶粒数量较多，胶粒在表面能的作用下发生凝聚作用，或者由于物理化学作用而使胶粒产生凝聚，形成固体状态或半固体状态，此胶体结构称为凝胶结构。

胶凝体具有固体的性质，在长期应力作用下，又具有黏性液体的流动性质。这是由于固体微粒为极薄的吸附膜所包围，这种膜越厚，则流动性越大，膜越薄，则刚性越大。混凝土的徐变就是由水泥胶体产生的。

1.2 材料的物理性质

1.2.1 材料的密度、表观密度与堆积密度

1．密度

密度是指材料在绝对密实状态下，单位体积的质量。按式（1.1）计算。

$$\rho = \frac{m}{V} \tag{1.1}$$

式中：ρ——密度，g/cm^3；

m——材料的质量，g；

V——材料在绝对密实状态下的体积，cm^3。

密度的单位在 SI 制中为 kg/m^3，我国建设工程中一般用 g/cm^3，偶尔用 kg/L，忽略不写时，默认单位为 g/cm^3，如水的密度为 1。

多孔材料的密度测定，关键是测出绝对密实体积。在常用的土木工程材料中，除了钢材、玻璃、沥青等少数材料外，绝大多数材料都有一些孔隙。测定有孔隙材料的密度时，应将材料磨成细粉，干燥后，用李氏瓶测定其体积。材料磨得越细，内部孔隙消除得越完全，测得的体积也就越精确，因此，一般要求细粉的粒径至少小于 0.2mm。

土木工程中，砂、石等材料内部有些与外部不连通的孔隙，在密度测定时，直接以块状材料为试样，以排液置换法测量其体积，近似作为其绝对密实状态的体积，并按式（1.1）计算，这时所求得的密度称为近似密度（ρ_a）。

2. *表观密度*

表观密度是指材料在自然状态下，单位体积的质量。按式（1.2）计算。

$$\rho_0 = \frac{m}{V_0} \tag{1.2}$$

式中：ρ_0——材料的表观密度，kg/cm^3；

m——材料的质量，g 或 kg；

V_0——材料在自然状态下的体积，或称表观体积，cm^3 或 m^3。

测定材料在自然状态下的体积的方法较简单，若材料外观形状规则，可直接度量外形尺寸，按几何公式计算；若外观形状不规则，可用排液法测得，为了防止液体由孔隙渗入材料内部而影响测量的准确性，应在材料表面涂蜡。

测定材料的表观密度时，应注意其含水情况。一般情况下，表观密度是指气干状态下的表观密度；而在烘干状态下的表观密度，称为干表观密度。

3. *堆积密度*

堆积密度是指散粒材料在堆积状态下，单位体积的质量。按式（1.3）计算。

$$\rho_0' = \frac{m}{V_0'} \tag{1.3}$$

式中：ρ_0'——材料的堆积密度，kg/m^3；

m——材料的质量，kg；

V_0'——材料的堆积体积 m^3。

测定散粒材料的堆积密度时，材料的质量是指填充在一定容器内的材料质量，其堆积体积是指所用容器的体积，因此，材料的堆积体积包含了颗粒之间的空隙。

土木工程中常用的材料密度的大小见表 1-2。材料的密度仅由材料的组成和材料的结构决定，与材料所处的环境、材料干湿和孔隙无关，故密度是材料的特征指标，能用于区分不同的材料。

表 1-2 常用土木工程材料的密度、表观密度及堆积密度

材料	密度/（g/cm³）	表观密度/（kg/cm³）	堆积密度/（kg/m³）
玻璃	—	2450～2550	—
砂	2.60	—	1450～1650
花岗岩	2.80	2500～2900	—
石灰岩	2.60	1800～2600	—
黏土	2.70	—	1600～1800
空心黏土砖	2.50	1000～1400	—
水泥	3.20	—	1200～1300
普通混凝土	—	2100～2600	—
木材	1.55	400～800	—
钢材	7.85	7850	—

1.2.2 材料的密实度、孔隙率

1. 密实度

密实度是指材料的体积内被固体物质充实的程度。按式（1.4）计算。

$$D=\frac{V}{V_0}\times100\% \quad 或 \quad D=\frac{\rho_0}{\rho}\times100\% \tag{1.4}$$

2. 孔隙率

孔隙率是指材料的体积内，孔隙体积所占的比例。按式（1.5）计算。

$$P=\frac{V_0-V}{V_0}=1-\frac{V}{V_0}=\left(1-\frac{\rho_0}{\rho}\right)\times100\% \tag{1.5}$$

即

$$D+P=1$$

孔隙率的大小直接反映了材料的致密程度，孔隙率大，则密实度小。材料的许多性能，如强度、吸水性、耐久性、导热性等，均与孔隙率有关。此外，还与材料的孔隙特征有关。孔隙特征是指孔的种类（开口孔或闭口孔）、孔径的大小及孔的分布是否均匀相等。工程中对保温隔热材料和吸声材料，要求其孔隙率大，而高强度的材料，则要求孔隙率小。工程上，一般通过测定材料的密度和表观密度来计算材料的孔隙率。

对应于开口孔和闭口孔的孔隙率分别称为开口孔隙率 P_k 和闭口孔隙率 P_b，即

$$P_k=\frac{V_k}{V_0}\times100\% \tag{1.6}$$

$$P_b=P-P_k \tag{1.7}$$

式中：V_k——开口孔的体积，m³。

1.2.3 材料的填充率与空隙率

1. 填充率

填充率是指散粒状材料在自然堆积状态下，其中的颗粒相互填充的致密程度。按

式（1.8）计算。

$$D' = \frac{V_0}{V_0'} \times 100\% \quad 或 \quad D' = \frac{\rho_0'}{\rho_0} \times 100\% \tag{1.8}$$

2. 空隙率

空隙率是指散粒材料在堆积状态下颗粒之间的空隙体积所占的比例。按式（1.9）计算

$$P' = D' = \frac{V_0' - V_0}{V_0'} = 1 - \frac{V_0}{V_0'} = \left(1 - \frac{\rho_0'}{\rho_0}\right) \times 100\% \tag{1.9}$$

空隙率的大小反映了散粒材料的颗粒之间相互填充的程度，与颗粒的堆积状态密切相关，可以通过压实或振实的方法获得较小的空隙率。空隙率可作为控制混凝土骨料的级配及计算砂率的依据。

1.2.4 材料与水相关的性质

1. 材料的亲水性与憎水性

材料在使用过程中经常会与水接触。以材料被水润湿的程度为分类依据，可将材料分为亲水性材料与憎水性材料。

润湿角 θ 可以作为材料亲水性与憎水性的鉴别依据。如图 1-1 所示，在材料、水和空气的交点处，沿水滴表面的切线与水和固体接触面所成的夹角（θ）称为润湿边角。润湿边角 θ 越小，说明材料的浸润性越好。如果润湿边角 θ 为零，则表示该材料可以完全被水所浸润。通常认为，当水分子间的内聚力小于材料与水分子间的亲和力时，$\theta \leqslant 90°$，材料可以被水浸润，此种材料称为亲水性材料，如图 1-1（a）所示。当水分子之间的内聚力大于水分子与材料表面分子之间的吸引力，$\theta > 90°$，材料表面不会被水浸润，此种材料称为憎水性材料，如图 1-1（b）所示。含有毛细孔的材料，当孔壁表面具有亲水性时，由于毛细作用，会自动将水吸入孔隙内，如图 1-1（a）所示。当孔壁表面为憎水性时，则须施加一定压力才能使水进入孔隙内，如图 1-1（b）所示。这一概念也可用于其他液体对固体材料表面的浸润情况，相应地称为亲液材料或憎液材料。

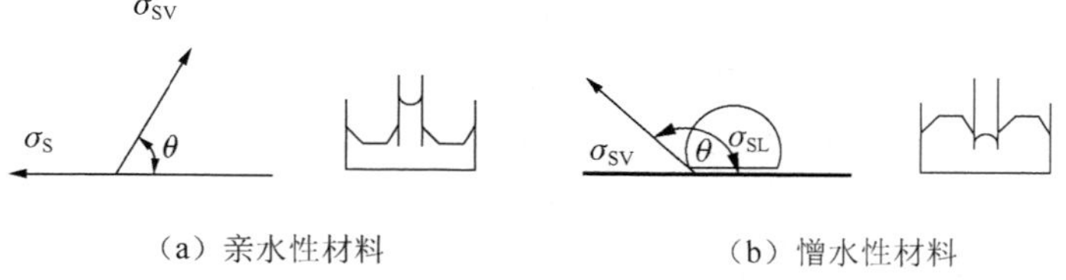

（a）亲水性材料　　（b）憎水性材料

图 1-1　材料湿润边角

2. 材料的吸湿性与吸水性

（1）吸湿性

材料在潮湿空气中吸收水分的性质称为吸湿性。材料的吸湿性用含水率表示，吸湿

作用一般是可逆的，也就是说材料既可吸收空气中的水分，又可向空气中释放水分。含水率计算式为

$$W_h = \frac{m_s - m_g}{m_g} \tag{1.10}$$

式中：W_h——材料的含水率，%；

m_s——材料吸湿后的质量，g；

m_g——材料在干燥状态下的质量，g。

材料含水率的大小不仅取决于自身的特性（亲水性、孔隙率和空隙特征），还受周围环境条件的影响，如温度、湿度等，气温越低，相对湿度越大，材料的含水率就越大，并最终达到与环境湿度保持相对平衡的含水状态，此时的含水率称为平衡含水率。

（2）吸水性

材料在水中吸收水分的性质，称为材料的吸水性。材料的吸水性用吸水率表示，材料吸水率可分为质量吸水率和体积吸水率两类。

① 质量吸水率。指材料吸水饱和时，所吸收水质量占材料干质量的百分率，其计算式为

$$W_m = \frac{m_b - m_g}{m_g} \times 100\% \tag{1.11}$$

式中：W_m——材料的质量吸水率，%；

m_b——材料吸水饱和状态下的质量，g；

m_g——材料在干燥状态下的质量，g。

② 体积吸水率。指材料吸水饱和时，所吸收水分的体积占材料自然体积的比例，其计算式为

$$W_V = \frac{m_b - m_g}{V_0} \times \frac{1}{\rho_w} \times 100\% \tag{1.12}$$

式中：W_V——材料的体积吸水率，%；

m_b——材料吸水饱和状态下的质量，g；

m_g——材料在干燥状态下的质量，g。

V_0——材料在自然状态下的体积，cm^3；

ρ_w——水的密度，常温下取 $1.0g/cm^3$。

如果材料具有细微且连通的孔隙，则吸水率较大。若是封闭孔隙，则水分不易渗入；粗大的孔隙水分虽然容易渗入，但仅能润湿孔隙表面而不易在孔中留存；所以，含封闭或粗大孔隙的材料，吸水率较低。

由于孔隙结构的不同，各种材料的吸水率相差很大。如钢铁、玻璃的吸水率一般为0；花岗岩等致密岩石的吸水率仅为0.5%～0.7%；普通混凝土的吸水率为2%～3%；黏

土砖的吸水率为 8%～20%；而木材或其他轻质材料的吸水率则常大于 100%。

（3）材料的耐水性

材料长期在饱和水作用下而不被破坏，强度也不显著降低的性质称为材料的耐水性。材料的耐水性可用软化系数来衡量，其计算式为

$$K_{R}=\frac{f_{b}}{f_{g}} \tag{1.13}$$

式中：K_R——材料的软化系数；

f_b——材料在吸水饱和状态下的抗压强度，MPa；

f_g——材料在干燥状态下的抗压强度，MPa。

软化系数的范围在 0～1 之间。软化系数的大小，是选择耐水材料的重要依据。长期受水浸泡或处于潮湿环境中的重要建筑物，在选择建筑材料时，其软化系数定在 0.85 以上。

3. 材料的抗渗性

材料的抗渗性是指材料抵抗压力水渗透的性质，是决定其工程使用寿命的重要因素。材料中含有孔隙、孔洞或其他缺陷，当材料两侧受水压差的作用时，水可能会从高压一侧向低压一侧渗透。材料的抗渗性可用渗透系数来表示。

$$K=\frac{Qd}{AtH} \tag{1.14}$$

式中：K——渗透系数，cm/h；

Q——渗透量，cm^3；

d——试件厚度，cm；

A——透水面积，cm^2；

t——时间，h；

H——静水压力水头，cm。

渗透系数越小，说明材料抗渗性越好。

土木工程中，对混凝土、砂浆，常用抗渗等级来评价其抗渗性。抗渗等级是以规定的试件在标准试验方法下所能承受的最大水压力来确定。

4. 材料的抗冻性

材料的抗冻性是指材料在饱水状态下，经受多次冻融循环试验而不发生破坏，强度也不显著降低的性质。材料的抗冻性能用抗冻等级表示。抗冻等级是通过用标准方法进行冻融循环试验，测得材料强度降低不超过规定值，且未发生显著破坏时的冻融循环次数来确定，常用“Fn”表示，其中 n 表示材料能承受的最大冻融循环次数，如 F25、F50 等。

1.3 材料的基本力学性质

1.3.1 材料的受力状态

材料在受外力作用时，由于作用力的方向和作用线（点）的不同，表现为不同的受力状态，典型的有受压、受拉、弯曲和剪切，如图 1-2 所示。

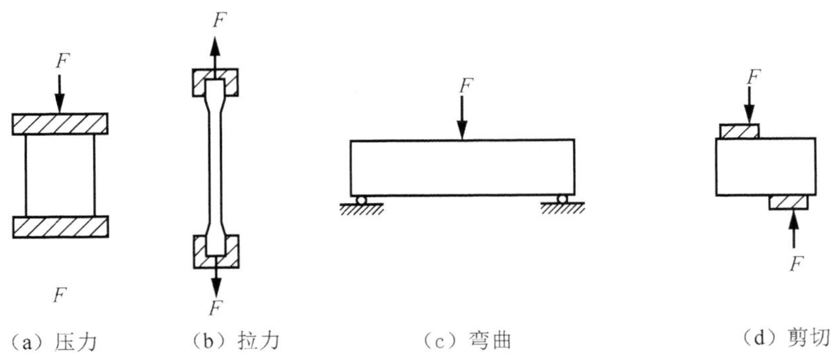

图 1-2 常见材料的受力状态

1.3.2 材料的强度

1. 强度的定义及种类

材料在外力（荷载）作用下，抵抗破坏的能力称为强度。当材料受外力作用时，其内部将产生应力，外力逐渐增大，内部应力也相应加大，直到质点间作用力无法继续承受应力时，材料即被破坏，此时的极限应力就是材料的强度。

根据材料的受力状态，材料的强度可分为抗压强度、抗拉强度、抗弯强度和抗剪强度。材料的抗压强度、抗拉强度、抗剪强度的计算公式为

$$f = \frac{F_{\max}}{A} \tag{1.15}$$

式中：f——材料的强度，$\mathrm{N/mm^2}$ 或 MPa；

$F_{\max}$——材料被破坏时的最大荷载，N；

A——受力截面的面积，$\mathrm{mm^2}$。

材料的抗弯强度与试件外形及加荷方式有关。对于矩形截面的条形试件，当其两支点间的作用集中荷载时，以及在试件支点间的三分点处作用两个相等的集中荷载时，其计算公式分别为

$$f = \frac{3F_{\max}L}{2bh^2} \tag{1.16}$$

$$f = \frac{F_{\max}L}{bh^2} \tag{1.17}$$

式中：f——材料的强度，N/mm^2 或 MPa；

F_{max}——材料破坏时的最大荷载，N；

L——两支点的间距，mm；

b，h——试件截面的宽与高，mm。

2. 影响材料强度的因素

材料的强度与其组成和构造有关，相同种类的材料，随着其孔隙率及构造特征的不同，各种强度也有显著差异。一般地说孔隙率越大的材料，强度越低，其强度与孔隙率有近似直线的关系，如图 1-3 所示。不同种类的材料，强度差异很大。砖、石材、混凝土和铸铁等材料的抗压强度较高，而抗拉强度及抗弯强度较低。木材的顺纹抗拉强度高于抗压强度。钢材的抗拉、抗压强度都很高。因此，砖、石材、混凝土等材料多用于结构的承压部位，如墙、柱、基础等；钢材则适用于承受各种外力的结构。常用材料的强度值列于表 1-3。

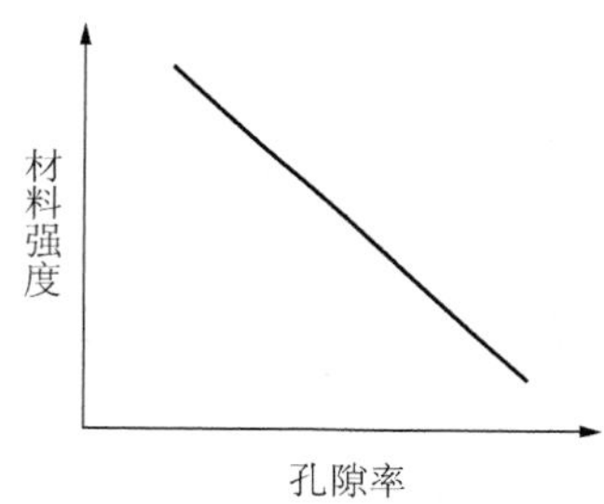

图 1-3　材料强度与孔隙率关系

表 1-3　常见材料的强度

材料	抗压强度/MPa	抗拉强度/MPa	抗弯强度/MPa
花岗岩	100～250	5～8	10～14
普通黏土砖	10～30	—	2.6～5.0
混凝土	10～100	1～8	3.0～10.0
松木（顺纹）	30～50	80～120	60～100
建筑钢材	240～1500	240～1500	—

土木工程材料常根据其强度划分为若干不同的等级。将土木工程材料划分为若干等级，对掌握材料性质，合理选用材料，正确进行设计和控制工程质量都非常重要。

1.3.3 弹性与塑性

材料在极限应力作用下，会被破坏而失去使用能力，在非极限应力作用下则会发生某种变形。弹性与塑性反映了材料在非极限应力作用下两种不同特征的变形。

1. 弹性与弹性变形

材料在外力作用下产生变形，当外力去除后变形随即消失，完全恢复原来形状的性质称为弹性。这种可完全恢复的变形称为弹性变形。明显具有弹性变形特征的材料称为弹性材料。弹性变形的大小与所受应力的大小成正比。所受应力与应变的比值称为弹性模量，是衡量材料抵抗变形能力的指标。在材料的弹性范围内，弹性模量是一个常数，按式（1.18）计算。

$$E=\frac{\sigma}{\varepsilon} \tag{1.18}$$

式中：E——材料的弹性模量，MPa；

σ——材料所受的应力，MPa；

ε——材料在应力σ作用下产生的应变，无量纲。

2. 塑性与塑性变形

材料在外力作用下，当应力超过一定限值时产生显著变形，且不产生裂缝或不发生断裂，外力取消后，仍保持变形后的形状和尺寸的性质称为塑性。这种不能恢复的变形称为塑性变形。

完全的弹性材料或完全的塑性材料是不存在的，大多数材料在受力变形时，既有弹性变形，也有塑性变形，只是在不同的受力阶段，变形的表现形式不同。建筑钢材就是如此。有的材料在受力时，弹塑性变形在取消外力后，弹性变形可以恢复，而塑性变形则不能恢复，混凝土材料的受力变形就属于这种类型。

1.3.4 脆性与韧性

1. 脆性

外力作用于材料，并达到一定值时，材料并不产生明显的塑性变形（即突然破坏），材料的这种性质称为脆性。脆性材料的变形曲线如图 1-4 所示。其特点是材料在外力作用下，达到破坏荷载时的变形很小。脆性材料不利于抵抗振动和冲击荷载，会使结构发生突然性破坏，在工程中应尽量避免脆性破坏的发生。陶瓷、玻璃、石材、砖瓦、混凝土、铸铁等都属于脆性较大的材料。

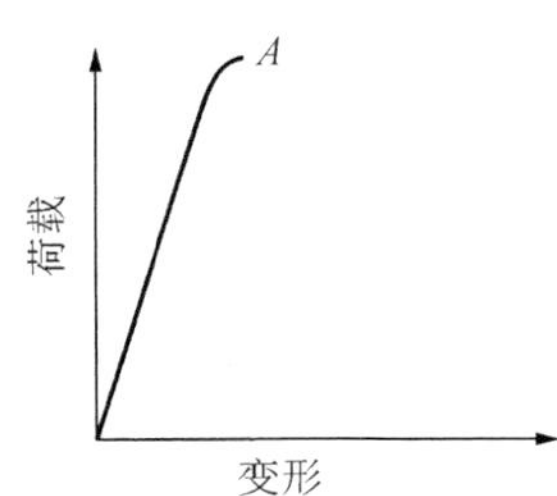

图 1-4　脆性材料的变形曲线

2. 韧性

材料在冲击或振动荷载作用下，能够吸收较大的能量，并产生较大的变形而不发生破坏的性质，称为韧性（亦称冲击韧性）。材料的韧性常用冲击试验来检验，用冲击韧

性值即材料受冲击破坏时单位断面所吸收的能量来衡量，其计算式为

$$a_k = \frac{A_k}{A} \tag{1.19}$$

式中：α_k——材料的冲击韧性值，J/mm^2；

A_k——材料被破坏时吸收的能量，J；

A——材料的受力面积，mm^2。

建筑钢材（软钢）、木材等属于韧性材料。在桥梁、吊车梁及有抗震要求的土木工程结构中，应考虑材料的韧性。

1.3.5　硬度与耐磨性

1．硬度

硬度是指材料表面抵抗其他硬物压入或刻划的能力。土木工程中的楼面和道路材料、预应力钢筋混凝土锚具等为保持使用性能或外观，须具备足够的硬度。

非金属材料的硬度用莫氏硬度表示，它是用系列标准硬度的矿物块对材料表面进行划擦，根据划痕确定硬度等级。

2．耐磨性

耐磨性是指材料表面抵抗磨损的能力。材料硬度高，材料的耐磨性也好。耐磨性常以磨损率衡量，其计算式为

$$G = \frac{m_1 - m_2}{A} \tag{1.20}$$

式中：G——材料的磨损率，g/cm^2；

$m_1 - m_2$——材料磨损前后的质量损失，g；

A——材料的受磨面积，cm^2。

1.4　材料的耐久性

材料的耐久性是材料在多种自然因素作用下，抵抗其自身和环境的长期破坏作用，保持其原有性能而不破坏、不变质的能力。耐久性是衡量材料在长期使用条件下安全性能的一项综合指标。

材料在使用过程中，除受到各种外力作用外，还长期受到周围环境和各种自然环境的破坏作用，这些作用包括物理作用、化学作用、机械作用和生物作用。

材料的品质不同，其耐久性各有不同，例如钢材易受氧化和电化学腐蚀，无机非金属材料有抗渗性、抗冻性等要求，有机材料多因腐烂、虫蛀、老化而变质。

实际工程中，由于各种原因，土木工程结构常常会因耐久性不足而过早被破坏。因此，耐久性是土木工程材料一项重要的技术性质。各国工程技术人员都已认识到，土木

工程结构根据耐久性进行设计，更具有科学性和实用性。只有深入了解并掌握土木工程材料耐久性的本质，综合考虑材料、设计、施工、使用等多个方面，才能保证工程材料和结构的耐久性，延长工程结构的使用寿命。表 1-4 所示为材料耐久性与破坏因素的关系。

表 1-4　土木工程材料耐久性与破坏因素的关系

名称	破坏因素分类	破坏因素	评价指标
抗冻性	物理、化学	水、冻融作用	抗冻等级、耐久性系数
耐磨性	物理	流水、泥沙	磨损率
抗渗性	物理	压力水、静水	渗透系数、抗渗等级
碳化	化学	CO_2、H_2O	碳化深度
化学侵蚀	化学	酸、碱、盐及其溶液	*
老化	化学、物理	阳光、空气、水、温度交替	*
钢筋锈蚀	物理、化学	H_2O、O_2、氯离子、电流、电位	电位、锈蚀率、锈蚀面积
碱集料反应	物理、化学	R_2O、H_2O 活性集料	膨胀率
霉变腐蚀	生物	H_2O、O_2、菌	*
虫蛀	生物	昆虫	*
耐热	物理、化学	冷热交替、晶型转变	*
耐火	物理	高温、火焰	*

*表示可参考强度变化率、开裂情况、破坏情况等进行评定。

本章回顾与思考

土木工程材料在各种建筑物中，都承受着不同的力学、化学、物理和环境介质的作用，这要求其具有相应的不同性质。土木工程材料的基本性质是指通常必须考虑的最基本的、共有的性质。为了能够在工程中科学合理地使用材料，必须掌握有关材料的基本性质以及影响这些性质的因素与规律。

学习目标

1）掌握材料密度、表观密度及堆积密度的概念及测定。

2）掌握材料吸水性、吸湿性、耐水性、抗冻性和抗渗性等与水有关性质的概念及影响因素。

3）掌握材料强度、弹性、塑性、硬度、耐磨性的概念。

4）理解材料耐久性的含义。

学习重点

材料密度、表观密度及堆积密度的有关内容；孔隙率、孔隙特征和空隙率的含义及有关计算；材料吸水性、吸湿性、耐水性、抗冻性、抗渗性等与水有关性质的概念及影响因素；材料强度、弹性、塑性、硬度、耐磨性的概念；材料耐久性的含义。

学习难点

材料密度、表观密度及堆积密度的区别；材料吸水性、吸湿性、抗冻性、抗渗性及强度等性质与孔隙率及孔隙特征的关系。

工程案例

案例：某施工队原使用普通烧结黏土砖，后改为表观密度为 700kg/m^3 的加气混凝土砌块。在抹灰前采用同样的方式往墙上浇水，发现原使用的普通烧结黏土砖易吸足水量，但加气混凝土砌块表面看来浇水不少，但实则吸水不多。

提示：从孔结构对材料吸水性影响的角度分析。

第2章　无机胶凝材料

土木工程材料中，将散粒状材料（如砂或石子）或块状材料（如砖块和石块）经过一系列物理、化学作用，黏结成整体的材料，统称为胶凝材料。按材料化学组成成分的不同，一般可分为无机胶凝材料和有机胶凝材料两大类。无机胶凝材料以无机化合物为基本成分，根据无机胶凝材料凝结硬化条件的不同，又可分为气硬性胶凝材料和水硬性胶凝材料两类。有机胶凝材料以天然或合成的有机高分子化合物为基本成分，常用的有沥青、各种合成树脂等。

在土木工程材料中，胶凝材料是基本材料之一，通过它的胶结作用可配制出各种混凝土及各种建筑制品，并衍生出许多新型材料，这些材料及制品的性质与所使用的胶凝材料的性质密切相关。

胶凝材料的分类如图2-1所示。

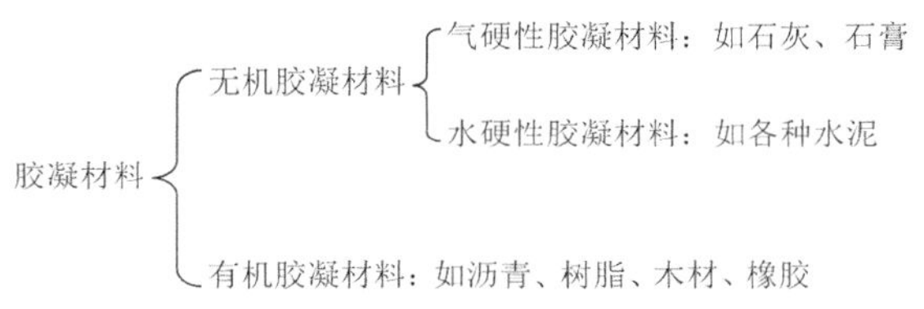

图2-1　胶凝材料的分类

2.1　气硬性胶凝材料

在无机胶凝材料中，气硬性胶凝材料是指只能在空气中凝结硬化和增强强度的胶凝材料，常用的有石膏、石灰和水玻璃。气硬性胶凝材料只适用于地上和干燥环境中，不能用于潮湿环境中，更不能用于水中。

2.1.1　石膏

石膏胶凝材料是以硫酸钙为主要成分的气硬性胶凝材料。石膏胶凝材料及其制品是一种理想的高效节能材料，具有许多优良的性质，如质轻、抗火、隔音等。并且石膏胶凝材料还具有来源丰富、生产耗能低、生产工艺简单的特点。因而在建筑工程中得到广泛应用。目前，常用的石膏胶凝材料有建筑石膏、高强石膏、无水石膏、水泥等。

1. 石膏胶凝材料的生产

生产石膏胶凝材料的原料主要是天然二水石膏（$CaSO_4·2H_2O$）矿石，也可用含有二水石膏的化工副产品和废渣（称为化工石膏）生产。

纯净的天然二水石膏矿石呈无色透明状或白色，但在含杂质时可呈现灰色、褐色等。根据 $CaSO_4·2H_2O$ 的含量，天然二水石膏可分为五个等级，如表 2-1 所示。

表 2-1　天然二水石膏的等级

等级	一	二	三	四	五
$CaSO_4·H_2O$ 含量/%	≥95	94～85	84～75	74～65	64～55

天然无水石膏（$CaSO_4$）又称天然硬石膏，只可用于生产无水石膏水。石膏胶凝材料生产的主要工序是破碎、加热煅烧与磨细。根据加热方式和煅烧温度的不同，可生产出不同性质的石膏胶凝材料产品。

将主要成分为二水石膏的天然二水石膏或化工石膏加热时，随着温度的升高，将发生如下变化，如图 2-2 所示。

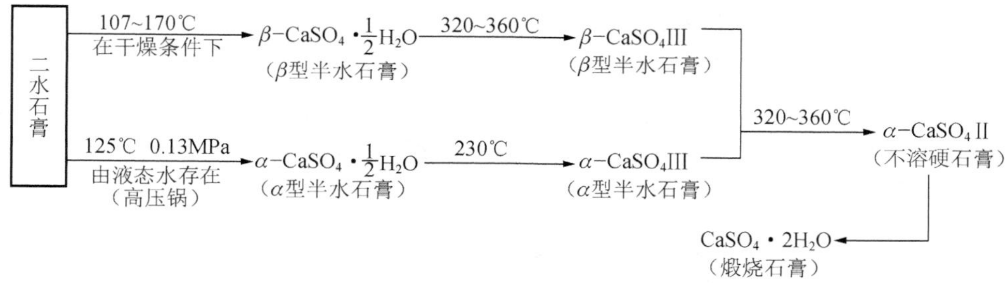

图 2-2　石膏胶凝材料生产示意图

在该加热阶段中，因加热条件不同，所获得的半水石膏有α型和β型两种形态。若将二水石膏在非密闭的窑炉中加热脱水，得到的是β型半水石膏，称为建筑石膏。建筑石膏的晶粒较细，调制成一定稠度的浆体时，需水量较大，因而硬化后强度较低。若将二水石膏置于 0.13MPa、125℃的过饱和蒸汽条件下蒸炼脱水，或置于某些盐溶液中沸煮，可得到α型半水石膏，称为高强石膏。高强石膏的晶粒较粗，调制成一定稠度的浆体时，需水量较小，因而硬化后强度较高。

当加热温度为 170～200℃时，半水石膏继续脱水，成为可溶性硬石膏，与水调和后仍能很快凝结硬化；当加热温度为 200～250℃时，石膏中残留很少的水，凝结硬化非常缓慢；当加热温度至 400～750℃时，石膏完全失去水分，成为不溶性硬石膏，失去凝结硬化能力，成为二水石膏（“死烧”石膏）；当温度高于 800℃时，部分石膏分解成的氧化钙起催化作用，所得产品又重新具有凝结硬化性能，这就是高温煅烧石膏。

在土木建筑工程中，应用的石膏胶凝材料主要是建筑石膏。

2. 建筑石膏的凝结硬化

建筑石膏与适量的水拌和后，最初成为可塑性良好的浆体，但很快就失去塑性而产生凝结硬化，并逐渐发展成为坚硬的固体。这种现象称为凝结硬化。长期以来，对半水石膏的水化、硬化机理做过大量研究工作。归纳起来，主要有两种理论：一种是结晶理论（或称溶解-析晶理论）；一种是胶体理论（或称局部化学反应理论）。前者由法国学者雷·查德里提出，并得到大多数学者的赞同。其基本要点如下所述。

1）β型半水石膏溶解于水，与水化合形成二水石膏。

$$CaSO_4\cdot\frac{1}{2}H_2O + 1\frac{1}{2}H_2O = CaSO_4\cdot 2H_2O$$

由于二水石膏在水中的溶解度仅为半水石膏溶解度的 1/5 左右，半水石膏的饱和溶液对于二水石膏就成了过饱和溶液。所以二水石膏以胶体微粒自溶液中析出。

2）如此循环进行，直到半水石膏全部耗尽。在这一过程中，二水石膏胶体微粒数量不断增加，浆体的稠度逐渐增大，开始失去可塑性，这称为初凝。

3）浆体继续变稠，胶体微粒之间的摩擦力和黏结力增加，逐渐凝聚成为晶体，晶体逐渐变大、共生和相互交错，使浆体产生强度，并不断增长，这称为终凝。

3. 建筑石膏的性质与应用

（1）建筑石膏的技术要求

建筑石膏为白色粉末，密度约为 2.60～2.75g/cm^3，堆积密度约为 800～1000kg/cm^3。技术要求主要有强度、细度和凝结时间，并按强度、细度、凝结时间划分为几个等级，其基本技术要求见表 2-2。

表 2-2 建筑石膏技术要求（引自 GB/T 9776—2008）

等级	细度（0.2mm 方孔筛筛余）/%	凝结时间/min		2h 强度/MPa	
		初凝	终凝	抗折	抗压
3.0	≤10	≥3	≤30	≥3.0	≥6.0
2.0				≥2.0	≥4.0
1.6				≥1.6	≥3.0

（2）建筑石膏的特性

① 装饰性好。建筑石膏为白色粉末，可制成白色的装饰板，也可加入彩色矿物制成丰富多彩的装饰板。

② 凝结硬化快。初凝不小于 3min，终凝不大于 30min，一周左右完全硬化。由于初凝快，为满足施工操作的要求，往往需要掺适量缓凝剂。

③ 孔隙高、表观密度小、强度低。建筑石膏水化反应的理论需水量只占半水石膏质量的 18.6%，但是在使用过程中，为满足施工要求的可塑性，往往要加 60%～80%的水，由于多余水分蒸发，在内部形成大量孔隙，孔隙率可达 50%～60%。因此，表观密度小，强度低。

④ 凝结硬化时体积膨胀。石膏浆体在凝结硬化初期会产生体积微膨胀，这使制得的石膏制品表面光滑细腻、轮廓清晰、形体饱满，而且干燥时不开裂，有利于制造图案花型复杂的石膏装饰制品。

⑤ 较好的功能性。石膏制品孔隙率高，且均为微细的毛细孔，因此导热系数小，一般为 0.121～0.205W/(m·K)；隔热保温性好；吸声性强；吸湿性大，使其具有一定的调温、调湿功能。

⑥ 良好的防火性。建筑石膏与水作用转变为二水石膏，硬化后的石膏制品含有其总质量 20.93%的结合水，遇火时，结合水吸收热量后大量蒸发，在制品表面形成小蒸汽幕，隔绝空气，缓解石膏制品本身温度的升高，从而有效阻止火的蔓延。

⑦ 耐水性差。建筑石膏硬化后有很强的吸湿性和吸水性，在潮湿条件下，晶粒间的结合力减弱，导致强度下降，其软化系数仅为 0.2～0.3。另外，石膏浸泡在水中，由于二水石膏微溶于水，也会使其强度下降。

（3）建筑石膏的用途

① 粉刷石膏。将建筑石膏加水调成石膏浆体可用作室内粉刷涂料，其粉刷效果好，比石灰洁白、美观。

② 石膏墙体。石膏墙体具有轻质、保温隔热、吸声、防火、尺寸稳定以及施工方便等性能，在建筑中得到了广泛应用。常用的有纸面石膏板、石膏空心板等。

③ 石膏艺术制品。石膏艺术制品是以优质建筑石膏为原料，加入纤维增强材料等添加剂，与水一起制成料浆，再经注模、成型、干燥和硬化后而制得的一类产品。

2.1.2 石灰

石灰是在土木工程中使用较早的矿物胶凝材料之一，由于生产石灰的原料来源广泛，生产工艺简单，成本低廉，因此至今仍被广泛应用于土木工程中。目前，工程中常用的石灰产品有磨细生石灰粉、消石灰粉和石灰膏。

1. *石灰的制备*

用石灰石、白云石、白垩和贝壳或其他碳酸钙（$CaCO_3$）为主要成分的天然原材料，以及一些以碳酸钙为主要成分的化学副产品，经煅烧而得到的块状产品，称为生石灰。

$$CaCO_3 \xrightarrow{900℃} CaO + CO_2$$

为加速分解过程，煅烧温度常提高至 1000～1100℃左右。在生产石灰的原料中，常含有碳酸镁，经煅烧后，分解成氧化镁；按氧化镁含量的多少，石灰分为钙质石灰和镁质石灰两类。《建筑生石灰》（JC/T 479—2013）规定，生石灰中氧化镁含量≤5%时，称为钙质石灰，氧化镁含量>5%时，称为镁质石灰。

工地上在使用石灰时，通常将生石灰加水，使之消解为膏状或粉末状的消石灰，这一过程称为石灰的“消化”，又称“熟化”。

$$CaO + H_2O \longrightarrow Ca(OH)_2 + 64.9\times10^3 J$$

上述化学反应有两个特点：一是水化热大、水化速率快；二是水化过程放热，熟化时体积增大1～2.5倍。后一个特点易在工程上造成事故，应予重视。

按用途，石灰熟化的方法有两种：

1）将生石灰用过量水消化而得到的黏稠浆体，称为石灰膏，又称石灰浆，主要成分为$Ca(OH)_2$和H_2O。通常加水量为生石灰体积的3～4倍。如果水量再多，得到白色悬浊液，称为石灰乳。

2）将生石灰加适量水熟化得到的粉末，称为消石灰粉，主要成分为$Ca(OH)_2$。CaO与H_2O反应生成$Ca(OH)_2$。

2. *石灰的硬化*

石灰的硬化是指石灰浆体在空气中由塑性状态逐步转化为具有一定强度的固体的过程，由下面两个同时进行的作用来完成。

1）结晶作用，游离水分蒸发，氢氧化钙逐渐从饱和溶液中结晶。

2）碳化作用，氢氧化钙与空气中的二氧化碳化合生成碳酸钙结晶，释出水分并被蒸发。

$$Ca(OH)_2 + CO_2 + nH_2O = CaCO_3 + (n+1)H_2O$$

碳化作用实际是二氧化碳与水形成碳酸，然后与氢氧化钙反应生成碳酸钙。所以这个过程不能在没有水分的全干状态下进行。而且，长时间内碳化作用只在表层进行，氢氧化钙的结晶作用则主要在内部发生。所以，石灰浆体硬化后，是由表里两种不同的晶体组成的。随着时间延长，表层碳酸钙的厚度逐渐增加。

3. *石灰的特征和技术要求*

（1）石灰的特征

① 硬化缓慢。从石灰浆体的硬化过程可以看出，由于空气中二氧化碳含量少，使碳化作用进行缓慢。而且表面碳化后，形成紧密外壳，不利于碳化作用的深入，也不利于内部水分的蒸发，因此石灰是硬化缓慢的材料。

② 硬化后强度低。熟化时大量多余的水在硬化后蒸发，在石灰体内留下大量孔隙，使其密度减小。硬化后的强度不高，1∶3的石灰砂浆28d抗压强度通常只有0.2～0.5MPa，受潮后石灰溶解，强度更低，在水中还会溃散。所以，石灰不宜在潮湿的环境下使用，也不宜单独用于建筑物基础。

③ 硬化时体积收缩大。石灰在硬化过程中，蒸发大量的游离水而引起显著的收缩，所以除调成石灰乳作薄层涂刷外，不宜单独使用。在实际工程应用中，常掺入砂、纸筋等以减少收缩和节约石灰。

④ 耐水性差。由于石灰硬化体中的$Ca(OH)_2$晶体，遇水或受潮时易溶解，使硬化体溃散，所以石灰不宜在潮湿环境中使用。

（2）石灰的技术要求

硅酸盐建筑制品用生石灰的技术要求与等级划分见表2-3。

表 2-3　硅酸盐建筑制品用生石灰的技术要求与等级（JC/T 621—2009）

项目	等级		
	优等品	一等品	合格品
A(CaO+MgO)质量分数/%，≤	90	75	65
MgO 质量分数/%，≤	2	5	8
SiO_2 质量分数/%，≤	2	5	8
CO_2 质量分数/%，≤	2	5	7
消化速度/min，≤	15		
消化温度/℃，≤	60		
未消化残渣质量分数/%，≤	5	10	15
磨细生石灰细度（0.080mm 方孔筛筛余量）/%，≤	10	15	20

4. 石灰在土木工程中的应用

石灰在土木工程中的应用很广，分述如下。

（1）配置砂浆

石灰具有良好的可塑性和黏结性，常用来配制砂浆用于墙体的砌筑和抹面。将消石灰粉或石灰膏加入适量的水搅拌稀释，成为石灰乳，可用于内墙和顶棚刷白，我国农村也用于外墙刷白。

（2）配置石灰土和三合土

消石灰粉或生石灰粉与黏土按 1∶(2～4) 的比例拌和，称为石灰土（灰土），若加入砂石或炉渣、碎砖按 1∶2∶3 的比例来配置即成三合土。它们主要用作墙体、建筑物基础、路面和地面的垫层或简易地面。石灰土和三合土的强度形成机理是由于石灰改善了黏土的和易性，在强力夯打之下，极大地提高了紧密度。同时黏土颗粒表面中存在少量的活性氧化硅和氧化铝与氢氧化钙发生化学反应，生成了不溶性的水化硅酸钙和水化铝酸钙，将黏土颗粒黏结起来，因而提高了黏土的强度和耐水性。

（3）配置硅酸盐制品

以石灰与硅质材料（如粉煤灰、粒化高炉矿渣、浮石、砂等）为原料，加水拌和，必要时加入少量石膏，经成型、蒸养或蒸压养护等工序而成的建筑材料，统称为硅酸盐制品。

石灰在土木工程中除以上应用外，还可用来生产无熟料水泥（如石灰、粉煤灰、水泥等）、加固含水软土地基（如石灰桩）、制造静态破碎剂和膨胀剂等。

2.1.3　水玻璃

水玻璃俗称泡花碱，是由碱金属氧化物和二氧化硅结合而成的能溶于水的一种金属硅酸盐物质，化学通式 $R_2O \cdot nSiO_2$，式中 R_2O 代表碱金属氧化物，n 为 SiO_2 与 R_2O 的摩尔比值，称为水玻璃模数。最常用的是硅酸钠水玻璃 $Na_2O \cdot nSiO_2$，还有硅酸钾水玻璃 $K_2O \cdot nSiO_2$ 等。

1. 水玻璃的生产

水玻璃的生产方法主要有湿法和干法两种。

湿法生产硅酸钠水玻璃时，将石英砂和氢氧化钠溶液在压蒸锅（2～3 个大气压）内用蒸汽加热溶解，并加搅拌，使之直接反应而成液体水玻璃。

干法（碳酸盐法）是将石英砂和碳酸钠磨细拌匀，在熔炉内于 1300～1400℃下熔化，熔化的水玻璃冷却后生成固体水玻璃，然后在水中加热溶解而成液体水玻璃。

水玻璃的模数，一般在 1.5～3.5 之间。固体水玻璃在水中溶解的难易随模数而定。n 为 1 时能溶解于常温的水中；n 加大，则只能在热水中溶解；当 n 大于 3 时，要在 4 个大气压以上的蒸汽中才能溶解。

2. 水玻璃的硬化

液体水玻璃在空气中吸收二氧化碳，形成无定形硅酸凝胶，并逐渐干燥而硬化。

$$Na_2O \cdot nSiO_2 + CO_2 + mH_2O = Na_2CO_3 + nSiO_2 \cdot mH_2O$$

由于空气中 CO_2 浓度低，上述过程进行很慢，为了加速硬化，可将水玻璃加热，加入硅氟酸钠 Na_2SiF_6 作为促硬剂，促使硅酸凝胶加速析出。

$$2[Na_2O \cdot nSiO_2] + Na_2SiF_6 + mH_2O = 6\,NaF + (2n+1)SiO_2 \cdot mH_2O$$

硅氟酸钠的适宜用量为水玻璃质量的 12%～15%，若用量太少，硬化速度缓慢，强度降低，并且未经反应的水玻璃易溶于水，从而导致耐水性差。用量过多，则凝结过速，使施工困难，而且渗透性大，强度也低。

3. 水玻璃的用途

水玻璃具有良好的胶结能力，硬化后抗拉和抗压强度高，不燃烧，耐热性好，耐酸性强，可耐除氢氟酸外的各种无机酸和有机酸的作用，水玻璃在建筑上的用途有以下几种。

（1）涂刷或浸渍材料

常用水将液体水玻璃稀释，多次于材料表面进行涂刷或浸渍，对黏土砖、硅酸盐制品、水泥混凝土和石灰石等均有良好的效果。调制液体水玻璃时，可加入耐碱颜料和填料，兼有饰面效果。

（2）配制快凝堵漏防水剂

以水玻璃为基料，加入两种、三种或四种矾配制而成，称为两矾、三矾或四矾防水剂。

（3）用于土壤加固

将模数为 2.5～3 的液体水玻璃和氯化钙溶液通过金属管轮流向地层压入，两种溶液发生化学反应，析出硅酸胶体，将土壤颗粒包裹并填实其空隙。硅酸胶体为一种吸水膨胀的冻状凝胶，吸收地下水而经常处于膨胀状态，从而阻止水分的渗透和使土壤固结。

2.2 硅酸盐水泥

与适量水拌和成塑性浆体，经过自身物理化学作用后，转变成坚硬的石状体，在此过程中能将散粒状材料胶结成为整体的粉末状水硬性胶凝材料，称为水泥。

水泥品种很多，目前生产和使用的水泥品种已达 200 余种，按化学组成分为硅酸盐水泥、铝酸盐水泥和硫铝酸盐水泥；按性能和用途分为用于一般工程的通用水泥、专用水泥和具有某种特性的水泥。工程中最常用的通用硅酸盐水泥是最基本的。本节将详细介绍硅酸盐水泥，其他几种常用水泥将在以后各节介绍。

2.2.1 硅酸盐水泥的生产及矿物组成

凡是由硅酸盐水泥熟料、0～5%石灰石或粒化高炉矿渣、适量石膏磨细制成的水硬性胶凝材料，称为硅酸盐水泥（国外称波特兰水泥）。不掺加混合材料的称 I 型硅酸盐水泥，其代号为 P.I。在硅酸盐水泥熟料粉磨时掺加不超过水泥质量 5%的石灰石或粒化高炉矿渣混合材料的称 II 型硅酸盐水泥，其代号为 P.II。

1. 硅酸盐水泥生产

生产硅酸盐水泥的原料主要是石灰质原料和黏土质原料两大类，此外再辅助以少量的校正原料。石灰质原料可采用石灰岩、泥灰岩、白垩等，主要提供 CaO。黏土质原料可采用 SiO_2、Al_2O_3 及少量 Fe_2O_3。如果黏土质原料中氧化铁不足，需用铁质校正原料如铁矿粉、硫铁矿渣等；如果氧化硅不足，则要掺加少量的硅质校正原料如砂岩、粉砂岩等。

硅酸盐水泥生产的大体步骤如下。

第一步，把几种原材料按适当比例配合后在磨机中磨细得到生料；

第二步，将制得的生料入水泥窑在 1450℃下进行煅烧；

第三步，把烧好的熟料配以适当的石膏（和混合材料）在磨机中磨成细粉，即得到水泥。

水泥生料在窑内的煅烧过程，虽方法各异，但是生料在煅烧过程中必须经历干燥、预热、分解、熟料烧成及冷却 5 个环节。其中，熟料烧成是水泥生产的关键，必须有足够的温度和时间，以保证水泥熟料的质量。水泥的生产过程可简单概括为“两磨一烧”，其基本生产工艺过程如图 2-3 所示。

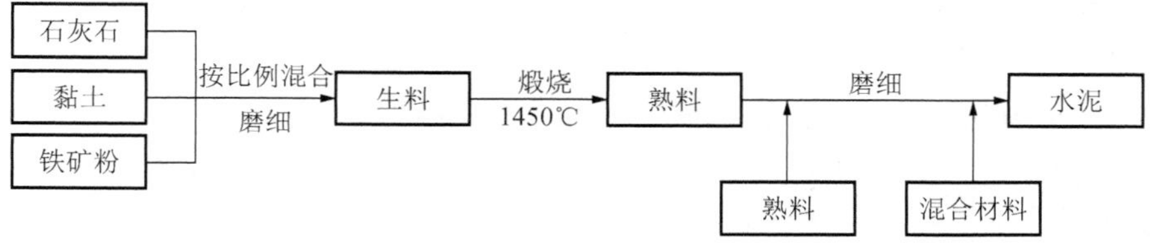

图 2-3 硅酸盐水泥基本生产工艺过程

2. 水泥熟料矿物组成

硅酸盐水泥的主要熟料矿物成分是：硅酸三钙 $3CaO·SiO_2$，简写为 C_3S，含量 37%～60%；硅酸二钙 $2CaO·SiO_2$，简写为 C_2S，含量 15%～37%；铝酸三钙 $3CaO·Al_2O_3$，简写为 C_3A，含量 7%～15%；铁铝酸四钙 $4CaO·Al_2O_3·Fe_2O_3$，简写为 C_4AF，含量 10%～18%。

在以上的主要熟料矿物中，硅酸三钙和硅酸二钙的总含量在 70%以上，铝酸三钙与铁铝酸四钙的含量在 25%左右，故称为硅酸盐水泥。除主要熟料矿物外，水泥中还含有少量游离氧化钙、游离氧化镁和碱，但其总含量一般不超过水泥量的 10%。

2.2.2 硅酸盐水泥的水化及凝结硬化

1. 硅酸盐水泥的水化

水泥的水化过程及水化物产物非常复杂，因此，常分别研究单矿物的水化产物及水化产物合成条件，之后再研究水泥的凝结硬化过程。

（1）硅酸三钙

硅酸三钙的水化反应大致可用下式表示。

$$2(3CaO·SiO_2) + 6H_2O = 3CaO·2SiO_2·3H_2O + 3Ca(OH)_2$$

其中，水化生成物氢氧化钙以晶体出现，水化硅酸钙以凝胶状近乎无定形状析出，颗粒形状以纤维状为主，颗粒大小与胶体类同，其晶体程度较差。

（2）硅酸二钙

硅酸二钙水化反应很慢，但其水化产物中的水化硅酸钙与硅酸二钙的水化生成物是同一种形态，其反应式表示为

$$2(2CaO·SiO_2) + 4H_2O = 3CaO·2SiO_2·3H_2O + Ca(OH)_2$$

值得说明的是，水化硅酸钙具有各种不同的形态，水化硅酸钙的化学成分与水灰比、温度、有无异离子参与等水化条件有关，因此很难使用一个固定分子式表示水化硅酸钙，通常称为“C—S—H 凝胶”。

（3）铝酸三钙

铝酸三钙与水的反应非常迅速，生成水化铝酸钙结晶体，其反应式大致为

$$3CaO·Al_2O_3 + 6H_2O = 3CaO·Al_2O_3·6H_2O$$

（4）铁铝酸四钙

铁铝酸四钙与水反应的速度仅次于铝酸三钙，通常认为水化产物有水化铝酸钙立方晶体及水化铁酸钙凝胶，其反应式大概为

$$4CaO·Al_2O_3·Fe_2O_3 + 7H_2O = 3CaO·Al_2O_3·6H_2O + CaO·Fe_2O_3·H_2O$$

由于硅酸三钙迅速水化，析出的氢氧化钙很快使溶液达到饱和或者过饱和，在石灰饱和溶液中，水化铝酸三钙和水化铁酸钙，还会与氢氧化钙发生二次反应，分别生成水化铝酸四钙和水化铁酸二钙。

因为 4 种熟料矿物的水化特性各不相同，故对水泥的强度、凝结硬化速度及水化放热等的影响也不相同；各种水泥熟料矿物水化所表现的特性如图 2-4 和表 2-4 所示。

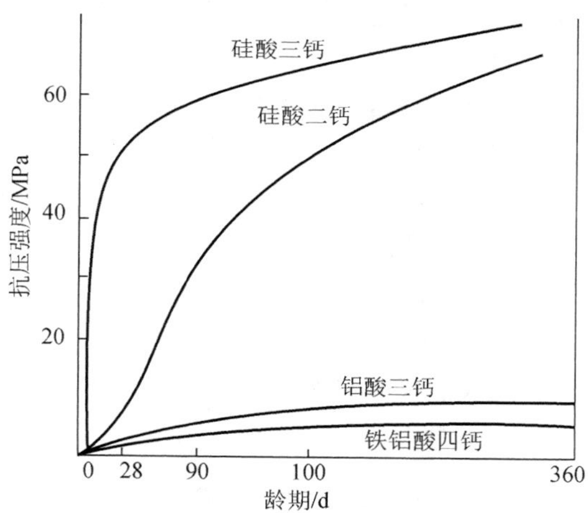

图 2-4　各种熟料矿物的强度增长

表 2-4　各种熟料矿物单独与水作用时表现出的特性

名称	硅酸二钙	铝酸三钙	硅酸三钙	铁铝酸四钙
凝结硬化速度	慢	最快	快	快
28d 水化热热量	少	最多	多	中
强度	早期低、后期高	低	高	低

2. 硅酸盐水泥的凝结硬化

水泥的凝结是指水泥加水拌和后，成为可塑性的水泥浆，水泥浆逐渐失去滚动性，但还不具有强度的过程。硬化是指水泥浆逐渐变稠失去滚动性，但尚不具有强度，随后产生明显的强度并逐渐发展而成为坚强的人造石——水泥石的过程。水泥的水化与凝结硬化实际上是一个连续、复杂的物理化学变化过程，水化是凝结硬化的前提，凝结硬化是水化的结果。

对硅酸盐水泥凝结硬化过程机理的研究，已经有 100 多年的历史，至今仍在继续研究。一般认为水泥浆体凝结硬化的过程分为初始反应期、潜伏期、凝结期和硬化期 4 个时期，下面按照当前一般的看法做简要介绍。

水泥加水后，水泥颗粒迅速分散在水中，成为水泥浆体。

水泥颗粒的水化从其表面开始。水和水泥一接触，水泥颗粒表面的水泥熟料先溶解于水，然后水泥颗粒表面迅速发生水化反应，几分钟内在表面形成凝胶状脱层。水泥颗粒周围的溶液成为水化物的过饱和溶液，先后析出水化硅酸钙凝胶、水化硫铝酸钙、氢氧化钙和水化铝酸钙晶体等水化产物，包在水泥颗粒表面。在水化初期，由于晶体太小不足以在颗粒间搭接，使之连接成网状结构，水泥浆具有可塑性。

水泥颗粒不断水化，随着时间的推移，新生水化物增多，使包在水泥颗粒表面的水化物膜层增厚，颗粒间的空隙逐渐缩小，而包有凝胶体的水泥颗粒则逐渐接近，以至相互接触，在接触点借助于范德华力，凝结成多孔的空间网络，形成凝聚结构。这种结构在振动的作用下可以被破坏。凝聚结构的形成，使水泥浆开始失去可塑性，也就是水泥的初凝，但这时还不具有强度。

随着以上过程的不断进行，固态的水化物不断增多，颗粒间的接触点数目增加，结晶体和凝胶体互相贯穿形成的凝聚——结晶网状结构不断加强。而固相颗粒之间的空隙（毛细孔）不断减小，结构逐渐紧密。使水泥浆体完全失去可塑性，达到能担负一定荷载的强度，水泥表现为终凝，并开始进入硬化阶段。水泥进入硬化期后，水化速度逐渐减慢，水化物随时间的增长而逐渐增加，扩展到毛细孔中，使结构更趋致密，强度相应提高。

根据水化反应速度和主要的物理化学变化，可将水泥的凝结硬化分为表 2-5 所列的几个阶段。

表 2-5　水泥凝结硬化时的几个划分阶段

凝结硬化阶段	一般的放热反应速度	一般的持续时间	主要的物理化学变化
初始反应期	168J/(g•h)	5～10min	初始溶解和水化
潜伏期	4.2J/(g•h)	1h	凝胶体膜层围绕水泥颗粒成长
凝结期	在 6h 内逐渐增加到 168J/(g•h)	6h	膜层增厚，水泥颗粒进一步水化
硬化期	在 24h 内逐渐增加到 168J/(g•h)	6h 至若干年	凝胶体填充毛细孔

3. 影响水泥凝结硬化的因素

水泥的凝结硬化过程，也就是水泥强度发展的过程。为了正确使用水泥，并能在生产中采取有效措施，调节水泥的性能，必须了解水泥凝结硬化的影响因素。

影响水泥凝结硬化的因素，除矿物成分、细度、用水量外，还有养护时间、温度、湿度以及石膏掺量等。

（1）养护时间、温度和湿度

水泥的水化硬化是一个长期不断进行的过程。随着养护时间的增长，水化产物不断积累，水泥内部结构趋于致密，强度不断增长。由于熟料矿物中对强度起主导作用的 C_3S 早期强度发展快，使硅酸盐水泥强度在 3～14d 内增长较快，28d 后增长变慢，长期强度还要增长。

温度对水泥的凝结硬化有明显影响。当温度升高时，水化反应加快，水泥强度增加也较快；而当温度降低时，水化作用则减缓，强度增加缓慢；当温度低于 5℃时，水化硬化大大减慢；当温度低于 0℃时，水化反应基本停止。同时，当温度低于 0℃，水结冰时，还会破坏水泥石结构。

潮湿环境下的水泥石，能保持足够的水分进行水化和凝结硬化，生成的水化物进一步填充毛细孔，促进水泥石的强度发展。

（2）石膏掺量

水泥中掺入适量石膏，可调节水泥的凝结硬化速度。在水泥粉磨时，若不掺石膏或石膏掺量不足时，水泥会发生瞬凝现象。这是由于铝酸三钙在溶液中电离出三价离子（Al^{3+}），它与硅酸钙凝胶的电荷相反，促使胶体凝聚。加入石膏后，石膏与水化铝酸钙作用，生成钙矾石，难溶于水，沉淀在水泥颗粒表面上形成保护膜，降低了溶液中 Al^{3+} 的浓度，并阻碍了铝酸三钙的水化，延缓了水泥的凝结。但如果石膏掺量过多，则会促使水泥凝结加快。同时，还会在后期引起水泥石的膨胀而开裂破坏。

2.2.3 硅酸盐水泥的技术性质

《通用硅酸盐水泥》（GB 175—2007）对硅酸盐水泥技术的要求有细度、凝结时间、安定性和强度等。

1. 细度

细度是指水泥颗粒的粗细程度。一般认为，水泥粒径在 40μm 以下的颗粒才具有较高的活性。细度与水泥的水化速度、凝结硬化速度、早期强度和空气硬化收缩量成正比，与成本及储存期成反比。

2. 凝结时间

凝结时间分初凝和终凝。初凝为以水泥加水拌和起至标准稠度净浆开始失去可塑性所需的时间；终凝为以水泥加水拌和起至标准稠度净浆完全失去可塑性并开始产生强度所需的时间。

水泥凝结时间在指导施工上意义重大。初凝不宜过快，以便有足够的时间在初凝之前完成水泥砂浆、水泥混凝土的搅拌、运输、浇注、振捣等各工序的施工操作；终凝不宜过迟，以使混凝土在浇注、振捣完毕后，尽早凝结并开始硬化，以利于下道工序的进行。

硅酸盐水泥的初凝时间不小于 45min，终凝时间不大于 390min。

普通硅酸盐水泥、矿渣硅酸盐水泥、火山灰质硅酸盐水泥、粉煤灰硅酸盐水泥和复合硅酸盐水泥的初凝时间不小于 45min，终凝时间不大于 600min。

水泥凝结时间的影响因素很多，主要有：①熟料中铝酸三钙含量高，石膏掺量不足，使水泥快凝；②水泥的细度愈细，水化作用愈快，凝结愈快；③水灰比愈小，凝结时的温度愈高，凝结愈快；④混合材料掺量大，水泥过粗等都会使水泥凝结缓慢。

3. 体积安定性

水泥的体积安定性是指水泥在凝结硬化过程中体积变化的均匀性。如果在凝结硬化过程中，水泥石内部产生不均匀的体积变化，将会产生破坏应力，使结构及构件产生裂缝、弯曲等现象。

体积安定性不良的原因一般是由于熟料中所含的游离氧化钙过多，也可能是由于熟料中所含的游离氧化镁过多或掺入的石膏过多。熟料中所含的游离氧化钙或氧化镁都是过烧的，熟化很慢，在水泥已经硬化后才进行熟化。

$$CaO + H_2O = Ca(OH)_2$$
$$MgO + H_2O = Mg(OH)_2$$

这时体积膨胀，引起不均匀的体积变化，使水泥石开裂。当石膏掺量过多时，在水泥硬化后，它还会继续与固态的水化铝酸钙反应生成高硫型水化硫铝酸钙，体积增大约1.5倍，也会引起水泥石开裂。体积安定性不良的水泥，不能应用于工程中。

4. 强度及强度等级

水泥的强度是水泥的重要技术指标，是评定其质量的重要指标。根据《通用硅酸盐水泥》（GB 175—2007）和《水泥胶砂强度检验方法（ISO 法）》（GB/T 17671—1999）的规定，强度等级按 3d 和 28d 的抗压强度和抗折强度来划分。根据测定结果，将硅酸盐水泥分为 42.5、42.5R、52.5、52.5R、62.5 和 62.5R 六个强度等级。其中代号 R 表示早强型水泥。各强度等级、各类型硅酸盐水泥的各龄期强度不得低于表 2-6 中的数值。

表 2-6　硅酸盐水泥各龄期的强度要求（GB 175—2007）

强度等级	抗压强度/MPa		抗折强度/MPa	
	3d	28d	3d	28d
42.5	≥17.0	≥42.5	≥3.5	≥6.5
42.5R	≥22.0		≥4.0	
52.5	≥23.0	≥52.5	≥4.0	≥7.0
52.5R	≥27.0		≥5.0	
62.5	≥28.0	≥62.5	≥5.0	≥8.0
62.5R	≥32.0		≥5.5	

5. 水化热

水化热是由于水泥水化作用产生的，水化热的大小对工程施工有很大影响。在冬季施工时，水化热对保持水泥的正常凝结硬化有利，但水化热对于大型构筑物、大型房屋基础及堤坝等大体积混凝土工程不利，因为混凝土是热的不良导体，水化热会集聚在混凝土内部不易散发，致使混凝土内部产生很大的温差（可达 50～60℃），当混凝土外表面因冷却收缩时，内部因温度较高体积膨胀，产生内应力，导致混凝土开裂。

水化热大部分在水泥水化初期（3～7d）内放出，特别是在水泥浆发生凝结硬化时会放出大量的热量。水化热的大小与放热速率取决于水泥的矿物组成、细度、水灰比、混合材料的含量、外加剂品种等因素。

2.2.4 水泥石的腐蚀与防止

硬化后的硅酸盐水泥在通常条件下有较好的耐久性，但在流动的液体和某些腐蚀性介质存在的环境中，其结构会受到侵蚀甚至破坏，这种现象称为水泥石的腐蚀。

引起水泥石腐蚀的原因很多，腐蚀作用亦甚为复杂，下面介绍几种典型介质的腐蚀作用。

1. 软水的侵蚀

（1）腐蚀介质

腐蚀介质包括蒸馏水、冷凝水、雨水等水中钙离子浓度很低的软水。

（2）腐蚀机理

氢氧化钙晶体是水泥的主要水化产物之一，水泥的其他水化产物也须在一定浓度的氢氧化钙溶液中才能稳定存在，而氢氧化钙又易溶于水。若水泥中的氢氧化钙被溶解流失，其浓度低于水化产物所需要的最低要求时，水泥的水化产物就会被溶解或分解，从而造成水泥石的破坏。

当水泥石长期与这些水分相接触时，最先溶出的是氢氧化钙（每升水中能溶氢氧化钙 1.3g 以上）。在静水及无水压的情况下，由于周围的水易为溶出的氢氧化钙所饱和，使溶解作用中止，所以溶出仅限于表层，影响不大。但在流水及压力水作用下，氢氧化钙会不断溶解流失，而且，由于石灰浓度的继续降低，还会引起其他水化物的分解溶蚀，使水泥石结构遭受进一步的破坏，这种现象称为溶析。

2. 盐类腐蚀

（1）硫酸盐的腐蚀

1）腐蚀介质。腐蚀介质包括海水、湖水、盐沼水、地下水、某些工业污水及流经高炉矿渣或煤渣的水等。

2）腐蚀机理。腐蚀介质中常含有钠、钾、铵等硫酸盐。它们与水泥石中的固态水化铝酸钙作用生成高硫型水化硫铝酸钙。

$$4CaO\cdot Al_2O_3\cdot 12H_2O + 3CaSO_4 + 20H_2O = 3CaO\cdot Al_2O_3\cdot 3CaSO_4\cdot 31H_2O + Ca(OH)_2$$

生成的高硫型水化硫铝酸钙含有大量结晶水，比原有体积增加 1.5 倍以上，由于是在已经固化的水泥石中产生上述反应，因此对水泥石起极大的破坏作用。高硫型水化硫铝酸钙呈针状晶体，通常称为“水泥杆菌”。当水中硫酸盐浓度较高时，硫酸钙将在孔隙中直接结晶成二水石膏，使体积膨胀，从而导致水泥石破坏。

（2）镁盐的腐蚀

1）腐蚀介质。腐蚀介质包括海水、地下水等。

2）腐蚀机理。在海水及地下水中，常含大量的镁盐，主要是硫酸镁和氯化镁。它们与水泥石中的氢氧化钙起复分解反应：

$$MgSO_4 + Ca(OH)_2 + 2H_2O = CaSO_4\cdot 2H_2O + Mg(OH)_2$$

$$MgCl_2 + Ca(OH)_2 = CaCl_2 + Mg(OH)_2$$

生成的氢氧化镁松软而无胶凝能力，氯化钙易溶于水，二水石膏则引起硫酸盐的破坏作用。因此，硫酸镁对水泥石起镁盐和硫酸盐的双重腐蚀作用。

3. 酸类腐蚀

（1）碳酸腐蚀

1）腐蚀介质。腐蚀介质包括工业污水、地下水等。

2）腐蚀机理。在工业污水、地下水中常溶解有较多的二氧化碳，这种水对水泥石的腐蚀作用是通过下面方式进行的。

开始时二氧化碳与水泥石中的氢氧化钙作用生成碳酸钙

$$Ca(OH)_2 + CO_2 = CaCO_3 \downarrow + H_2O$$

生成的碳酸钙再与含碳酸的水作用转变成重碳酸钙，是可逆反应

$$CaCO_3 + CO_2 + H_2O = Ca(HCO_3)_2$$

生成的重碳酸钙易溶于水。当水中含有较多的碳酸，并超过平衡浓度，则上式反应向右进行。因此水泥石中的氢氧化钙，通过转变为易溶的重碳酸钙而溶失。氢氧化钙浓度降低，还会导致水泥石中其他水化物的分解，使腐蚀作用进一步加剧。

（2）一般酸的腐蚀

1）腐蚀介质。工业废水、地下水、沼泽水中常含无机酸和有机酸，工业窑炉中的烟气常含有氧化硫，遇水后即生成亚硫酸。

2）腐蚀机理。腐蚀介质与水泥石中的氢氧化钙作用后生成的化合物，或者易溶于水，或者体积膨胀，在水泥石内造成内应力而导致破坏。腐蚀作用最快的是无机酸中的盐酸、氢氟酸、硝酸、硫酸和有机酸中的乙酸、蚁酸和乳酸。

例如，盐酸与水泥石中的氢氧化钙作用

$$2HCl + Ca(OH)_2 = CaCl_2 + 2H_2O$$

生成的氯化钙易溶于水。

硫酸与水泥石中的氢氧化钙作用

$$H_2SO_4 + Ca(OH)_2 = CaSO_4 \cdot 2H_2O$$

生成的二水石膏或者直接在水泥石孔隙中结晶产生膨胀，或者再与水泥石中的水化铝酸钙作用，生成高硫型水化硫铝酸钙，其破坏性更大。

4. 强碱的腐蚀

（1）腐蚀介质

腐蚀介质包括制碱厂、铝厂等能产生高浓度碱液的地方。

（2）腐蚀机理

碱类溶液如浓度不大时，一般是无害的。但铝酸盐含量较高的硅酸盐水泥遇到强碱（如氢氧化钠）作用后也会破坏。氢氧化钠与水泥熟料中未水化的铝酸盐作用，生成易溶的铝酸钠。

$$3CaO \cdot Al_2O_3 + 6NaOH = 3Na_2O \cdot Al_2O_3 + 3Ca(OH)_2$$

当水泥石被氢氧化钠浸透后又在空气中干燥，与空气中的二氧化碳作用而生成碳酸钠。

$$2NaOH + CO_2 = Na_2CO_3 + H_2O$$

碳酸钠在水泥石毛细孔中结晶沉积，而使水泥石胀裂。

除上述腐蚀类型外，对水泥石有腐蚀作用的还有一些其他物质，如糖、铵盐、动物脂肪、含环烷酸的石油产品等。

实际上水泥石的腐蚀是一个极为复杂的物理化学作用过程，它在遭受腐蚀时，很少仅有单一的侵蚀作用，往往是几种同时存在，互相影响。但产生水泥腐蚀的基本原因是：①水泥石中存在有引起腐蚀的组成成分氢氧化钙和水化铝酸钙；②水泥石本身不密实，有很多毛细孔通道。侵蚀性介质易于进入其内部；③腐蚀与通道的相互作用。

干的固体化合物对水泥石不起侵蚀作用，腐蚀性化合物必须呈溶液状态，而且浓度须在某一最小值以上，才能起侵蚀作用。促进化学腐蚀的因素为较高的温度、较快的流速、干湿交替和出现钢筋锈蚀等。

5. 腐蚀的防止

根据以上对水泥腐蚀原因的分析，使用水泥时，可采用下列防止腐蚀措施。

1）根据侵蚀环境特点，合理选用水泥品种。例如采用水化产物中氢氧化钙含量较少的水泥，可提高对软水等侵蚀作用的抵抗能力。为抵抗硫酸盐的腐蚀，采用铝酸三钙含量低于 5%的抗硫酸盐水泥。

2）提高水泥石的密实度。例如，降低水灰比、掺加外加剂、采取机械施工等方法。

3）通过表面处理，形成保护层。当侵蚀作用较强时，可在混凝土及砂浆表面加上耐腐蚀性高且不透水的保护层。例如，采用耐腐蚀的涂料（沥青质等）或贴板材（花岗岩板、耐酸瓷砖等）。

2.2.5　硅酸盐水泥的性能与应用

1. 抗冻性好

硅酸盐水泥水化放热量高，早期强度高，因此可用于冬季施工及严寒地区遭受反复冻融工程。

2. 抗碳化性能好

硅酸盐水泥水化放热后生成物中有 20%～25%的 $Ca(OH)_2$，因此水泥石中的碱度不易降低，对钢筋有保护作用，抗碳化性能好。

3. 水化热高

因为硅酸盐水泥的水化热高，所以不宜用于大体积混凝土工程。

4. 耐腐蚀性差

由于硅酸盐水泥石中含有较多的易受腐蚀的氢氧化钙和水化铝酸钙，因此其耐腐蚀性能差，不宜用于水利工程，如海水作用和矿物水作用的工程。

5. 不耐高温

当水泥石受热温度到 250～300℃时，水泥石中的水化物开始脱水，水泥石收缩，强度开始下降，当温度达到 700～800℃时，强度降低更多，甚至破坏。水泥石中的氢氧化钙在 547℃以上开始脱水分解成氧化钙，当氧化钙遇水，则因熟化而发生膨胀导致水泥石破坏。因此，硅酸盐水泥不宜用于有耐热要求的混凝土工程以及高温环境。

2.3 掺混合材料的硅酸盐水泥

2.3.1 水泥混合材料

在磨制水泥时加入的天然或人工矿物材料称为水泥混合材料。水泥混合材料通常分为活性混合材料和非活性混合材料两大类。

1. 活性混合材料

混合材料磨成细粉与水拌和后，本身并不具有胶凝性质，或胶结能力很小，但混合材料磨成细粉，与石灰或与石膏拌和在一起，并加水后，在常温下，能生成具有胶凝性的水化产物，称为活性混合材料。属于这类性质的有粒化高炉矿渣、火山灰质混合材料和粉煤灰。

（1）粒化高炉矿渣

粒化高炉矿渣是炼铁高炉的熔融炉渣经水淬等急速冷却而成的松软颗粒，又称为水淬炉渣。颗粒直径一般为 0.5～5mm，急冷成粒的目的在于阻止结晶，使其绝大部分成为不稳定的玻璃体，储有较高的潜在化学能，从而有较高的潜在活性。

粒化高炉矿渣中的活性成分，一般认为是活性氧化铝和活性氧化硅，即使在常温下也可与氢氧化钙起作用而产生强度。在含氧化钙较高的碱性矿渣中，因其中还含有硅酸二钙等成分，故本身具有弱的水硬性。

（2）火山灰质混合材料

天然火山材料是火山喷发时随同熔岩一起喷发的大量碎屑沉积在地面或水中形成的松软物质，称为火山灰。由于喷出后即遭急冷，因此含有一定量的玻璃体，这些玻璃体是火山灰活性的主要来源，它的成分主要是活性氧化硅和活性氧化铝。火山灰质混合材料是泛指火山灰一类物质，按其化学成分与矿物结构可分为：含水硅酸质、铝硅玻璃质、烧黏土质等。

含水硅酸质混合材料有：硅藻土、硅藻石、蛋白石和硅质渣等。其活性成分以氧化硅为主。

铝硅玻璃质混合材料有：火山灰、凝灰岩、浮石和某些工业废渣。其活性成分为氧化硅和氧化铝。

烧黏土质混合材料有：烧黏土、煤渣、煅烧的煤矸石等。其活性成分以氧化铝为主。

（3）粉煤灰

粉煤灰是火力发电厂以煤粉作为燃料，燃烧后收集下来的极细的灰渣颗粒，为球状玻璃体结构，它也是一种火山灰质材料。

2. 非活性混合材料

磨细的石英砂、石灰石、慢冷矿渣及各类废渣等都属于非活性混合材料。它们与水泥成分不起化学作用（即无化学活性）或化学作用很小，非活性混合材料掺入硅酸盐水泥中仅起提高水泥产量和降低水泥强度等级、减少水化热等作用。

2.3.2 普通硅酸盐水泥

由硅酸盐水泥熟料、6%～20%混合材料、适量石膏磨细制成的水硬性胶凝材料，称为普通硅酸盐水泥（简称普通水泥），代号 P·O。水泥中混合材料掺入量按质量分数计：掺活性混合材料时，不得超过 20%，其中允许用不超过 5%的窑灰或不超过 8%的非活性混合材料来代替；掺非活性混合材料时，不得超过 10%。

普通水泥按照《通用硅酸盐水泥》（GB 175—2007）的规定分为 42.5、42.5R、52.5 和 52.5R 四个强度等级。普通水泥各龄期强度不得低于表 2-7 中的数值；初凝时间不得早于 45min，终凝时间不得迟于 10h；其他技术性质要求与硅酸盐水泥相同。

表 2-7 普通硅酸盐水泥各龄期的强度要求（GB 175—2007）

强度等级	抗压强度/MPa		抗折强度/MPa	
	3d	28d	3d	28d
42.5	≥17.0	≥42.5	≥3.5	≥6.5
42.5R	≥22.0		≥4.0	
52.5	≥23.0	≥52.5	≥4.0	≥7.0
52.5R	≥27.0		≥5.0	

普通硅酸盐水泥中绝大部分仍为硅酸盐水泥熟料，其性能与硅酸盐水泥相近。但由于掺入了少量混合材料，与硅酸盐水泥相比，早期硬化速度稍慢，抗冻性与耐磨性能也略差。在应用范围方面，与硅酸盐水泥也相同，广泛用于各种混凝土或钢筋混凝土工程，是我国主要的水泥品种之一。

2.3.3 矿渣硅酸盐水泥

由硅酸盐水泥熟料和粒化高炉矿渣、适量石膏磨细制成的水硬性胶凝材料，称为矿渣硅酸盐水泥（简称矿渣水泥）。矿渣硅酸盐水泥分为两种类型，矿渣掺量为 20%～50%的称为 A 型矿渣硅酸盐水泥，代号 P·S·A；矿渣掺量为 50%～70%的称为 B 型矿渣硅酸盐水泥，代号 P·S·B。水泥中粒化高炉矿渣掺加量按质量分数计为 20%～70%，允许用石灰石、窑灰、粉煤灰和火山灰质混合材料中的一种材料代替矿渣，代替数量不得超过水泥质量的 8%，替代后水泥中粒化高炉矿渣不得少于 20%。

按照《通用硅酸盐水泥》（GB 175—2007），A 型矿渣水泥中氧化镁含量不得超过 6.0%。如氧化镁含量大于 6.0%，则水泥须经压蒸安定性试验合格。水泥中三氧化硫的含量不得超过 4.0%。

矿渣硅酸盐水泥分为 32.5、32.5R、42.5、42.5R、52.5 和 52.5R 六个强度等级。各强度等级水泥的各龄期强度不得低于表 2-8 中的数值。矿渣硅酸盐水泥的细度用筛析法检验，要求80μm方孔筛筛余不大于10%或45μm方孔筛筛余不大于30%。矿渣硅酸盐水泥对凝结时间及沸煮安定性的要求均与普通硅酸盐水泥相同。矿渣硅酸盐水泥的密度通常为2.8～3.1g/cm^3，堆积密度约为1000～1200kg/m^{3}时。

表2-8　矿渣水泥、火山灰水泥及粉煤灰水泥各龄期的强度要求（GB 175—2007）

强度等级	抗压强度/MPa		抗折强度/MPa	
	3d	28d	3d	28d
32.5	≥10.0	≥32.5	≥2.5	≥5.5
32.5R	≥15.0	≥32.5	≥3.5	≥5.5
42.5	≥15.0	≥42.5	≥3.5	≥6.5
42.5R	≥19.0	≥42.5	≥4.0	≥6.5
52.5	≥21.0	≥52.5	≥4.0	≥7.0
52.5R	≥23.0	≥52.5	≥4.5	≥7.0

矿渣水泥的凝结硬化和性能，相对于硅酸盐水泥来说有如下主要特点。

1）矿渣水泥中熟料矿物较少而活性混合材料（粒化高炉矿渣、火山灰和粉煤灰）较多，就局部而言，其水化反应分两步进行。首先是熟料矿物水化，此时所生成的水化产物与硅酸盐水泥基本相同。随后是熟料矿物水化析出的氢氧化钙和掺入水泥中的石膏分别作为矿渣的碱性激发料和硫酸盐激发剂，与矿渣中的活性氧化硅、活性氧化铝发生二次水化反应，生成水化硅酸钙、水化铝酸钙、水化硫铝酸钙或水化硫铁酸钙，有时还可能形成水化铝硅酸钙等水化产物，而凝结硬化过程基本上与硅酸盐水泥相同。水泥熟料矿物水化后的产物又与活性氧化物进行反应，生成新的水化产物，称二次水化反应或二次反应。

2）因为矿渣水泥中熟料矿物含量比硅酸盐水泥的少得多，而且混合材料中的活性氧化硅、活性氧化铝与氢氧化钙、石膏的作用在常温下进行缓慢，故凝结硬化稍慢，早期（3d，7d）强度较低，但在硬化后期（28d以后），由于水化硅酸钙凝胶数量增多，使水泥石强度不断增长，最后甚至超过同强度等级普通硅酸盐水泥。还应注意，矿渣水泥二次反应对环境的温度、湿度条件较为敏感，为保证矿渣水泥强度的稳步增长，需要较长时间的养护。若采用蒸汽养护或压蒸养护等湿热处理方法，则能显著加快硬化速度。并且在处理完毕后不影响其后期的强度增长。

3）矿渣水泥水化所析出的氢氧化钙较少，而且在与活性混合材料作用时，又消耗掉大量的氢氧化钙，水泥石中剩余的氢氧化钙就更少。因此这种水泥抵抗软水、海水和硫酸盐腐蚀能力较强，宜用于水利工程和海港工程。

4）矿渣水泥还具有一定的耐热性，因此可用于耐热混凝土工程，如制作冶炼车间、锅炉房等及高温车间的受热构件和窑炉外壳等。但矿渣水泥硬化后碱度较低，故抗碳化能力较差。

5）矿渣水泥中混合材料掺量较多，且磨细的粒化高炉矿渣有尖锐棱角，所以矿渣水泥的标准稠度需水量较大，但保持水分的能力较差，泌水性较大，故矿渣水泥的干缩性较大。如养护不当，就易产生裂纹。使用这种水泥，容易析出多余水分，形成毛细管通路或粗大孔隙，降低水泥石的匀质性，因此矿渣水泥的抗冻性、抗渗性和抵抗干湿交替循环的性能均不及普通水泥。

2.3.4 复合硅酸盐水泥

由硅酸盐水泥熟料、两种或两种以上规定的混合材料、适量石膏磨细制成的水硬性胶凝材料，称为复合硅酸盐水泥（简称复合水泥）。水泥中混合材料总掺加量按质量分数应大于 20%，不超过 50%。允许用不超过 8%的窑灰代替部分混合材料；掺矿渣时混合材料掺量不得与矿渣硅酸盐水泥重复。

按照《通用硅酸盐水泥》（GB 175—2007）的规定，复合硅酸盐水泥中氧化镁的含量不得超过 6.0%。如水泥中氧化镁的含量大于 6.0%，则水泥需经压蒸安定性试验合格。水泥中三氧化硫的含量不得超过 3.5%。

复合硅酸盐水泥分为 32.5、32.5R、42.5、42.5R、52.5 和 52.5R 六个强度等级。对细度、凝结时间、强度及体积安定性的要求与矿渣硅酸盐水泥相同。

复合硅酸盐水泥的特性取决于所掺两种混合材料的种类、掺量及相对比例，与矿渣硅酸盐水泥、火山灰硅酸盐水泥、粉煤灰硅酸盐水泥有不同程度的相似，其使用应根据所掺入的混合材料种类，参照其他掺混合材料水泥的适用范围和工程实践经验选用。

2.3.5 白色和彩色硅酸盐水泥

以适当成分的生料烧至部分熔融，得到以硅酸钙为主要成分、氧化铁含量很小的白色硅酸盐水泥熟料，加入适量石膏和标准规定的混合材料，共同磨细制成的水硬性胶凝材料称为白色硅酸盐水泥，简称白水泥，代号 P·W。

白色硅酸盐水泥是采用含极少量着色物质（氧化锰、氧化铁、氧化铬等）的原料，如纯净的高岭土、纯石英、纯石灰石或白垩等，在较高温度（1500～1600℃）烧成熟料。其熟料矿物成分主要还是硅酸盐。为了保持白水泥的白度，在煅烧、粉磨和运输时均应防止着色物质混入，常采用天然气、煤气或重油作燃料，在磨机中用硅质石材或坚硬的白色陶瓷作为衬板及研磨体，不能用铸钢板和钢球。在熟料磨细时可加入 50%以内的石灰石或窑灰。

白色硅酸盐水泥的性质与普通硅酸盐水泥相同，按照《白色硅酸盐水泥》（GB/T 2015—2005）规定，白色硅酸盐水泥分 32.5、42.5 和 52.5 三个强度等级。白色硅酸盐水泥的白度值应不低于 87%。白水泥的初凝时间不得早于 45min，终凝不得迟于 10h。对细度、沸煮安定性和三氧化硫含量的要求与普通硅酸盐水泥相同。熟料中氧化镁的含量不得超过 5.0%，如果水泥经压蒸安定性试验合格，则熟料中氧化镁的含量允许放宽到 6.0%。

白色硅酸盐水泥熟料、石膏和耐碱矿物颜料共同磨细，可制成彩色硅酸盐水泥。耐碱矿物颜料对水泥不起有害作用，常用的有：氧化铁（红、黄、褐、黑色）、氧化锰（褐、黑色）、氧化铬（绿色）、赭石（赭色）、群青（蓝色）以及普鲁士红等。但制造红色、黑色或棕色水泥时，可在普通硅酸盐水泥中加入耐碱矿物颜料，而不一定用白色硅酸盐水泥。

白色和彩色硅酸盐水泥，主要用于建筑物内外的表面装饰工程上，如地画、楼面、楼梯、墙、柱及台阶等。可做成水泥拉毛、彩色砂浆、水磨石、水刷石、斩假石等饰面，也可用于雕塑及装饰部件或制品。使用白色或彩色硅酸盐水泥时，应以彩色大理石、石灰石、白云石等彩色石子或石屑和石英砂作粗细骨料。制作方法可以在工地现场浇制，也可在工厂预制。

2.3.6 快硬水泥

1. 快硬硅酸盐水泥

凡以硅酸盐水泥熟料和适量石膏磨细制成的，以 3d 抗压强度表示标号的水硬性胶凝材料，称为快硬硅酸盐水泥，简称快硬水泥。

快硬硅酸盐水泥的制造方法与硅酸盐水泥基本相同，主要依靠调节矿物组成及控制生产措施，使制得成品的性质符合要求。

熟料中硬化最快的矿物成分是铝酸三钙和硅酸三钙。制造快硬水泥时，应适当提高它们的含量。通常硅酸三钙为 50%～60%，铝酸三钙为 8%～14%，铝酸三钙和硅酸三钙的总量应不少于 60%～65%。为加快硬化速度，可适当增加石膏的掺量（达 8%），并提高水泥的粉磨细度。通常比表面积为 3000～4000cm^2/g。

快硬硅酸盐水泥的性质按《通用硅酸盐水泥》（GB 175—2007）规定如下。

细度：0.08mm 方孔筛，筛余量不得超过 10%。

凝结时间：初凝不得早于 45min，终凝不得迟于 10h。

体积安定性：三氧化硫不超过 4.0%，其他与硅酸盐水泥同。

强度与标号：各标号各龄期强度数值不得低于表 2-9 中的数值。

表 2-9 快硬硅酸盐水泥各龄期强度要求

标号	抗压强度/MPa			抗折强度/MPa		
	1d	3d	28d	1d	3d	28d
325	15.0	32.5	52.5	3.5	5.0	7.2
375	17.0	37.5	57.5	4.0	6.0	7.6
425	19.0	42.5	62.5	4.5	6.4	8.0

快硬硅酸盐水泥的使用已日益广泛，主要应用于早期强度要求高的工程，紧急抢修的工程，抗冲击及抗震性工程，冬季施工，制作混凝土及预应力混凝土预制构件。

2. 铝酸盐水泥

铝酸盐水泥是以铝矾土和石灰石为原料，经煅烧（或熔融状态）制得的以铝酸钙为主要成分、氧化铝含量大于 50%的熟料，再磨制的水硬性胶凝材料。它是一种快硬、高强、耐腐蚀、耐热的水泥。铝酸盐水泥又称高铝水泥。

铝酸盐水泥的水化和硬化，主要就是铝酸一钙的水化及其水化物的结晶情况。一般认为其水化反应随温度的不同而水化产物不相同。

当温度小于20℃时。其反应

$$CaO\cdot Al_2O_3 + 10H_2O \longrightarrow CaO\cdot Al_2O_3\cdot 10H_2O$$

当温度在20～30℃时，其反应

$$2(CaO\cdot Al_2O_3) + 21H_2O \longrightarrow 2CaO\cdot Al_2O_3\cdot 18H_2O + Al_2O_3\cdot 3H_2O$$

当温度大于30℃时，其反应

$$3(CaO\cdot Al_2O_3) + 12H_2O \longrightarrow 3CaO\cdot Al_2O_3\cdot 6H_2O + 2(Al_2O_3\cdot 3H_2O)$$

在一般条件下，CAH_{10}和C_2AH_8同时形成，一起共存，其相对比例则随温度的提高而减少。但在较高温度（30℃以上）下，水化产物主要为C_3AH_6。

水化物CAH_{10}或C_2AH_8都属六方晶系，具有细长的针状和板状结构，能互相结成坚固的结晶连生体CAH_{10}，形成晶体骨架。析出的氢氧化铝凝胶难溶于水，填充于晶体骨架的空隙中，形成较密实的水泥石结构。同时水化5～7d后，水化铝酸盐结晶连生体的大小很少改变，故铝酸盐水泥初期强度增长很快，后期强度增长不显著。

铝酸盐水泥常为黄褐色，也有呈灰色。铝酸盐水泥的密度和堆积密度与普通硅酸盐水泥相近。按《铝酸盐水泥》(GB/T 201—2015)，铝酸盐水泥根据Al_2O_3含量分为CA-50、CA-60、CA-70和CA-80四类。对其物理性能的要求如下。

细度：比表面积不小于300m^2/kg或0.045mm筛余不大于20%。

凝结时间：CA-50、CA-70、CA-80的胶砂初凝时间不得早于30min，终凝时间不得迟于6h；CA-60的胶砂初凝时间不得早于60min，终凝时间不得迟于18h。

强度：各类型水泥各龄期的强度值不得低于表2-10所列数值。

表2-10 铝酸盐水泥的Al_2O_3含量和各龄期强度要求

水泥类型	Al_2O_3含量/%	抗压强度/MPa				抗折强度/MPa			
		6h	1d	3d	28d	6h	1d	3d	28d
CA-50	≥50,<60	20	40	50	—	3.0	5.5	6.5	—
CA-60	≥60,<68	—	20	45	80	—	2.5	5.0	10.0
CA-70	≥68,<77	—	30	40	—	—	5.0	6.0	—
CA-80	≥77	—	25	30	—	—	4.0	5.0	—

铝酸盐水泥具有快凝、早强、高强、低收缩、耐热性好和耐硫酸盐腐蚀性强等特点，可用于工期紧急的工程、抢修工程、冬季施工的工程，以及配制耐热混凝土及耐硫酸盐混凝土。但高铝水泥的水化热大、耐碱性差。长期强度会降低，使用时应予以注意。

3. 快硬硫铝酸盐水泥

以适当成分的生料，经煅烧所得以无水硫铝酸钙和硅酸二钙为主要矿物成分的熟料、少量石灰石、适量石膏磨细制成的早期强度高的水硬性胶凝材料，称为快硬硫铝酸盐水泥，代号 R·SAC。

快硬硫铝酸盐水泥的主要成分为无水硫铝酸钙［$3(CaO\cdot Al_2O_3)\cdot CaSO_4$］和$\beta$型硅酸二钙（$\beta$-$C_2S$）。无水硫铝酸钙水化很快，早期形成大量的钙矾石和氢氧化铝凝胶，使快硬硫铝酸盐水泥获得较高的早期强度。（β-C_2S）是低温（1250～1350℃）烧成的，活性较高，水化较快，能较早地生成 C-S-H 凝胶，填充于钙矾石的晶体骨架中，使硬化体有致密的结构，促进强度进一步提高，并保证后期强度的增长。

根据《快硬硫铝酸盐水泥》(JC 933—2003)，快硬硫铝酸盐水泥以 3d 抗压强度划分为 42.5、52.5、62.5 和 72.5 四个强度等级。各龄期强度均不得低于表 2-11 的数值，水泥中不允许出现游离氧化钙，比表面积不得低于 380m^2/kg，初凝不早于 25min，终凝不迟于 3h。

表 2-11　快硬硫铝酸盐水泥各龄期强度要求

标号	抗压强度（MPa）不小于			抗折强度（MPa）不小于		
	1d	3d	28d	1d	3d	28d
42.5	30.0	42.2	45.0	6.0	6.5	7.0
52.5	40.0	52.5	55.0	6.5	7.0	7.5
62.5	50.0	62.5	65.0	7.0	7.5	8.0
72.5	55.0	72.5	75.0	7.5	8.0	8.5

快硬硫铝酸盐水泥具有快凝、早强、不收缩的特点，宜用于配制早强、抗渗和抗硫酸盐侵蚀等混凝土，可应用于负温施工（冬季施工）、浆锚、喷锚支护、抢修、堵漏、水泥制品及一般建筑工程中。但由于这种水泥碱度较低，使用时应注意钢筋的锈蚀问题。此外，钙矾石在 150℃以上会脱水，强度大幅度下降，故耐热性较差。

2.3.7　道路硅酸盐水泥

由道路硅酸盐水泥熟料，0～10%标准规定的活性混合材料和适量石膏磨细制成的水硬性胶凝材料，称为道路硅酸盐水泥，简称道路水泥，代号为 P·R。道路硅酸盐水泥熟料是以硅酸钙为主要成分和较多量的铁铝酸钙的硅酸盐水泥熟料；其中，游离氧化钙含量应不大于 1.0%，C_3A 含量应不大于 5.0%，C_4AF 含量应不低于 16.0%。

道路水泥的技术要求，按《道路硅酸盐水泥》(GB 13693—2005）的规定如下。

细度：比表面积为 300～450m^2/kg。

凝结时间：初凝不得早于 1.5h，终凝不得迟于 10h。

体积安定性：沸煮法必须合格；水泥中 SO_3 含量不得超过 3.5%；MgO 含量不得超过 5.0%。

干缩和耐磨性：28d 干缩率不得大于 0.10%，磨损量不得大于 3.0kg/m^2。

道路水泥主要用于公路路面、机场跑道等工程结构，也可用于要求较高的工厂地面和停车场等工程。

本章回顾与思考

1. *石膏*

（1）石膏的生产

将天然二水石膏、天然无水石膏或者化工石膏经加热煅烧、脱水、磨细就可以得到石膏胶凝材料。由于加热温度和方式的不同，可以得到β型半水石膏（建筑石膏）、α型半水石膏、可溶性石膏、不可溶性石膏和高温煅烧石膏。

（2）建筑石膏的特性

建筑石膏的特性如下：①凝结硬化快；②硬化时体积微膨胀；③硬化后孔隙率较大，表观密度和强度较低；④保温隔热、吸声性好；⑤防火性能好；⑥具有小环境的调温调湿性；⑦耐水性和抗冻性差；⑧加工性能好。

（3）建筑石膏的应用

建筑石膏主要用于制备粉刷石膏和建筑石膏制品。

2. *石灰*

（1）石灰的生产

将石灰石置于窑内高温下煅烧，碳酸钙和碳酸镁受热分解，分解出二氧化碳气体后，得到以氧化钙为主要成分的白色或灰白色的块状成品，即为生石灰，又称块灰。

（2）石灰的熟化（消解）与陈伏

生石灰的熟化通常是将生石灰加水进行水化，反应生成消石灰的过程。为了消除熟石灰中过火石灰颗粒的危害，石灰浆应在储灰坑中静置2周以上再使用，此过程称为陈伏。

（3）石灰的硬化

石灰浆体的硬化包括两个同时进行的过程：干燥结晶和碳化作用。结晶过程是石灰浆体在干燥过程中，游离水分蒸发，使氢氧化钙从饱和溶液中逐渐结晶析出；碳化作用是氢氧化钙与空气中二氧化碳和水反应，形成不溶于水的碳酸钙晶体。

（4）石灰的性质

石灰的性质有：①石灰浆具有良好的保水性、可塑性；②凝结硬化慢、强度低；③硬化时体积收缩大；④耐水性差。

（5）石灰的应用

石灰的主要应用是制作和生产：①石灰乳涂料和石灰砂浆；②灰土和三合土；③硅酸盐制品；④碳化石灰板；⑤无熟料水泥。

3. 水玻璃

（1）水玻璃的化学组成

水玻璃是由不同比例的碱金属氧化物和二氧化硅组成，其中二氧化硅与碱金属氧化物之间的摩尔比，称为水玻璃模数。

（2）水玻璃的硬化

水玻璃与空气中二氧化碳发生反应，但由于反应缓慢，常常须加入促硬剂氟硅酸钠，掺量为水玻璃质量的12%～15%。

（3）水玻璃的应用

水玻璃主要用于：①水玻璃涂层、防水剂；②耐酸砂浆、耐酸混凝土；③耐热砂浆和耐热混凝土。

工程案例

案例：上海某新村4幢6层楼1989年9月到11月采用石灰浆进行内墙粉刷，1990年4月交付甲方使用。此后陆续发现粉刷层发生爆裂，至5月份阴雨天，爆裂点迅速增多，破坏范围上万平方米。

提示：从过火石灰的危害角度进行分析。

思考题

1）从硬化过程及硬化产物分析石膏及石灰属于气硬性胶凝材料的原因。

2）用于墙面抹灰时，建筑石膏与石灰比较，具有哪些优点？为什么？

3）石灰硬化体本身不耐水，但石灰土多年后具有一定的耐水性，你认为主要是什么原因？

4）试述水玻璃模数与性能的关系。

5）硅酸盐水泥由哪些矿物成分所组成？这些矿物成分对水泥的性质有何影响？它们的水化产物是什么？

6）试说明以下各条的原因：①制造硅酸盐水泥时必须掺入适量石膏；②水泥必须具有一定细度；③水泥体积安定性不合格；④测定水泥标号、凝结时间和体积安定性时都必须规定加水量。

7）现有甲、乙两厂生产的硅酸盐水泥熟料，其矿物成分见表2-12，试估计和比较这两厂所生产的硅酸盐水泥的强度增长速度和水化热等性质有何差异？为什么？

表2-12　甲、乙两厂生产的硅酸盐水泥熟料矿物成分表

生产厂	C_3S	C_2S	C_3A	C_4AF
甲	56	17	12	15
乙	42	35	7	16

8）何谓水泥混合材料？它们可使硅酸盐水泥的性质发生哪些变化？这些变化在建筑上有何意义（区分有利和不利的）？

9）有下列混凝土构件和工程，请分别选用合适的水泥，并说明其理由是什么。

①现浇楼板、梁、柱；②采用蒸汽养护的预制构件；③紧急抢修的工程或紧急军事工程；④大体积混凝土坝、大型设备基础；⑤有硫酸盐腐蚀的地下工程；⑥高炉基础；⑦海港码头工程。

10）在硅酸盐系列水泥中，采用不同的水泥施工时（包括冬季、夏季施工）应分别注意哪些事项？为什么？

11）当不得不采用普通硅酸盐水泥进行大体积混凝土施工时，可采取哪些措施来保证工程质量？

第3章　建筑钢材

金属材料包括黑色金属和有色金属两大类。黑色金属是以铁元素为主要成分的金属及其合金，如铁、钢和合金钢；有色金属是以其他金属元素为主要成分的金属及其合金，如铜、铝、锌等金属及其合金。

建筑钢材是重要的土木工程材料，主要包括钢筋混凝土结构的钢筋、钢丝和用于钢结构的各种型钢，以及用于围护结构和装修工程的各种深加工钢板和复合板等。

建筑钢材的强度高、品质均匀，具有一定的弹性和塑性变形能力，能承受冲击振动荷载且具有很好的加工性能。其缺点是容易生锈，维护费用大，耐火性差。

3.1　钢的冶炼与分类

3.1.1　钢的冶炼

钢是由生铁冶炼而成，生铁的主要成分是铁，但含有较多的碳以及硫、磷、硅等杂质，炼钢的目的就是要通过冶炼，将生铁中的含碳量降至2.06%以下，其他杂质含量降至一定范围内，以显著改善其技术性能，提高质量。

氧气转炉法、电炉法和平炉法是常用的三种炼钢方法，如表3-1所示。目前，氧气转炉法已成为现代炼钢的主要方法。

表3-1　炼钢的方法和特点

炉种	原料	特点	生产钢种
氧气转炉	铁水、废铁	冶炼速度快，生产效率高，钢质较好	碳素钢、低合金钢
电炉	废钢	容积小，耗电大，控制严格，钢质好，成本高	合金钢、优质碳素钢
平炉	生铁、废钢	容量大，冶炼时间长，钢质较好且稳定，成本较高	碳素钢、低合金钢

3.1.2　钢的分类

1. 按化学成分分类

1）碳素钢。碳素钢根据含碳量可分为：低碳钢（含碳量小于0.25%）、中碳钢（含碳量0.25%～0.6%）和高碳钢（含碳量大于0.6%）。

2）合金钢。合金钢按合金元素的总含量可分为：低合金钢（合金元素含量小于5%）、中合金钢（合金元素含量为5%～10%）、高合金钢（合金元素含量大于10%）。

2. 按有害杂质含量分类

1）普通钢。硫含量≤0.050%，磷含量≤0.045%。

2）优质钢。硫含量≤0.035%，磷含量≤0.035%。

3）高级优质钢。硫含量≤0.025%，磷含量≤0.025%。

4）特级优质钢。硫含量≤0.025%，磷含量≤0.015%。

3. 根据冶炼时脱氧程度分类

1）沸腾钢。炼钢时加入锰铁进行脱氧，脱氧很不安全，故称沸腾钢，代号为“F”。

2）镇静钢。炼钢时采用硅铁、锰铁和铝锭等作脱氧剂，脱氧充分，这种钢水铸锭时能平静地充满锭模并冷却固定，基本无一氧化碳气泡产生，故称镇静钢，代号为“Z”。

3）特殊镇静钢。比镇静钢脱氧更充分彻底的钢，代号为“TZ”。

4）半镇静钢。脱氧程度介于沸腾钢和镇静钢之间，代号为“b”。

3.2　建筑钢材的主要力学性能

建筑钢材的力学性能主要包括抗拉、冷弯、冲击韧性、硬度和耐疲劳性等。

3.2.1　抗拉性能

抗拉性能是建筑钢材最重要的性能之一。通过拉伸试验可以测得屈服强度、抗拉强度和伸长率，这些都是建筑抗拉性能的主要技术指标。

建筑钢材的抗拉性能可通过低碳钢受拉时的应力-应变图阐明（图 3-1）。

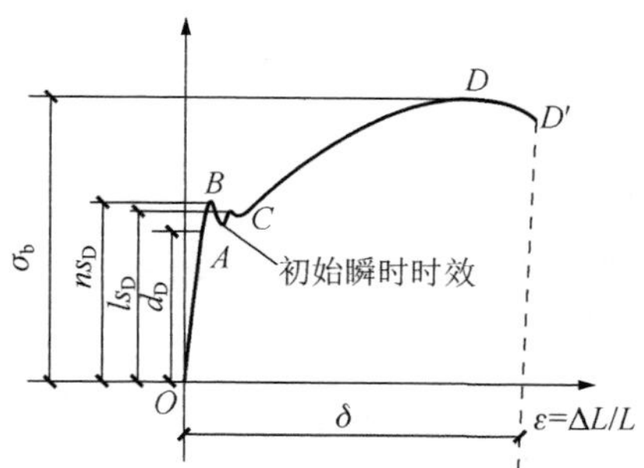

图 3-1　低碳钢受拉时的应力-应变图

从图 3-1 中可见，就变形性质而言，曲线可划分为四个阶段，即弹性阶段（$O \to A$）、弹塑性阶段（$A \to B$）、塑性阶段（$B \to C$）、应变强化阶段（$C \to D$），超过 D 点后试件产生颈缩和断裂。

各阶段中的特征应力值有屈服极限（R_{eL}）和抗拉强度（R_m）。在曲线的 OA 范围内，如卸去拉力，试件能恢复原状，这种性质称为弹性。曲线上与 A 点对应的应力 d_D 称为弹性极限，用 σ_p 表示当应力稍低于 A 点对应的应力时，应力与应变的比值为常数，称为弹性模量，用 E 表示，即 $E=\sigma/\varepsilon$ 。弹性模量反映钢材的刚度，它是钢材在受力时计算结构变形的重要指标。

当应力超过 A 点弹性极限后，应力与应变失去线性关系，试件产生弹性变形和塑性变形。在 AB 段，应力的增长明显滞后于应变的增加，当应力达到 $B_{上}$时，钢材暂时失去了抵抗变形的能力，这种现象称为屈服，因此称 BC 段为屈服阶段。曲线上 $B_{上}$点对应的应力称为上屈服点，$B_{下}$点对应的应力称为下屈服点。由于 $B_{下}$点稳定易测，故一般以 $B_{下}$点对应的应力作为钢的屈服强度，用 ns_{D} 表示。钢材受力超过该值后，会产生较大的塑性变形，尽管钢材没有破坏，但因变形过大已不能满足使用要求，因此，工程中常以 ns_{D} 作为钢材的设计强度取值的依据。

应力超过 C 点后，由于钢材内部组织的变化，经过应力重分布以后，其抵抗塑性变形的能力又加强，CD 曲线呈上升趋势，故称为强化阶段。对应于最高点 C 的应力称为抗拉强度，用 ls_{D} 表示。

抗拉强度与屈服强度之比，称为强屈比（R_{m}/R_{eL}）。强屈比愈大，反映钢材受力超过屈服点工作时的可靠性愈大，因而结构的安全性愈高。但强屈比太大，反映钢材性能不能被充分利用。钢材的强屈比一般应大于 1.2。

预应力钢筋混凝土用的高强度钢筋和钢丝具有硬钢的特点，其抗拉强度高，无明显屈服平台（图 3-2）。这类钢材的屈服点以产生残余变形达到原始标距长度 L_0 的 0.2%时所对应的应力作为规定的屈服极限，用 $R_{r0.2}$ 表示。

试样拉断后，标距的伸长与原始标距长度的百分率，称为断后伸长率（A）。测定时将拉断的两部分在断裂处对接在一起，使其轴线位于同一直线上时，量出断后标距的长度 L_{u}（mm）（图 3-3），即可按式（3.1）计算伸长率。

$$A=\frac{L_{u}-L_{0}}{L_{0}}\times100\% \tag{3.1}$$

式中：L_0——试件的原始标距长度，mm；

L_{u}——试件拉断后的标距长度，mm。

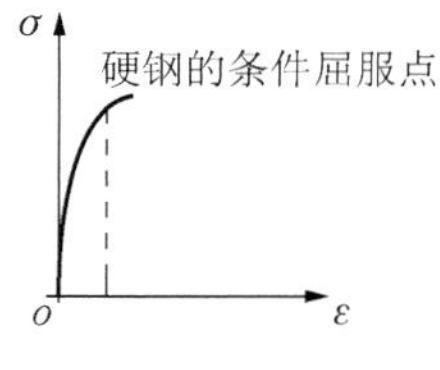

图 3-2　硬钢的屈服点

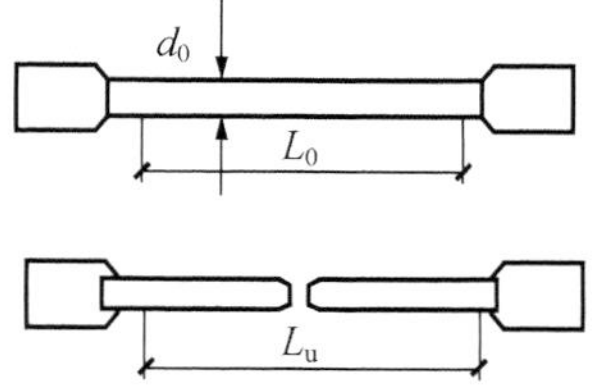

图 3-3　伸长率测量

钢材在拉伸试验时，拉力达到最大力时原始标距的伸长与原始标距（L_0）之比的百分率称为最大力伸长率，有最大力总伸长率（A_{gt}）和最大力非比例伸长率（A_{g}）。

伸长率表明钢材的塑性变形能力，是钢材的重要技术指标。尽管大多数的结构通常是在弹性范围内工作，但在应力集中处，应力可能超过屈服强度（R_{eL}）而产生一定的塑性变形，使应力重分布，从而避免结构破坏。

通过抗拉实验，还可测定另一表明钢材塑性的指标——断面收缩率 Z。它是试件拉断后、颈缩处横截面积的最大缩减量与原始横截面积的百分比，即

$$Z = \frac{F_0 - F_1}{F_0} \tag{3.2}$$

式中：F_0——原始横截面积；

F_1——断裂后颈缩处的横截面积。

3.2.2　冷弯性能

冷弯性能是指钢材在常温下承受弯曲变形的能力，是建筑钢材的重要工艺性能。

钢材的冷弯性能是指以试验时的弯曲角度（α）和弯心直径（d）为指标表示，如图 3-4 所示。

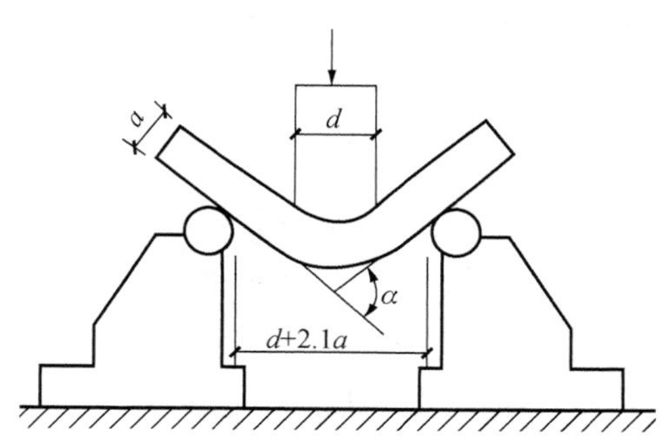

图 3-4　冷弯试验示意图

试验时采用的弯曲角度愈大，弯心直径对试件厚度（或直径）的比值愈小，表示对冷弯性能的要求愈高。按规定的弯曲角和弯心直径进行试验时，试件的弯曲处不发生裂缝、裂断或起层，即认为冷弯性能合格。

冷弯试验试件的弯曲处会产生不均匀塑性变形，能在一定程度上揭示钢材是否存在内部组织的不均匀、内应力、内杂物、未熔合和微裂纹等缺陷。因此，冷弯性能也能反映钢材的冶炼质量和焊接质量。

3.2.3　冲击韧性

冲击韧性是指钢材抵抗冲击荷载作用的能力，用冲断试件所需能量的多少来表示。冲击韧性指标是通过标准试件的弯曲冲击韧性试验确定的。试验采用中部加工有 V 型或 U 型缺口的标准弯曲试件，置于冲击机的支架上，试件非切槽的一侧对准冲击摆。当冲击摆从一定高度自由落下将试件冲断时，试件吸收的能量等于冲击摆所做的功，缺口底部处单位面积上所消耗的功，即为冲击韧性指标，冲击韧性指标计算公式为

$$a_k = \frac{mg(H-h)}{A} \tag{3.3}$$

式中：a_k——冲击韧性，J/cm^2；

m——摆锤质量，g；

A——试件槽口处断面积，cm^2。

试验表明，冲击韧性值随温度的降低而下降，其规律是开始时下降平缓，当达到某一温度范围时，突然下降很多而呈脆性，这种现象称为钢材的冷脆性，这时的温度称为脆性临界温度。它的数值愈低，钢材的低温冲击性能愈好。所以在负温下使用的结构，应选用脆性临界温度较使用温度低的钢材。

钢材随时间的延长而表现出强度提高、塑性和冲击韧性下降的现象称为时效。完成时效变化的过程可达数十年。钢材如经受冷加工变形，或使用中经受振动和反复荷载的影响，时效可迅速发展。

因时效而导致性能改变的程度称为时效敏感性。时效敏感性愈大的钢材，经过时效以后，其冲击韧性和塑性的降低愈显著，对于承受动荷载的结构物，如桥梁等，应选用时效敏感性较小的钢材。

3.2.4 硬度

钢材的硬度是指其表面抵抗外物压入产生塑性变形的能力。测定钢材硬度的方法有布氏法、洛氏法和维氏法，较常用的为布氏法和洛氏法。

布氏法的测定是用一直径为 D 的淬火钢球或硬质合金球，以荷载 P 将其压入试件表面，经规定的持续时间后卸除荷载，测定压痕的直径 d（图 3-5）。以压痕表面积 F 除以荷载 P，所得的商即为该试件的布氏硬度值，以 HB 表示，即布氏硬度的单位为 kg/mm^2 这是目前各国文献中常用的单位，通常只给出数值而不写单位，如 HB200，若要换算成国际单位 MPa，需要乘以 9.8。

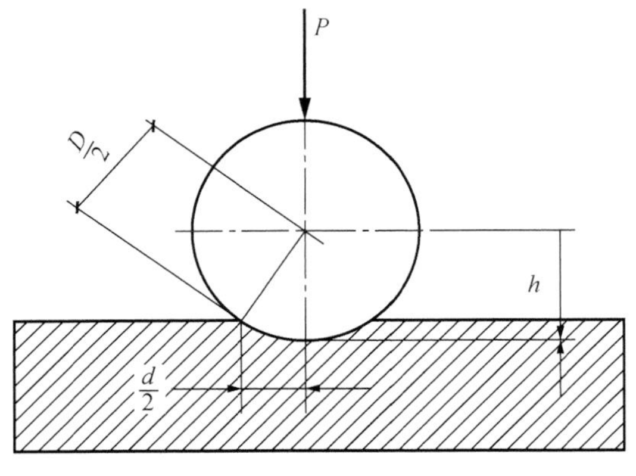

图 3-5　布氏硬度试验示意图

布氏硬度法适用于 HB<450 的钢材，测试时所得压痕直径 d 应在 $0.25D \sim 0.6D$ 范围内。否则测试结果不准确。当 HB>450 时，钢球本身将发生较大变形，应采用洛氏硬度法测定其硬度。

洛氏法用压头压入试件的深度大小表示材料的硬度值。洛氏法的压痕很小，一般用于判断机械零件的热处理效果。

3.2.5 耐疲劳性

钢构件在交变应力的反复作用下，往往在工作应力远小于抗拉强度时发生骤然断裂，这种现象称为钢材的疲劳破坏。疲劳破坏的危险应力用疲劳极限（σ_r）来表示，它是指疲劳试验中，试件在交变应力作用下，于规定的周期基数内不发生断裂所能承受的最大应力。

疲劳破坏的原因，主要是钢材中存在疲劳裂纹源，若设计不合理，在构件尺寸变化或钻孔处由于截面急剧改变造成局部过大的应力集中，疲劳裂纹源发展成裂纹，在交变应力作用下裂纹扩展而发生突然断裂破坏。

当应力作用方式、大小或方向等交替变更时，裂纹两面的材料紧压或张开，形成断口光滑的疲劳裂纹扩展区。随着裂纹向纵深发展，在疲劳破坏的最后阶段，裂纹尖端由于应力集中而引起剩余截面的脆性断裂，形成断口粗糙的瞬时断裂区。

钢材的疲劳强度大小与其内部组织、成分偏析及各种缺陷有关。同时，钢材表面质量、截面变化和受腐蚀程度等都可以影响其疲劳性能。

3.3 钢材的冷加工强化及时效处理、热处理和焊接

3.3.1 钢材的冷加工强化及时效处理

（1）冷加工强化及时效处理概念

将钢材于常温下进行冷拉、冷拔或冷轧，使其产生塑性变形，从而提高屈服强度，但钢材的塑性和韧性会降低，这个过程称为冷加工强化。

将经过冷拉处理后的钢材于常温下存放 15～20d，或加热到 100～200℃并保持 2～3h，这一过程称时效处理，前者称自然时效，后者称人工时效。通常对强度较低的钢筋可采用自然时效，对强度较高的钢筋采用人工时效。

冷加工以后再经时效处理的钢材，屈服点进一步提高，抗拉强度稍见增长，塑性和韧性继续有所降低。由于时效过程中内应力的消减，故弹性模量可基本恢复。

（2）钢材冷加工强化与时效处理的机理

钢材经冷拉后的性能变化规律，可见图 3-6。图中 *OAcd* 为未经冷拉试件的应力-应变曲线。将试件拉至超过屈服极限的某一点 *a*，然后卸去荷载，由于试件已产生塑性变

形，故曲线沿 ao''下降，ao''大致与 AO 平行。如重新拉伸，则新的屈服点将高于原来可达到的 a 点。可见钢材经冷拉以后屈服点将会提高。

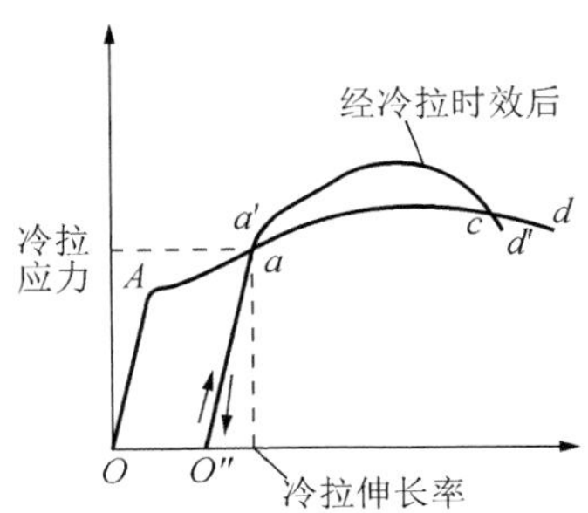

图 3-6 钢筋冷拉前后的应力-应变曲线

一般认为，产生应变时效的原因，主要是α-Fe 晶格中的碳、氮原子有向缺陷移动、集中甚至呈碳化物或氮化物析出的倾向。当钢材经冷加工产生塑性变形以后，或在使用中受到反复振动，则碳、氮原子的迁移和富集可大为加快，由于缺陷处碳、氮原子富集，晶格畸变加剧，因而屈服强度提高，而塑性、韧性下降，弹性模量则基本相同。

3.3.2 钢材的热处理

热处理是指将钢材按一定规则加热、保温和冷却，以改变其金相组织和显微结构组织，从而获得所需要性能的一种工艺措施。建筑钢材一般在生产厂家进行热处理并以热处理状态供应。在施工现场，有时须对焊接件进行热处理。

常用的热处理工艺有退火、正火、淬火、回火等方法。

1）退火，是将钢材加热到一定温度，保温后缓慢冷却的一种热处理工艺，其目的是为了在钢材进行冷加工以后，减少冷加工中所产生的各种缺陷，消除内应力。退火工艺可分为低温退火和完全退火等。低温退火即退火加热温度在铁素体等基本组织转变温度以下。如果退火加热温度高于钢材基本组织的转变温度，通常可加温至 800～850℃。再经适当保温后缓慢冷却，使钢材再结晶，即为完全退火。

2）正火，是退火的一种特例。正火在空气中冷却，两者仅冷却速度不同。与退火相比，钢材的硬度、强度提高，而塑性减小，其目的是消除组织缺陷等。

3）淬火，通常是两道相连的处理过程。淬火的加热温度在基本组织转变温度以上，保温使组织完全转变，即投入选定的冷却介质（如水或矿物油等）中急冷，使转变为不稳定组织，淬火即完成。其目的是得到高强度、高硬度的组织。淬火会使钢材的塑性和韧性显著降低。

4）回火，将钢材加热到转变温度以下（150～650℃内选定）。保温后按一定速度冷却至室温。其目的是促进淬火后的不稳定组织转变为所需要的组织，消除淬火产生的内应力。我国生产的热处理钢筋，即采用中碳低合金钢经油浴淬火和铅浴高温（500～650℃）回火制得，它的组织为铁素体和均匀分布的细颗粒渗碳体。

3.4 钢材的组织和化学组成对钢材性能的影响

3.4.1 钢材的组织及其对钢材性能的影响

钢是以铁为主的 Fe-C 合金，其基本元素是 Fe 和 C，虽然 C 含量很少，但对钢材性能的影响非常大，在钢材中碳原子与铁原子之间的结合有三种基本方式，即固溶体、化合物和机械混合物。由于铁与碳结合方式的不同，碳素钢在常温下形成的基本组织有铁素体、渗碳体和珠光体三种（表 3-2）。

表 3-2 钢的基本组织及其性能

组织名称	含碳量/%	结构特征	性能
铁素体	≤0.02	C 溶于 α-Fe 中的固溶体	强度、硬度降低，塑性好，冲击韧性很好
渗碳体	6.67	化合物 Fe_3C	抗拉强度很低，硬脆，很耐磨，塑性几乎为零
珠光体	0.8	铁素体与渗碳体的机械结合物	强度较高，塑性和韧性介于铁素体和渗碳体之间

3.4.2 钢的化学成分对钢材性能的影响

硅，在钢材中除少量呈非金属夹杂物外，大部分溶于铁素体中，当含量低于 1%时，可提高强度，而且对塑性和韧性的影响不明显。所以，硅是我国低合金钢的主加合金元素，其作用主要是提高钢材的强度。

锰，溶于铁素体中。其作用是消减硫和氧所引起的热脆性。使钢材的热加工性质改善。溶入铁素体的锰，可提高钢材的强度。锰是我国低合金钢的主加合金元素，含锰量一般在 1%～2%范围内，它的作用主要是溶于铁素体中使其强化，并起到细化珠光体的作用，使强度提高。

钛，是强脱氧剂，而且能细化晶粒。钛能显著提高钢的强度，但稍降低塑性；由于晶粒细化，故可改善韧性。钛还能减少时效倾向，改善可焊性，是常用的合金元素。

钒，是强的碳化物和氮化物形成元素，钒能细化晶粒，提高钢的强度，并能减少时效倾向，但会增加焊接时的淬硬倾向。

铌，是强碳化物和氮化物形成元素，能细化晶粒。

磷，是碳钢中的有害物质。主要溶于铁素体中起强化作用。其含量提高，钢材的强度提高，塑性和韧性显著下降。特别是温度愈低，对塑性和韧性的影响愈大。磷在钢中的偏析倾向强烈，一般认为，磷的偏析富集，使铁素体晶格严重畸变，是钢材冷脆性显著增大的原因。磷使钢材变脆的作用，使它显著影响钢材的可焊性。

一般来说磷是有害杂质，但磷可提高钢的耐磨性和耐蚀性，在低合金钢中可配合其他元素作为合金元素使用。

硫，是有害元素，呈非金属的硫化物夹杂物存在于钢中，降低各种力学性能。硫化物所造成的低熔点，使钢在焊接时易产生热裂纹，显著降低可焊性，硫也有强烈的偏析作用，增加了危害性。

氧，是钢中的有害杂质。主要存在于非金属夹杂物中，少量溶于铁素体中。非金属夹杂物会降低钢的力学性能，特别是韧性。氧还有促进时效倾向的作用，某些氧化物的低熔点也使钢的可焊性变坏。

3.5 钢材的防火和防腐蚀

3.5.1 钢材的防火

在一般建筑结构中，钢材均在常温条件下工作，但对于长期处于高温条件下的结构物，在遇到火灾等特殊情况时，则必须考虑温度对钢材性能的影响。而且高温对性能的影响还不能简单地用应力-应变关系来评定，必须加上温度与高温持续时间两个因素，通常钢材的蠕变现象会随温度的升高而愈益显著，蠕变则导致应力松弛。此外，由于在高温下晶界强度比晶粒强度低，晶界的滑动对微裂纹的影响起重要作用，此裂纹在拉应力的作用下不断扩展而导致断裂。因此，随着温度的升高，其持久强度将显著下降。

因此，在钢结构或钢筋混凝土结构遇到火灾时，应考虑高温透过保护层后对钢筋或型钢金相组织结构及力学性能的影响。尤其是在预应力结构中，还必须考虑钢筋在高温条件下的预应力损失所造成的整个结构物应力体系的变化。

鉴于以上原因，在钢结构中应该采取预防包覆措施，高层建筑更应如此，其中包括设置防火板或涂刷防火涂料等。在钢筋混凝土结构中，钢筋应有一定厚度的保护层。

3.5.2 钢材的锈蚀与防止

1. 钢材的锈蚀

钢材的锈蚀是指钢材表面与周围介质发生作用而引起破坏的现象。根据钢材与环境介质作用的机理，腐蚀可分为化学腐蚀、电化学腐蚀和应力腐蚀。

1）化学腐蚀。钢材与周围介质直接发生化学反应而引起的腐蚀，称为化学腐蚀。通常是由于氧化作用，使钢材中的铁形成疏松的氧化铁而被腐蚀。在干燥环境中，化学腐蚀进行缓慢，在潮湿环境或温度较高时，腐蚀速度加快，这种腐蚀亦可由空气中的二氧化碳或二氧化硫作用，以及其他腐蚀性物质的作用而产生。

2）电化学腐蚀是指钢材与电解溶液接触而产生电流，形成原电池而引起的锈蚀。

这是由于两种不同电化学势的金属之间的电势差，使负极金属发生溶解的结果。就钢材而言，当凝聚在钢铁表面的水分中溶有二氧化碳或硫化物气体时，即形成一层电解质水膜，钢铁本身是铁和铁碳化合物，以及其他杂质化合物的混合物。它们之间形成以铁为负极，以碳化铁为正极的原电池，由于电化学反应生成铁锈。

电化学腐蚀过程如下。

$$阳极：Fe - 2e = Fe^{2+}$$

$$阴极：2H^{+} + 2e = H_2$$

从电极反应中所逸出的离子在水膜中的反应

$$Fe + 2H^{+} = Fe^{2+} + H_2$$

$$Fe^{2+} + 2OH^{-} = Fe(OH)_2$$

又与水中溶解的氧发生下列反应

$$4Fe(OH)_2 + O_2 + 2H_2O = 4Fe(OH)_3$$

所以 $Fe(OH)_2$、$Fe(OH)_3$ 及 Fe^{2+}、Fe^{3+}与 CO_3^{2-}生成的 $FeCO_3$、$Fe_2(CO_3)_3$ 等是铁锈的主要成分，为了方便，通常以 $Fe(OH)_3$ 表示铁锈。

钢铁在酸碱盐溶液及海水中发生的腐蚀，地下管线的土壤腐蚀，在大气中的腐蚀，与其他金属接触处的腐蚀，均为电化学腐蚀，可见电化学腐蚀是钢材腐蚀的主要形式。

3）应力腐蚀。钢材在应力状态下腐蚀加快的现象，称为应力腐蚀。所以，钢筋冷弯处、预应力钢筋等都会因为应力存在而加速腐蚀。

2. 防止钢材腐蚀的措施

混凝土中的钢筋处于碱性介质条件下，而氧化保护膜为碱性，故不致锈蚀。但应注意，若在混凝土中大量掺入混合料，或因碳化反应会使混凝土内部环境中性化，或由于在混凝土外加剂中带入一些卤素离子，特别是氯离子，会使腐蚀迅速发展。混凝土钢筋的防腐蚀措施主要有提高混凝土密实度、确保保护层厚度、限制氯盐外加剂及加入防锈剂等方法。对于预应力钢筋，一般含碳量较高，经过冷加工强化或热处理，较易发生腐蚀，应特别予以重视。

钢结构中型钢的防锈，主要采用表面涂覆的方法，例如表面刷漆，常用底漆有红丹、环氧富锌漆、铁红环氧底漆等。面漆有灰铅漆、醇酸磁漆、酚醛磁漆等。薄壁型钢及薄钢板制品可采用热浸镀锌后加涂塑料复合层。

3.6 建筑钢材的品种与选用

土木工程中常用的钢材可分为钢筋混凝土用钢和钢结构用钢两大类。土木工程中，常用的钢筋、钢丝、型钢及预应力锚具等，基本都是碳素结构钢和低合金高强度结构钢，经热轧或再进行冷加工强化及热处理等工艺加工而成。现将主要常用钢种分述如下。

3.6.1 碳素结构钢

1. 牌号及其表示方法

根据《碳素结构钢》（GB/T 700—2006）的规定，碳素结构钢可分为 4 个牌号，即 Q195、Q215、Q235 和 Q275，其含碳量在 0.06%～0.24%之间。每个牌号又根据其硫、磷等有害杂质的含量分成若干等级。碳素结构钢的表示方法如下。

屈服点等级—质量等级·脱氧程度

例如 Q235—BZ，表示这种碳素结构钢的屈服点不低于 235MPa；质量等级为 B，脱氧程度为镇静钢。

2. 力学及工艺性能

各牌号碳素结构钢的力学性能及工艺性能见表 3-3 及表 3-4。

表 3-3 碳素结构钢的力学性能（GB/T 700—2006）

牌号	等级	屈服强度①R_{eLt}/(N/mm²)，不小于						抗拉强度②R_m/(N/mm²)	断后伸长率 A/%，不小于					冲击试验（V 型缺口）	
		厚度（或直径）/mm							厚度（或直径）/mm					温度/℃	冲击吸收功（纵向）/J 不小于
		≤16	16～40	40～60	60～100	100～150	150～200		≤40	40～60	60～100	100～150	150～200		
Q195	—	195	185	—	—	—	—	315～430	33	—	—	—	—	—	—
Q215	A	215	205	195	185	175	165	335～450	31	30	29	27	26	—	—
	B													+20	27
Q235	A	235	225	215	215	195	185	370～500	26	25	24	22	21	+20	—
	B													0	27③
	C													−20	
	D														
Q275	A	275	265	255	245	225	215	410～540	22	21	20	18	17	—	—
	B													+20	27
	C													0	
	D													−20	

注：① Q195 的屈服强度值仅供参考。

② 厚度大于 100mm 的钢材，抗拉强度下限降低 20N/mm²，宽带钢（包括剪切钢板）抗拉强度上限不作交货条件。

③ 厚度小于 25mm 的 Q235B 级钢材，如供方能保证冲击吸收功值合格，经需方同意，可不作检验。

表 3-4 碳素结构钢冷弯试验指标（GB/T 700—2006）

牌号	试验方向	冷弯试验 180° $B=2a$[①]	
		钢材厚度（或直径）/mm	
		≤60	>60[②]
		弯心直径 d	
Q195	纵	0	—
	横	0.5a	
Q215	纵	0.5a	1.5a
	横	a	2a
Q235	纵	a	2a
	横	1.5a	2.5a
Q275	纵	1.5a	2.5a
	横	2a	3a

注：① B 为试样宽度，a 为试样厚度（或直径）。

② 钢材厚度（或直径）大于 100mm 时，弯曲试验由双方协商确定。

碳素钢的屈服强度和抗拉强度随含碳量的增加而增高，伸长率则随含碳量的增加而下降。一般而言，碳素结构钢的塑形较好，适宜于各种加工，在焊接、冲击及适当的超载情况下也不会突然被破坏，它的化学性能稳定，对轧制、加热或骤冷的敏感性较小，因而常用于热轧钢筋。

3.6.2 低合金高强度结构钢

1. 牌号及其表示方法

根据《低合金高强度结构钢》（GB/T 1591—2008）的规定，低合金高强度结构钢可分为 8 个牌号，即 Q345、Q390、Q420、Q460、Q500、Q550、Q620、Q690，每个牌号又根据其所含硫、磷等有害物质的含量，分为 A、B、C、D、E 五个等级。低合金钢的合金元素总含量一般不超过 5%，所加元素主要有锰、硅、矾、钛、铌、铬、锡及稀土元素。

低合金高强度结构钢的牌号表示方法为：屈服点等级—质量等级。

2. 力学性能

由于低合金钢中的合金元素起了细晶强化和固溶强化等作用，使低合金钢不但具有较高的强度，而且也具有较好的塑性、韧性和可焊性。因此，它是综合性能较好的建筑钢材，尤其是对大跨度、承受动荷载和冲击荷载的结构物更为适用。表 3-5 中列出了《低合金高强度结构钢》（GB/T 1591—2008）的性能。

表 3-5 低合金高强度结构钢（GB/T 1591—2008）的力学性能

牌号	质量等级	屈服强度（R_{eL}）/ MPa					抗拉强度（R_m）/ MPa				断后伸长率（A）/%			冲击吸收能量（KV_2）/ J				180° 弯曲试验 [d=弯心直径，a=试样厚度（直径）]	
		公称直径（直径，半径）/mm					公称厚度（直径，半径）/mm				公称厚度（直径，半径）/mm			+20℃	0℃	-20℃	-40℃	钢板厚度（直径）/mm	
		≤16	16～40	40～63	63～80	80～100	≤40	40～63	63～80	80～100	≤40	40～63	63～80					≤16	16～100
		不小于									不小于			不小于					
Q345	A										≥20	≥19	≥19						
	B																		
	C	≥345	≥335	≥325	≥315	≥305	470～630	470～630	470～630	470～630	≥21	≥20	≥20	34	34	34	34	2a	3a
	D																		
	E																		
Q390	A																		
	B																		
	C	≥390	≥370	≥350	≥330	≥330	490～650	490～650	490～650	490～650	≥20	≥19	≥19	34	34	34	34	2a	3a
	D																		
	E																		
Q420	A																		
	B																		
	C	≥420	≥400	≥380	≥360	≥360	520～680	520～680	520～680	520～680	≥19	≥18	≥18	34	34	34	34	2a	3a
	D																		
	E																		

续表

牌号	质量等级	屈服强度（R_{eL}）/ MPa					抗拉强度（R_m）/ MPa				断后伸长率（A）/%			冲击吸收能量（KV_2）/ J				180° 弯曲试验 [d=弯心直径，a=试样厚度（直径）]	
		公称直径（直径，半径）/mm					公称厚度（直径，半径）/mm				公称厚度（直径，半径）/mm			+20℃	0℃	-20℃	-40℃	钢板厚度（直径）/mm	
		≤16	16～40	40～63	63～80	80～100	≤40	40～63	63～80	80～100	≤40	40～63	63～80					≤16	16～100
		不小于									不小于			不小于					
Q460	C D E	≥460	≥440	≥420	≥400	≥400	550～720	550～720	550～720	550～720	≥17	≥16	≥16	—	34	34	34	$2a$	$3a$
Q500	C D E	≥500	≥480	≥470	≥450	≥440	610～770	600～760	590～750	540～730	≥17	≥17	≥17	—	55	47	31	—	—
Q550	C D E	≥550	≥530	≥520	≥500	≥490	670～830	620～810	600～790	590～780	≥16	≥16	≥16	—	55	47	31	—	—
Q620	C D E	≥620	≥600	≥590	≥570	—	710～880	690～880	670～860	—	≥15	≥15	≥15	—	55	47	31	—	—
Q690	C D E	≥690	≥670	≥660	≥640	—	770～940	750～920	730～900	—	≥14	≥14	≥14	—	55	47	31	—	—

3.7 常用建筑钢材

3.7.1 钢筋

钢筋主要用于钢筋混凝土和预应力钢筋混凝土的配筋，是土木工程中用量最大的钢材之一。钢筋的抗拉强度高、塑性好，放入混凝土中可很好地改善混凝土脆性，扩展混凝土的应用范围，同时混凝土的碱性环境又很好地保护了钢筋。钢筋的主要品种有以下几种。

钢筋混凝土用热轧钢筋，根据其表面形状分为光圆钢筋和带肋钢筋两类。

（1）热轧光圆钢筋

建筑用热轧光圆钢筋由碳素结构钢或低合金高强度结构钢热轧而成。其主要力学性能见表 3-6。

表 3-6 建筑用热轧光圆钢筋力学性能及工艺性能（GB 1499.1—2008）

牌号	力学性能				冷弯实验 180° d=弯心直径 a=试样直径
	R_{eL}/MPa	R_m/MPa	A/%	A_{gt}/%	
	≥				
HPB235	235	370	25	10.0	$d = a$
HPB300	300	420			

从表 3-6 中可见低碳钢热轧圆盘条的强度较低，但具有塑性好、伸长率高、便于弯折成形、容易焊接等特点。可用作中、小型钢筋混凝土结构的受力钢筋或箍筋，以及作为冷加工（冷拉、冷拔、冷轧）的原料。

（2）热轧带肋钢筋

钢筋混凝土用热轧带肋钢筋由低合金钢热轧而成，横截面通常为圆形，且表面带有两条纵肋和沿长度方向均匀分布的横肋。其含碳量为 0.17%～0.25%，其牌号有 HRB335、HRB400、HRB500、HRBF335、HRBF400、HRBF500 六种，其主要力学性能见表 3-7。

表 3-7 钢筋混凝土用热轧带肋钢筋力学性能及工艺性能（GB 1499.2—2007）

牌号	R_{eL} / MPa	R_m / MPa	A / %	A_{gt} / %	冷弯实验	
	不小于				公称直径/mm	弯心直径 d a=试样直径/mm
HRB335 HRBF335	335	455	17	7.5	6～25	3a
					28～40	4a
					>40～50	5a
HRB400 HRBF400	400	540	16		6～25	4a
					28～40	5a
					>40～50	6a
HRB500 HRBF500	500	630	15		6～25	6a
					28～40	7a
					>40～50	8a

热轧带肋钢筋具有较高的强度，塑形和可焊性也较好。钢筋表面带有纵肋和横肋，从而加强了钢筋与混凝土之间的握裹力。可用于钢筋混凝土结构的受力钢筋，以及预应力钢筋。

（3）冷轧带肋钢筋

冷轧带肋钢筋由普通低碳钢或合金钢热轧的圆盘条，经冷轧而成，表面带有沿长度方向均匀分布的二面或三面月牙肋。其牌号按抗拉强度分为四个等级，即 CRB550、CRB650、CRB800、CRB970，公称直径范围 4～12mm。其中 CRB650 以上公称直径为 4mm、5mm、6mm。

冷轧带肋钢筋各等级的力学性能和工艺性能应符合表 3-8 的规定。

表 3-8 冷轧带肋钢筋的性能

牌号	$R_{p0.2}$/MPa 不小于	R_m/MPa 不小于	伸长率/%不小于		冷弯	反复弯曲次数	应力松弛初始应力相当于
			A_{10d}	A_{100}			1000h 松弛率/% 不大于
CRB550	500	550	8.0	—	D=3d	—	—
CRB650	585	650	—	4.0	—	3	8
CRB800	720	800	—	4.0	—	3	8
CRB970	875	970	—	4.0	—	3	8

注：表中 D 为弯心直径，d 为钢筋公称直径。

冷轧带肋钢筋与冷拉、冷拔钢筋相比，强度相近，但克服了冷拉、冷拔钢筋握裹力小的缺点。因此，在中、小型预应力混凝土结构构件中和普通混凝土结构构件中得到越来越广泛的应用。

（4）预应力混凝土用钢丝与钢绞线

预应力混凝土用钢丝由优质高碳钢圆盘条经等温淬火并拔制而成。钢丝可分为冷拉钢丝和消除应力钢丝两种。预应力钢丝的直径有 3mm、4mm、5mm 三种规格，抗拉强度可达 1670MPa。

若将预应力钢丝经辊压出规律性凹痕，以增强与混凝土的黏结，则成刻痕钢丝。

若将两三根或七根圆形断面的钢丝捻成一束，则成预应力混凝土用钢绞线。

钢丝、刻痕钢丝及钢绞线均属于冷加工强化的钢材，没有明显的屈服点，但抗拉强度远远超过热轧钢筋和冷轧钢筋，并具有良好的柔韧性，应力松弛率低。

3.7.2 型钢

钢结构构件一般应直接选用各种型钢。型钢之间可直接连接或附加连接钢板进行连接，连接方式可铆接、螺栓连接或焊接。钢结构所用钢主要是型钢和钢板。型钢有热轧及冷轧两种，钢板也有热轧和冷轧两种。

本章回顾与思考

1. 钢的基本知识

1）按化学成分不同可分成：

① 碳素钢：低碳钢、中碳钢、高碳钢。

② 合金钢：低合金钢、中合金钢、高合金钢。

2）按冶炼时脱氧程度不同，可分成镇静钢、沸腾钢、特殊镇静钢、半镇静钢。

3）按钢的品质（杂质含量）分类，可分成普通钢、优质钢、高级优质钢、特级优质钢。

4）按钢的用途分类不同，可分成结构钢、工具钢、轴承钢等。

建筑上常用的钢种是普通碳素结构钢（低碳钢）和普通低合金结构钢。

能改善优化钢材的性能称为合金元素，主要有 Si、Mn、Ti、Nb 等；另一类能劣化钢材性能的元素属于钢材的杂质，主要有磷、硫、氧等。

2. 建筑钢材的主要技术性能

（1）抗拉性能

1）强度。测定钢材强度的主要方法是拉伸试验。由拉伸试验测得的屈服点、拉伸强度和伸长率是钢材的重要技术指标。在结构设计时，屈服点是确定钢材允许应力的主要依据。

2）屈强比。屈服点与抗拉强度之比，反映钢材的利用率和安全可靠程度，通常在 0.60～0.75 比较合适。

3）条件屈服强度 $\sigma 0.2$ 。通常以发生微量塑性变形（0.2%）时的应力作为屈服强度。

钢材的塑性通常用伸长率或断面收缩率来表示。

（2）冲击韧性

冲击韧性是指钢材抵抗冲击荷载的能力，通常用冲击韧性值来度量。

（3）耐疲劳性

钢材在无穷次交变荷载作用下而不至引起断裂的最大循环应力值。

（4）硬度

硬度表示钢材表面局部体积内抵抗变形的能力，是衡量钢材软硬程度的一个指标。钢材硬度测量是以硬物压入钢材表面，然后根据压力大小和压痕面积或压入深度来评定。

（5）冷弯性能

冷弯性能表示钢材在常温下易于加工而不被破坏的能力，其实质反映了钢材内部的组织状态内应力及夹杂物等缺陷。冷弯性能和伸长率均是塑性变形能力的反映，但伸长率是在试件轴向均匀变形条件下测定的，而冷弯性能则是在更严格条件下钢材局部变形的能力。

（6）焊接性能

焊接性能是指钢材在通常的焊接方法和工艺条件下获得良好焊接接头的性能，焊接性能主要受钢材化学成分及其含量的影响。含碳量小于0.3%的非合金钢具有很好的焊接性，含碳量超过0.3%时，硬脆倾向增加。硫含量过高会带来热脆性，杂质含量增加，加入锰、钒也会增加硬脆性。

3. 钢材的冷加工与热处理

（1）冷加工

冷加工是钢材在常温下进行的机械加工，如冷拉、冷轧、冷拔、冷扭和冷冲等加工。

1）冷加工强化。冷加工强化是指钢材经冷加工后产生塑性变形，屈服点明显提高，而塑性、韧性和弹性、模量明显降低的现象。在建筑工地和混凝土预制厂，经常对比使用要求的强度偏低和塑性偏大的钢筋或低碳钢盘条钢筋进行冷拉或冷拔并时效处理。这种加工所用机械比较简单，效果明显。

2）时效处理。钢材经冷加工后，屈服强度和极限强度随时间而提高，伸长率和冲击韧性逐渐降低，弹性模量得以恢复的现象，称为时效。时效处理有自然时效或人工时效。

（2）热处理

热处理是将钢材在固态范围内进行加热、保温和冷却，从而改变其金相组织和显微结构组织，获得需要性能的一种综合工艺，有退火、正火、淬火、回火等。

4. 土木工程用钢材的主要类型

（1）碳素结构钢

按其化学成分和力学热能、屈服点，划分为Q195、Q215、Q235、Q275四个牌号；

按屈服点的大小分为 195、215、235、275 四个强度等级；按硫、磷杂质含量由多到少分为 A、B、C、D 四个质量等级；按脱氧程度分为沸腾钢（F）、镇静钢（Z）、特殊镇静钢（TZ）。牌号由汉语拼音字母 Q、屈服强度数值（MPa）、质量等级符号、脱氧方法符号四部分按顺序组成。“Z”“TZ”符号可以予以省略。

（2）低合金高强度结构钢

是一种在碳素结构钢的基础上，添加总的质量分数小于 5%合金元素的钢材，具有强度高、塑性和低温冲击韧性好、耐蚀性等特点。

（3）钢结构用钢材

钢结构用钢材主要是热轧成型的钢板、型钢及钢管等；薄壁轻型钢结构中主要采用薄壁型钢、圆钢和小角钢。钢材所用的母材主要是普通碳素结构钢及低合金高强度结构钢。

1）热轧钢筋。热轧钢筋是热轧成型并自然冷却的成品钢筋，按外形可分为光圆和带肋两种。

热轧光圆钢筋有 HPB235 和 HPB300 两个牌号，广泛用于普通钢筋混凝土构件中的非预应力钢筋，作为中小型结构的主要受力钢筋或各种结构的箍筋等。

热轧带肋钢筋按屈服强度特征值分为 335、400、500 级，分为普通热轧带肋钢筋（HRB335、HRB400、HRB500）和细晶粒热轧带肋钢筋（HRBF335、HRBF400、HRBF500）两种，广泛用于大、中型钢筋混凝土结构的受力钢筋，经过冷拉后可用作预应力钢筋。

2）冷拔钢丝和冷轧带肋钢筋。冷拔低合金钢丝的抗拉强度比冷拔低碳钢丝更高，其抗拉强度标准值为 800MPa，可用于中小混凝土构件中的预应力筋。冷轧带肋钢筋按抗拉强度分成 CRB550、CRB650、CRB800、CRB970 四级。与冷拔低碳钢丝相比，冷轧带肋钢筋具有强度高、塑性好、与混凝土黏合牢固、节约钢材、质量稳定等优点，广泛用于中小型预应力混凝土结构构件和普通钢筋混凝土结构构件中，也可用冷轧带肋钢筋焊接成钢筋网使用于以上构件中。

3）预应力混凝土用热处理钢筋。预应力混凝土用热处理钢筋是用热轧带肋钢筋经淬火和回火调质处理而成，适用于预应力钢筋混凝土梁板和轨枕等。

4）预应力混凝土用钢丝和钢绞线。

工程案例

案例 1：某厂生产钢筋混凝土梁，配筋需要冷拉钢筋，但现有冷拉钢筋不够长，因此将此钢筋对焊接长使用，这样做可以吗？

提示：不可以，冷拉和焊接均会增大钢筋的脆性。

案例 2：为什么不少混凝土工程，特别是海港码头，一般使用 10 年左右就会出现混凝土瞬间开裂和剥落需要大修的现象？

提示：混凝土内钢筋锈蚀。

案例3：东北某厂需焊接一支承室外排风机的钢架。从Q235AF（价格较便宜）和Q235C（价格较高）中选用钢材，并简述理由。

提示：选用Q235C。沸腾钢，抗击韧性较差，尤其是在低温条件下，焊接性能也较差。排风机为动荷载，焊接施工。

案例4：某厂钢结构层架使用中碳钢，采用一般的焊条直接焊接，使用一段时间后，层架坍落，分析事故发生的可能原因。

提示：①钢材选用不当。中碳钢塑性韧性差与低碳钢焊接时易形成裂纹。②焊条选用及焊接方式不妥，最好采用铆接或螺栓连接。若只能焊接，应选用低氧型焊条，且构件宜预热。

思考题

1）金属晶体结构中的微观缺陷有哪几种？它们对金属的力学性能会有何影响？

2）金属材料有哪些强化方法？并说明其强化机理。

3）试述钢的主要化学成分，并说明钢中主要元素对性能的影响。

4）钢材中碳原子与铁原子之间结合的基本方式有哪三种？碳素钢在常温下的铁-碳基本组织有哪三种？它们各自的性质特点如何？

5）钢的主要有害元素有哪些？它们造成危害的原因是什么？

6）钢材有哪些主要力学性能？试述它们的定义及测定方法。

7）何谓钢的屈强比？其大小对使用性能有何影响？

8）钢材的伸长率与试件的标距有何关系？为什么？

9）钢材的冲击韧性与哪些因素有关？何谓冷脆临界温度和时效敏感性？

10）钢的脱氧程度对钢的性能有何影响？

11）钢材的冷加工对力学性能有何影响？

12）试述钢材锈蚀的原因与防锈的措施。

第4章 混 凝 土

混凝土结构是应用最普遍的建筑结构形式。图 4-1、图 4-2 分别为混凝土框架结构和混凝土剪力墙结构。混凝土结构所使用的最主要的材料为钢筋和混凝土。

图 4-1 混凝土框架结构

图 4-2 混凝土剪力墙结构

混凝土简称砼，是由胶凝材料、水和骨料（粗集料、细集料）按一定的比例拌和，并根据需要加入外加剂或掺合料拌和成整体的工程复合材料的统称。按胶凝材料的不同，混凝土可分为水泥混凝土、沥青混凝土、聚合物混凝土、聚合物水泥混凝土等。水泥混凝土是以水泥为主要胶凝材料，骨料和水为主要原材料，辅以外加剂和矿物掺合料等材料，经拌和、成型、养护、硬化后具有一定强度的工程复合材料。混凝土按照干表观密度的大小可分为重混凝土、普通混凝土和轻混凝土三类。

干表观密度（试件在温度为 105±5℃的条件下干燥至恒重后测定）不小于 $2800\,kg/m^3$ 的混凝土为重混凝土。通常用特别密实和特别重的骨料制备，如重晶石混凝土、钢屑混凝土等，它们具有减少 X 射线和 γ 射线透过的性能。

普通混凝土是土木工程中应用最为广泛的混凝土，干表观密度为 $2000\sim2800\,kg/m^3$，原材料以天然的砂、石作骨料，如工业与民用建筑及桥梁的承重结构、路面等。

干表观密度不大于 $1950\,kg/m^3$ 的混凝土为轻混凝土，包括轻骨料混凝土、多孔混凝土和大孔混凝土三类，主要用作轻质结构材料和绝热材料。

为满足不同工程的特殊要求，还可配制成各种特种混凝土，如高强混凝土、流态混凝土、防水混凝土、耐热混凝土、耐酸混凝土、纤维混凝土、聚合物混凝土和喷射混凝土等。

混凝土材料的广泛应用与它自身的特点紧密相关。混凝土在凝结前具有良好的可塑性，可以根据需要浇筑成不同形状和大小的构件或结构物；混凝土与钢筋有牢固的黏结力和相近的线膨胀系数，能制作可靠的钢筋混凝土结构和构件；混凝土硬化后有较高的抗压强度与较好的耐久性；其组成材料中砂、石等材料占 80%以上，符合就地取材和经济性的原则。无论是工业与民用建筑、给水排水工程、道路工程、桥梁工程、水利工程以及地下工程、国防建设等都广泛地应用混凝土，混凝土在国家基本建设中占有重要地位。混凝土也存在着延性差、抗拉强度低，容易开裂、自重大等缺点。

混凝土的应用中对其质量的基本要求是：具有符合设计要求的强度；具有与施工条件相适应的施工和易性；具有与工程环境相适应的耐久性。

如无特殊说明，本章讨论的混凝土均指普通水泥混凝土。

4.1　普通混凝土的组成材料

普通混凝土（简称混凝土）主要由水泥、砂、石子和水所组成，为改善混凝土的某些性能还常加入适量的外加剂和矿物掺合料。

4.1.1　混凝土中各组成材料的作用

在混凝土中，砂、石主要起充填作用，还起限制水泥石变形、提高强度、增加刚度和抗裂性等骨架作用，称为骨料；水泥与水形成水泥浆，水泥浆包裹在骨料表面并填充其空隙。在硬化前，水泥浆起润滑作用，赋予拌和物一定的和易性，便于施工。水泥浆硬化后，则将骨料胶结成一个坚实的整体。混凝土的结构如图 4-3 所示。加入适宜的外加剂和掺合料，在硬化前能改善拌和物的和易性，以适应现代化施工工艺对拌和物的高和易性要求。硬化后，能改善混凝土的物理力学性能和耐久性等，尤其是在配制高强混凝土、高性能混凝土时，外加剂和掺合料更是必不可少。

图 4-3　混凝土结构

4.1.2　混凝土组成材料的性能

混凝土的技术性质在很大程度上是由原材料的性质及其相对含量决定的。因此，必须了解其原材料的性质、作用及其质量要求，合理选择原材料，才能保证混凝土的质量。

1. 水泥

（1）水泥品种选择

配置混凝土可采用硅酸盐水泥、普通硅酸盐水泥、矿渣硅酸盐水泥、火山灰质硅酸盐水泥、粉煤灰硅酸盐水泥和复合硅酸盐水泥。必要时也可采用快硬硅酸盐水泥或其他水泥。应根据混凝土工程特点和所处的环境条件，结合水泥的性能，且考虑当地生产的水泥品种情况，选用合适的水泥品种。

用混凝土泵和管道运送的混凝土，称为泵送混凝土。泵送混凝土要求坍落度大，骨料粒径小，含砂率高，应选用硅酸盐水泥、普通硅酸盐水泥、矿渣硅酸盐水泥和粉煤灰硅酸盐水泥，不宜采用火山灰质硅酸盐水泥。

道路工程中，由于道路路面要经受高速行驶车辆轮胎的摩擦、载重车辆的强烈冲击、路面与路基因温差产生的胀缩应力及冻融等影响，因此要求路面混凝土抗折强度高、收缩变形小、耐磨性能好、抗冻性能好，并且具有较好的弹性。因此配制道路混凝土所用的水泥，应采用强度高、收缩性小、耐磨性能好、抗冻性能好的水泥。公路、城市道路、厂矿道路应采用硅酸盐水泥或普通硅酸盐水泥，当条件受限制时，也可采用矿渣硅酸盐水泥，民航机场道面和高速公路必须采用硅酸盐水泥。桥梁工程中的桥面混凝土对水泥品种的选择应与道路工程的要求类似。

（2）水泥强度等级选择

水泥强度等级的选择应与混凝土的设计强度等级相适应。原则上是配制高强度等级的混凝土，选用高强度等级水泥；配制低强度等级的混凝土，选用低强度等级水泥。

如必须用高强度等级水泥配制低强度等级混凝土时，会使水泥用量偏少，影响和易性及密实度，应掺入一定数量的掺合料，如粉煤灰等。如必须用低强度等级水泥配制高强度等级混凝土时，会使水泥用量过多，不经济，而且会影响混凝土的其他技术性质。

2. 细骨料

粒径小于等于4.75mm的骨料为细骨料（砂）。按来源不同分为天然砂和人工砂。天然砂有河砂、海砂、山砂。配制混凝土时所采用的细骨料应满足以下几方面的质量要求。

（1）有害杂质含量

配制混凝土的细骨料要求清洁，以保证混凝土的质量。砂中常含有的一些有害杂质，如云母、黏土、淤泥、粉砂等，黏附在砂的表面，妨碍水泥与砂的黏结，降低混凝土强度。杂质的存在还增加混凝土的用水量，加大混凝土的收缩，降低了抗冻性和抗渗性。一些有机杂质、硫化物及硫酸盐，都对水泥有腐蚀作用。因此砂中杂质的含量应符合表4-1中的规定。长期处于潮湿环境的重要工程的用砂，还应进行碱活性检验。砂中的氯离子对钢筋有锈蚀作用，采用受氯盐侵蚀和污染的砂石，对钢筋混凝土，氯离子含量（以干砂重的百分率计）不得大于0.06%；对预应力混凝土，氯离子含量不得大于0.02%。由于海砂含盐量较大，使用时应按《海砂混凝土应用技术规范》（JGJ 206—2010）的规定进行净化处理，砂中水溶性氯离子含量不得超过0.03%。预应力混凝土不得用海砂。

由于天然优质砂资源日渐枯竭，部分地区采用人工砂。人工砂中石粉含量较大，与泥土相比，石粉对混凝土和易性与强度的影响较小，用于混凝土时可适当放宽含量限制。当用较高强度等级水泥配制低强度混凝土时，由于水灰比（水与水泥的质量比）大，水泥用量少，拌和物的和易性不好。这时，如果砂中泥土和细粉稍多，只要适当延长搅拌时间，就可改善拌和物的和易性。

表 4-1 骨料的有害杂质含量

项目		质量标准		
		≥C60	C55～C30	≤C25
含泥量/%，按质量计，≤	碎石/卵石	0.5	1.0	2.0
	砂	2.0	3.0	5.0
泥块含量/%，按质量计，≤	碎石/卵石	0.2	0.5	0.7
	砂	0.5	1.0	2.0
硫化物和硫酸盐含量/%（折算为 SO_3）按质量计，≤	碎石/卵石/砂	1.0		
有机质含量（用比色法试验）	碎石/卵石/砂	颜色不得深于标准色，如深于标准色，则应配制成混凝土/水泥胶砂试件，进行强度对比试验，抗压强度比应不低于 0.95		
云母含量/%，按质量计，≤	砂	2.0		
轻物质含量/%，按质量计，≤	砂	1.0		
针、片状颗粒含量/%，按质量计，≤	碎石/卵石	8	15	25
人工砂石粉含量/%，≤	MB＜1.4（合格）	5.0	7.0	10.0
	MB≥1.4（不合格）	2.0	3.0	5.0
海砂贝壳含量/%，≤		3	5（C55～C40） 8（C35～C30）	10

注：① 摘自《普通混凝土用砂、石质量及检验方法标准》（JGJ 52—2006）。
② 对有抗冻、抗渗或其他特殊要求的混凝土用砂，其含泥量不应大于 3%。
③ 对有抗冻、抗渗或其他特殊要求的混凝土用砂，其泥块含量应不大于 1%。
④ 对 C10 和 C10 以下的混凝土用砂，根据水泥强度等级，其含泥量及泥块含量可酌情放宽。
⑤ 对有抗冻、抗渗要求的混凝土，砂中云母含量不应大于 1%。
⑥ 砂中如含有颗粒状的硫酸盐或硫化物，则要求经专门检验，确认能满足混凝土耐久性要求时方能采用。
⑦ 对有抗冻、抗渗或其他特殊要求的混凝土，其所用碎石或卵石的含泥量不应大于 1%。
⑧ 碎石或卵石中如含泥基本上是非黏土质的石粉时，其总含量可由 1.0%及 2.0%分别提高到 1.5%和 3.0%。
⑨ 有抗冻、抗渗和其他特殊要求的混凝土，其所用碎石或卵石的泥块含量应不大于 0.50%。
⑩ 碎石或卵石中如含有颗粒状硫酸盐或硫化物，则要求经专门检验，确认能满足混凝土的耐久性要求时方能采用。

（2）颗粒形状及表面特征

细骨料的颗粒形状及表面特征会影响其与水泥的黏结及混凝土拌和物的流动性。人工砂和山砂的颗粒多具有棱角，表面粗糙，与水泥黏结较好，用它拌制的混凝土强度较高，但拌和物的流动性较差；河砂、海砂，其颗粒多呈圆形，表面光滑，与水泥的黏结较差，用来拌制混凝土，混凝土的强度则较低，但拌和物的流动性较好。

（3）颗粒级配及粗细程度

颗粒级配指不同粒径的砂粒搭配情况。在混凝土中骨料之间的空隙由水泥浆所填充，为达到节约水泥和提高强度的目的，就应尽量减小骨料之间的空隙。从图 4-4 可以看到：如果是颗粒大小相同的骨料，空隙最大［图 4-4（a）］；两种粒径的骨料搭配起来，空隙就减小了［图 4-4（b）］；三种粒径的骨料搭配，空隙就更小了［图 4-4（c）］。

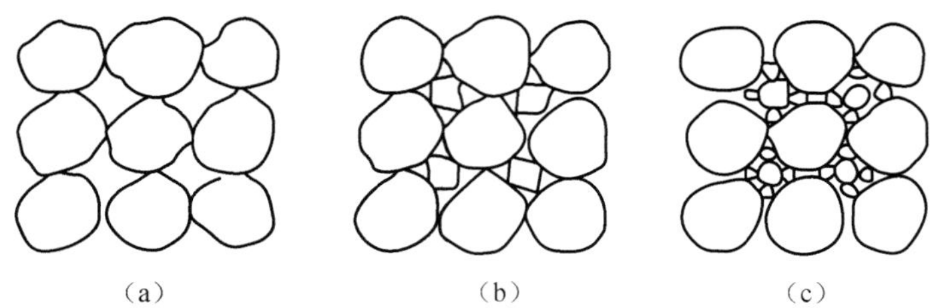

图 4-4 骨料颗粒级配示意图

砂的粗细程度，是指不同粒径的砂粒混合在一起后的总体的粗细程度，根据细度模数的不同，通常有粗砂、中砂与细砂之分。在相同质量条件下，细砂的总表面积较大，而粗砂的总表面积较小。在混凝土中，砂的表面需要由水泥浆包裹，砂的总表面积愈大，则需要包裹砂粒表面的水泥浆就愈多。因此，用粗砂拌制混凝土比用细砂所需的水泥浆少。

可见，在拌制混凝土时，砂的颗粒级配和粗细程度应同时考虑。当砂中含有较多的粗粒径颗粒，并以适当的中粒径及少量细粒径填充其空隙，则可使空隙率及总表面积均较小，这样的砂比较理想，不仅水泥浆用量较少，而且还可提高混凝土的密实性与强度。所以砂的颗粒级配和粗细程度是评定砂质量的重要指标。但是，仅用颗粒级配或粗细程度单一指标进行评价，是不合理的。

砂的颗粒级配和粗细程度，常用筛分析的方法进行测定。用级配区表示砂的颗粒级配，用细度模数表示砂的粗细程度。筛分析的方法，是用一套公称粒径为 5mm、2.50mm、1.25mm、630μm、315μm 及 160μm 的标准筛，将 500g（m_0）干砂试样由粗到细依次过筛，称得各个筛上余留的颗粒的质量 m_i，并计算出各筛上的分计筛余率 a_1、a_2、a_3、a_4、a_5 和 a_6（m_i/m_0）及累计筛余率 A_1、A_2、A_3、A_4、A_5 和 A_6（a_i）。累计筛余率与分计筛余率的关系见表 4-2。

表 4-2 累计筛余与分计筛余的关系

公称粒径	方孔筛尺寸	筛余量 m / g	分计筛余率 / %	累计筛余率 / %
5mm	4.75mm	m_1	$a_1=m_1/m_0$	$A_1=a_1$
2.50mm	2.36mm	m_2	$a_2=m_2/m_0$	$A_2=a_1+a_2$
1.25mm	1.18mm	m_3	$a_3=m_3/m_0$	$A_3=a_1+a_2+a_3$
630μm	600μm	m_4	$a_4=m_4/m_0$	$A_4=a_1+a_2+a_3+a_4$
315μm	300μm	m_5	$a_5=m_5/m_0$	$A_5=a_1+a_2+a_3+a_4+a_5$
160μm	150μm	m_6	$a_6=m_6/m_0$	$A_6=a_1+a_2+a_3+a_4+a_5+a_6$

细度模数 μ_f 的计算公式为

$$\mu_f=\frac{\left(A_2+A_3+A_4+A_5+A_6\right)-5A_1}{100-A_1} \tag{4.1}$$

砂的细度模数范围一般为 1.6～3.7，细度模数愈大，表示砂愈粗。砂的粗细程度可按细度模数分为粗、中、细三级，其细度模数范围：μ_f 在 3.1～3.7 为粗砂；2.3～3.0 为中砂；1.6～2.2 为细砂；0.7～1.5 为特细砂。

砂的颗粒级配可根据 630μm 筛孔的累计筛余率分成三个级配区（表 4-3），混凝土用砂的颗粒级配，可处于表 4-3 中的任何一个级配区以内。级配良好的粗砂应落在 I 区，中砂应落在 II 区，细砂则落在 III 区。实际颗粒级配与表中所列的累计筛余率相比，除 5mm 和 630μm 筛孔外，允许有超出分区界限，但其总量不应大于 5%。以累计筛余率为纵坐标，以筛孔尺寸为横坐标，根据表 4-3 规定可画出砂的 I、II、III 级配区的筛分曲线，如图 4-5 所示。

表 4-3　细集料颗粒级配区

公称粒径	累计筛余率/%		
	I 区	II 区	III 区
5mm	10～0	10～0	10～0
2.50mm	35～5	25～0	15～0
1.25mm	65～35	50～10	25～0
630μm	85～71	70～41	40～16
315μm	95～80	92～70	85～55
160μm	100～90	100～90	100～90

注：① 允许超出≤5%的总量，是指几个粒级累计筛余率超出的和/或只是某一粒级的超出百分率。

② 摘自《普通混凝土用砂、石质量及检验方法标准》（JGJ 52—2006）。

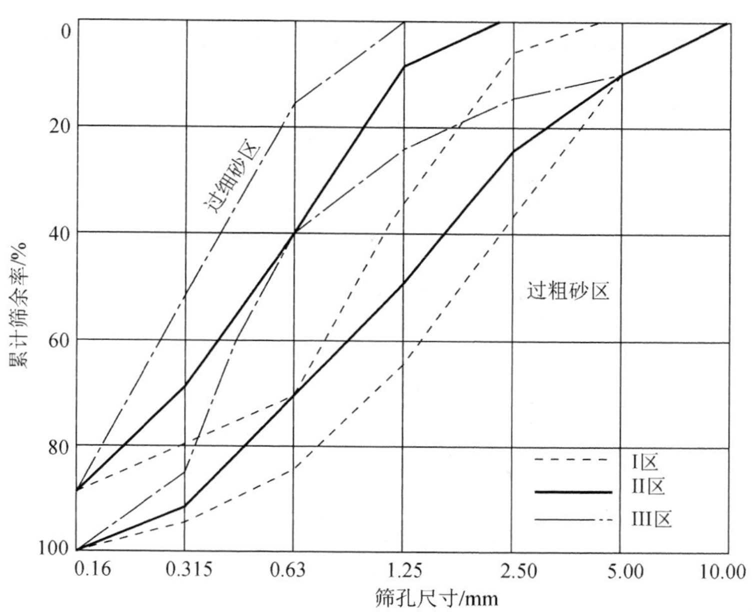

图 4-5　砂的级配区曲线

细集料过粗（μ_f ≥3.7）配成的混凝土，其和易性不易控制，且内摩擦大，不易振捣成型；细集料过细（μ_f ≤0.7）配成的混凝土，要增加较多的水泥用量，而且强度显著降低。所以这两种砂未包括在级配区内。

从筛分曲线也可以看出细集料的粗细，筛分曲线超过第 I 区往右下偏时，表示砂过粗。筛分曲线超过第 III 区往右上偏时，则表示砂过细。如果砂的自然级配不合适，不符合级配区的要求，可采用人工级配的方法来改善。最简单的措施是将粗、细砂按适当比例进行试配，掺和使用。

配置混凝土时宜优先选用 II 区砂；当采用 I 区砂时，应提高砂率，并保持足够的水泥用量，以满足混凝土的和易性要求；当采取 III 区砂时，宜适当降低砂率，以保证混凝土的强度。

对于泵送混凝土，细集料对混凝土拌和物的可泵性有很大影响（图 4-6）。混凝土拌和物之所以能在输送管中顺利流动，主要是由于粗集料被包裹在砂浆中，且粗集料悬浮于砂浆中，由砂浆直接与管壁接触起到润滑作用。故细集料宜采用中砂，细度模数为 2.0～3.0 且通过 315μm 筛孔的砂应不少于 15%，通过 160μm 筛孔的含量应不少于 5%。如含量过低，输送管容易阻塞，使混凝土难以泵送。但细砂过多以及黏土、粉尘含量太大也有害，因为细砂含量过大则需要较多的水，并形成黏稠的拌和物，这种黏稠的拌和物沿管道的运动阻力大大增加，因此需要较高的泵送压力。为使拌和物能保持给定的流动性，就必须提高水泥的含量。细集料应有良好的级配，其常用级配可按图 4-6 选用。图中粗实线为最佳级配线；两条虚线之间为适宜泵送区；最佳级配区宜尽可能接近两条虚线之间范围的中间区域。

用于水泥混凝土路面的混凝土板，应采用符合规定级配的细度模数在 2.5 以上的粗、中砂，当无法取得粗、中砂时，经配合比试验可行，也可采用泥土杂物小于 3%的细砂。

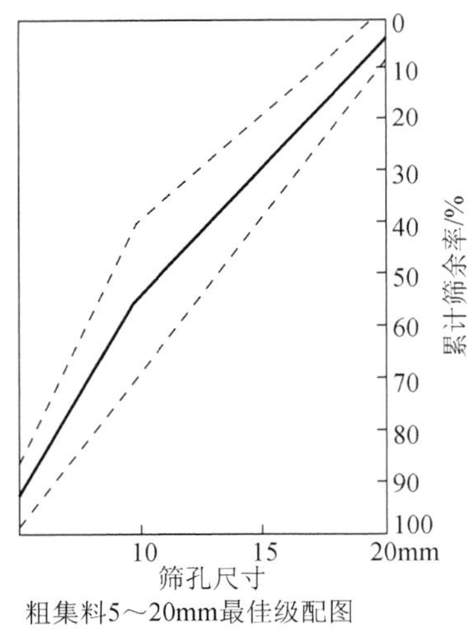

图 4-6　泵送混凝土常用砂级配曲线

（4）砂的坚固性

砂的坚固性是指砂在气候、环境变化或其他物理因素作用下抵抗破裂的能力。按《普通混凝土用砂、石质量及检验方法标准》（JGJ 52—2006）规定，砂的坚固性用硫酸钠溶液检验，试样经 5 次循环后其质量损失应符合表 4-4 规定。有抗疲劳、耐磨、抗冲击要求的混凝土用砂或有腐蚀介质作用或经常处于水位变化区的地下结构混凝土用砂，其坚固性质量损失率应小于 8%。

表 4-4　粗细集料的坚固性指标

混凝土所处的环境条件	循环后的质量损失/%	
严寒及寒冷地区室外使用并经常处于潮湿或干湿交替状态下的混凝土 对于有抗疲劳、耐磨、抗冲击要求的混凝土 有腐蚀介质作用或经常处于水位变化区的地下结构混凝土	砂、石或卵石	≤8
其他条件下使用的混凝土	砂	≤10
	碎石或卵石	≤12

3. 粗集料

普通混凝土常用的粗集料有碎石和卵石。由天然岩石或卵石经破碎、筛分得到的粒径大于 4.75mm 的岩石颗粒称为碎石或碎卵石。由自然条件作用而形成表面较光滑的经筛分后粒径大于 4.75mm 的岩石颗粒称为卵石。配制混凝土的粗集料应满足以下质量要求。

（1）有害杂质含量

粗集料中常含有一些有害杂质，如黏土、淤泥、硫酸盐、硫化物和有机杂质。它们的危害作用与其在细集料中的危害作用相同。它们的含量一般应符合表 4-1 中规定。

（2）颗粒形状及表面特征

粗集料的颗粒形状及表面特征同样会影响其与水泥的黏结及混凝土拌和物的流动性。碎石具有棱角，表面粗糙，与水泥黏结较好，而卵石多为圆形，表面光滑，与水泥的黏结较差。在水泥用量和水用量相同的情况下，碎石拌制的混凝土流动性较差，但强度较高，而卵石拌制的混凝土流动性较好，但强度较低。如要求流动性相同，用卵石时可减少用水量，降低水灰比，弥补卵石混凝土强度偏低的不足。

粗集料的颗粒形状有针状（长度大于该颗粒所属粒级的平均粒径的 2.4 倍，平均粒径指该粒级上、下限粒径的平均值）和片状（厚度小于平均粒径的 0.4 倍），这种针、片状颗粒过多，会使混凝土强度降低。针、片状颗粒含量应符合表 4-1 中规定。针、片状颗粒过多，泵送混凝土时，会使其泵送性能变差，因此针、片状颗粒含量不宜大于 10%。

（3）最大粒径及颗粒级配

1）最大粒径。粗集料中公称粒级的上限称为该粒级的最大粒径。当骨料粒径增大时，其比表面积随之减小。因此，保证一定厚度润滑层所需的水泥浆或砂浆的数量也相应减少，所以粗集料的最大粒径应在条件许可下，尽量选用得大些。试验研究证明，最佳的最大粒径主要取决于混凝土的水泥用量。骨料最大粒径还受结构型式、配筋疏密、保护层厚度等的限制。根据《混凝土结构工程施工质量验收规范》（GB 50204—2015）规定，混凝土粗集料的最大粒径不得超过结构截面最小尺寸的 1/4，同时不得大于钢筋间最小净距的 3/4。对于混凝土实心板，可允许采用最大粒径达 1/3 板厚的骨料，但最大粒径不得超过 40mm。石子粒径过大，对运输和搅拌都不方便。为减少水泥用量，降低混凝土的温度和收缩应力，在大体积混凝土内，常用毛石来填充。毛石（片石）是爆破石灰岩、白云岩及砂岩后所得到的形状不规则的大石块，一般尺寸在一个方向达 300～400mm，质量为 20～30kg，这种混凝土也常称为毛石混凝土。粒径的增大减小了表面面积，从而减少了水泥砂浆用量，同时减少了收缩及发热量。

泵送混凝土时，为防止混凝土泵送时管道堵塞，保证泵送顺利进行，粗集料的最大粒径 D_{max} 与泵送管径之比应符合表 4-5 中的要求。

表 4-5　D_{max} 与泵送管径之比

粗集料品种	泵送高度/m	D_{max} 与泵送管径之比
碎石	＜50	1∶3
	50～100	1∶4
	＞100	1∶5
卵石	＜50	1∶2.5
	50～100	1∶3
	＞100	1∶4

水泥混凝土路面的混凝土板采用粗集料时，其最大粒径不应超过 40mm。

2）颗粒级配。粗集料级配对节约水泥和保证混凝土的和易性有很大影响。特别是在拌制高强度混凝土时，粗集料级配更为重要。

粗集料的级配也通过筛析法试验确定。其标准筛公称粒径为（mm）：2.5、5、10、16、20、25、31.5、40、50、63、80 及 100；对应的方孔筛筛孔边长为（mm）：2.36、4.75、9.5、16、19、26.5、31.5、37.5、53、63、75、90，普通混凝土用碎石或卵石的颗粒级配应符合表 4-6 的规定。

表 4-6　碎石或卵石的颗粒级配范围

级配情况	公称粒径/mm	累计筛余率，按质量/%											
		方孔筛筛余边长尺寸/mm											
		2.36	4.75	9.5	16.0	19.0	26.5	31.5	37.5	53	63	75	90
连续级配	5～10	95～100	80～100	0～15	—	—	—	—	—	—	—	—	—
	5～16	95～100	85～100	30～60	0～10	0	—	—	—	—	—	—	—
	5～20	95～100	90～100	40～80	—	0～10	0	—	—	—	—	—	—
	5～25	95～100	90～100	—	30～70	—	0～5	0		—	—	—	—
	5～31.5	95～100	90～100	70～90	—	15～45	—	0～5	0	—	—	—	—
	5～40	—	95～100	70～90	—	30～35	—	—	0～5	0	—	—	—
单粒级	10～20	—	95～100	85～100	—	0～15	0	—	—	—	—	—	—
	16～31.5	—	95～100	—	85～100	—	0～10	0	—	—	—	—	—
	20～40	—	—	95～100	—	80～100	—	—	0～10	0	—	—	—
	31.5～63	—	—	—	95～100	—	—	75～100	45～75	—	0～10	0	—
	40～80	—	—	—	—	95～100	—	—	70～100	—	30～60	0～10	0

注：① 公称粒径的上限为该粒径的最大粒径。单粒级一般用于组合成具有高级级配的连续粒级，它也可与连续级配的碎石或卵石混合使用，以改善它们的级配或配成较大粒度的连续粒级。

② 根据混凝土工程和资源的具体情况，进行综合技术经济分析后，在特殊情况下，允许直接采用单粒级，但必须避免混凝土发生离析。

泵送混凝土的粗集料应采用连续级配，粗集料的级配影响空隙率和砂浆用量，对混凝土可泵性有较大影响，常用的粗集料级配曲线可按图 4-7 选用。图中粗实线为最佳级配线；两条虚线之间区域为适宜泵送区；最佳级配区宜尽可能接近两条虚线之间范围的中间区域。

水泥混凝土路面的混凝土板用粗集料，应采用连续粒级 5～40mm，级配要求应符合表 4-6 的规定。

（4）强度

为保证混凝土的强度，粗集料应质地致密且具有足够的强度。碎石的强度可用岩石立方体抗压强度和压碎指标两种方法表示。卵石的强度只用压碎值指标表示。C60 及以上混凝土强度等级的粗集料，应进行岩石抗压强度检验。对经常性的生产质量控制则可用压碎指标值检验。用岩石立方体强度表示粗集料强度，是将岩石制成 50mm×50mm×50mm 的立方体（或直径与高均为 50mm 的圆柱体）试件，在水饱和状态下，其抗压强度（MPa）与设计要求的混凝土强度等级之比，以此作为碎石或碎卵石的强度指标，根据《普通混凝土用砂、石质量及检验方法标准》（JGJ 52—2006）规定，该值不应小于 1.2，但对路面混凝土不应小于 2.0；同时，石料强度分级应符合《公路工程岩石试验规程》（JTG E41—2005）规定，应不小于 3 级。按照《建设用卵石、碎石》（GB/T 14685—2011）的规定，粗集料在水饱和时岩石抗压强度：一般情况下火成岩试件不宜低于 80MPa，变质岩不宜低于 60MPa，水成岩不宜低于 30MPa。

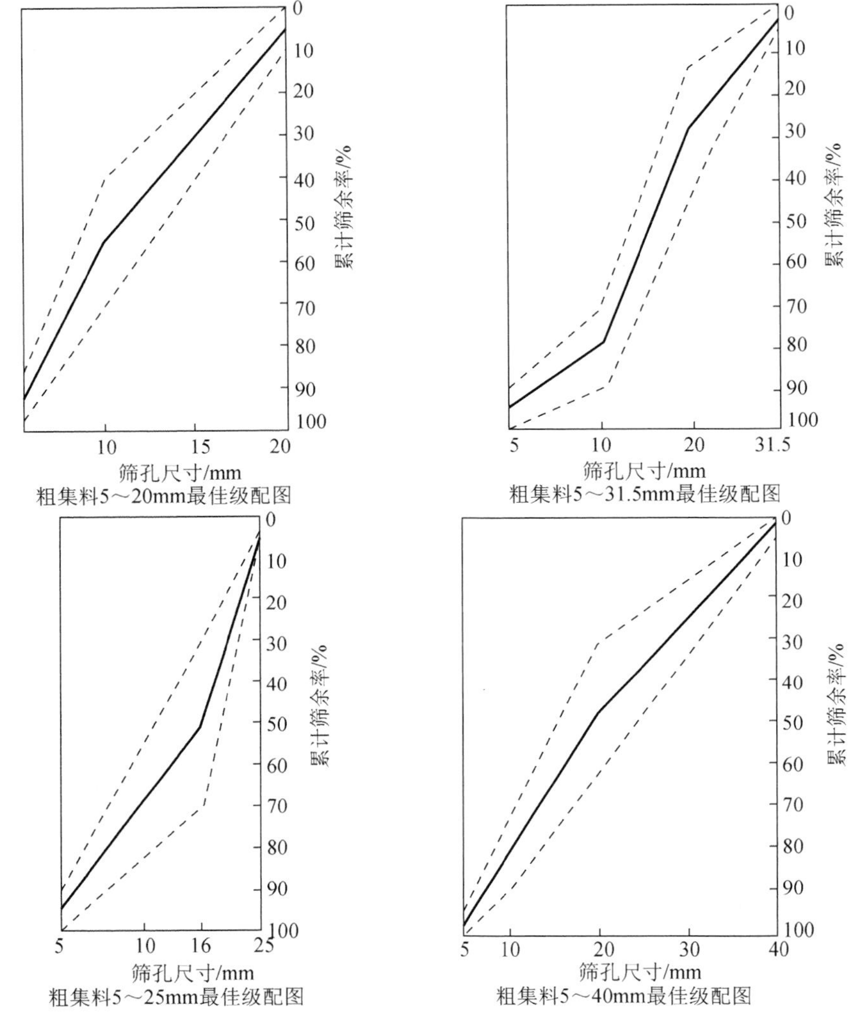

图 4-7　泵送混凝土粗集料最佳级配

用压碎指标表示粗集料的强度，是将一定质量气干状态下 10～20mm 的石子装入标准规格的圆筒内，在压力机上施加荷载至 200kN，卸荷后称取试样质量（m_0），用孔径为 2.5mm 的筛筛除被压碎的细粒，称取试样的筛余量（m_1）。

$$压碎指标(\delta_a) = (m_0 - m_1)/m_0 \times 100\% \tag{4.2}$$

式中：m_0——试样的质量，g；

m_1——压碎试验后筛余的试样质量，g。

压碎指标表示石子抵抗压碎的能力，可间接地反映其相应的强度。压碎指标应符合表 4-7 和表 4-8 的规定。

表 4-7　碎石的压碎指标

岩石品种	混凝土强度等级	碎石压碎指标
沉积岩	C60～C40	≤10
	≤C35	≤16
变质岩或深成的火成岩	C60～C40	≤12
	≤C35	≤20
喷出的火成岩	C60～C40	≤13
	≤C35	≤30

表 4-8　卵石的压碎指标

混凝土强度等级	C60～C40	≤C35
压碎指标/%	≤12	≤16

（5）坚固性

有抗冻等耐久性要求的混凝土所用的粗集料，要求测定其坚固性。其质量损失应不超过表 4-4 的规定（试验原理与细集料基本相同）。碎石或卵石的坚固性指标见表 4-4。

（6）碱活性

当粗集料中夹杂着活性氧化硅（活性氧化硅的矿物形式有蛋白石、玉髓和鳞石英等，含有活性氧化硅的岩石有流纹岩、安山岩和凝灰岩等）时，如果混凝土中所用的水泥又含有较多的碱，就可能发生碱-硅酸盐反应，引起混凝土开裂破坏。长期处于潮湿环境中的重要工程所用混凝土的碎石或卵石应进行碱活性检验。经检验判定骨料有潜在危害时，应采取能抑制碱骨料反应的有效措施。若怀疑骨料中含有引起碱-碳酸盐反应的物质，应用岩石柱法进行检验，经检验判定骨料有潜在危害时，不宜用作混凝土骨料。

另外，混凝土中若含有煅烧过的白云石或石灰石块，将可能引起混凝土开裂，因此粗集料中严禁混入煅烧过的白云石或石灰石块。

4. 骨料的含水状态及饱和面干吸水率

骨料有干燥状态、气干状态、饱和面干状态和湿润状态等四种含水状态，如图 4-8 所示。骨料含水率等于或接近于零时称干燥状态；含水率与大气湿度相平衡时称气干状态；骨料表面干燥而内部孔隙含水达饱和时称饱和面干状态；骨料不仅内部孔隙充满水，而且表面还附有一层表面水时称湿润状态。

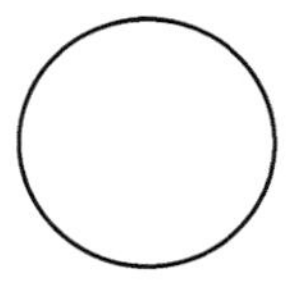
（a）干燥状态

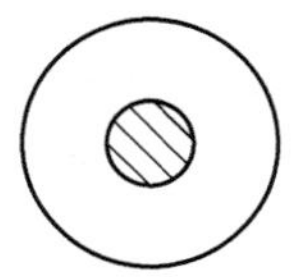
（b）气干状态

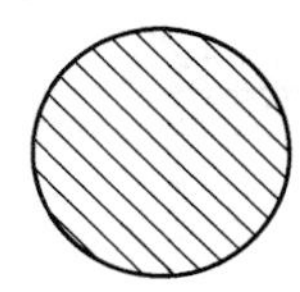
（c）饱和面干状态

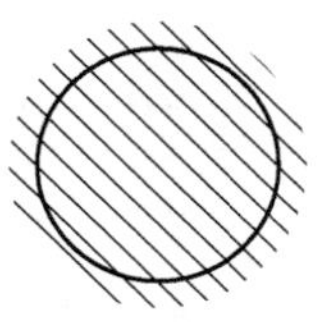
（d）湿润状态

图 4-8　骨料的含水状态

拌制混凝土时，骨料含水状态的不同将影响混凝土的用水量和骨料用量。骨料在饱和面干状态时的含水率，称为饱和面干含水率。在计算混凝土中各项材料的配合比时，以饱和面干骨料为基准，不会影响混凝土的用水量和骨料用量，因为饱和面干骨料既不从混凝土中吸取水分，也不向混凝土拌和物中释放水分。因此一些大型水利工程、道路工程常以饱和面干状态骨料为基准，这样混凝土的用水量和骨料用量的控制就较准确。而在一般工业与民用建筑工程中的混凝土配合比设计，常以干燥状态骨料为基准。这是因为坚固的骨料其饱和面干含水率一般不超过 2%，且在工程施工中会经常测定骨料的含水率，从而及时调整组成材料实际用量的比例，保证混凝土的质量。

5. 混凝土拌和及养护用水

混凝土拌和用水按水源可分为饮用水、地表水、地下水、海水以及经适当处理或处置后的工业废水（简称中水）。

对混凝土拌和及养护用水的质量要求是：不得影响混凝土的和易性及凝结性；不得有损于混凝土的强度发展；不得降低混凝土的耐久性、加快钢筋腐蚀及导致预应力钢筋脆断；不得污染混凝土表面。当使用混凝土生产厂及商品混凝土厂设备的洗刷水时，水中物质含量限值应符合表 4-9 的要求。在对水质有怀疑时，应将该水与蒸馏水或饮用水进行水泥凝结时间、砂浆或混凝土强度对比试验。测得的初凝时间差及终凝时间差均不得大于 30min，其初凝和终凝时间还应符合水泥国家标准的规定。用该水制成的砂浆或混凝土 28d 抗压强度不应低于蒸馏水或饮用水制成的砂浆或混凝土抗压强度的 90%。海水中含有硫酸盐、镁盐和氯化物，它们对水泥石有侵蚀作用，对钢筋也会造成锈蚀，因此不得用于拌制钢筋混凝土和预应力混凝土。为节约水资源，国家鼓励利用经检验合格的中水拌制混凝土。

表 4-9　混凝土拌和水质要求

项目	预应力混凝土	钢筋混凝土	素混凝土
pH	≥5.0	≥4.5	≥4.5
不溶物 /（mg/L）	≤2000	≤2000	≤5000
可溶物 /（mg/L）	≤2000	≤5000	≤10000
Cl^- /（mg/L）	≤500	≤1200	≤3500
SO_4^{2-} /（mg/L）	≤600	≤2700	≤2700
碱含量 /（mg/L）	≤1500	≤1500	≤1500

注：① 碱含量按 $Na_2O+0.658K_2O$ 计算值来表示。采用非碱性骨料时，可不检验碱含量。

② 本表摘自《混凝土用水标准》（JGJ 63—2006）。

6. 混凝土外加剂

混凝土外加剂是指在拌制混凝土过程中掺入的用以改善混凝土性能的材料。除特殊情况，掺量一般不超过水泥用量的 5%。为适应混凝土工程的现代化施工工艺要求，混凝土外加剂已成为除水泥、砂、石和水以外混凝土的第五种必不可少的组分。

（1）混凝土外加剂的分类

按化学成分可分为三类：无机化合物（多为电解质盐类）、有机化合物（多为表面活性剂）、有机和无机的复合物。

按功能分为四类：改善混凝土拌和物流变性能的外加剂，如各种减水剂和泵送剂等；调节混凝土凝结时间和硬化性能的外加剂，如缓凝剂、促凝剂和速凝剂等；改善混凝土耐久性的外加剂，如引气剂、防水剂、阻锈剂和矿物外加剂等；改善混凝土其他性能的外加剂，如膨胀剂、防冻剂和着色剂等。

（2）常用混凝土外加剂

1）减水剂。减水剂是指在混凝土坍落度基本相同的条件下，能减少拌和用水量的外加剂。减水剂一般为表面活性剂，按其功能分为普通减水剂、高效减水剂、高性能减水剂、早强减水剂、缓凝减水剂和引气减水剂等。

A．减水剂的作用机理及使用效果。

减水剂的作用机理：当水泥加水拌和后，由于水泥颗粒的水化作用，水泥颗粒表面产生双电层结构，使之形成溶剂水化膜，且水泥颗粒表面带有异性电荷使水泥颗粒间产生缔合作用，从而形成絮凝结构。絮凝结构中包裹了许多游离水，使水泥颗粒不能充分被水润湿，浆体显得较干稠，流动性较小。当在水泥浆体中加入减水剂后，由于减水剂的表面活性作用，其憎水基团定向吸附于水泥颗粒表面，亲水基团指向水溶液，在水泥颗粒表面形成一层吸附膜，离子型表面活性剂使水泥颗粒表面带有相同电荷，在电性斥力作用下，使水泥颗粒互相分开；而非离子型表面活性剂，则因空间位阻作用使水泥颗粒分开，水泥浆体中的絮凝结构解体。一方面游离水被释放出来，水泥颗粒间流动性增强，从而增大了混凝土的流动性；另一方面由于水泥颗粒带有相同的电荷，增加了静电斥力的分散作用，增加了水泥颗粒间的相对滑动能力。这就是减水剂的吸附分散、润湿、润滑作用的机理（图 4-9）。

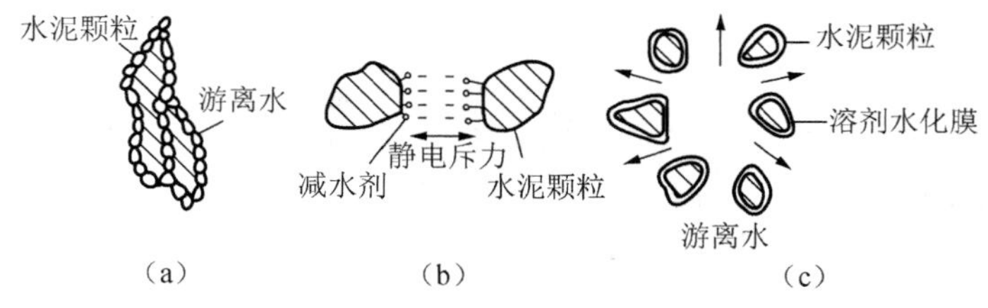

图 4-9　减水剂的作用简图

减水剂的使用效果：①在用水量和水灰比不变的条件下，可增大混凝土的流动性；②在流动性和水泥用量不变的条件下，可减少用水量，从而降低水灰比，提高了混凝土强度；③显著改善了混凝土的孔结构，提高密实度，从而可提高混凝土的耐久性；④在流动性及水灰比不变的条件下，在减少用水量的同时，相应减少了水泥用量，节约了水泥。此外，减水剂的加入还能减少新拌混凝土泌水、离析现象，延缓拌和物的凝结时间和降低水化放热速度。

B．减水剂的掺入方法。外加剂的掺入方法对其作用效果有时影响很大，因此应根据外加剂的种类和形态选用适宜的掺入方法。混凝土掺入减水剂的方法有先掺法、同掺法、后掺法和滞水法。①先掺法是将减水剂与水泥混合后，再与骨料和水一起搅拌。即在生产水泥时加入减水剂。其优点是使用方便，缺点是当减水剂中有粗粒子时，其在混凝土中不易分散，影响质量且搅拌时间较长，因此不常采用。②同掺法是将减水剂先溶于水形成溶液后，再与混凝土原材料一起搅拌。优点是计量准确且易搅拌均匀，使用方便。缺点是增加了溶解和储存工序。此法常用。③后掺法指在新拌混凝土运输至邻近浇筑地点前，再加入减水剂后搅拌。优点是可避免混凝土在运输过程中的分层、离析和坍落度损失，提高减水剂的使用效果和对工程的适应性。缺点是需二次或多次搅拌。此法适用于预拌混凝土，且混凝土运输搅拌车便于二次搅拌。④滞水法是在加水搅拌 1～3min 后加入减水剂。优点是能提高减水剂使用效果。缺点是搅拌时间长，生产效率低。此法一般不常用。

C．常用减水剂见表 4-10。

表 4-10　常用减水剂分类

类别		普通减水剂		高效减水剂		高性能减水剂
		木质素系	糖蜜系	多环芳香族硫酸盐系（萘系）	水溶性树脂系	聚羧酸盐系
主要成分		木质素磺酸钙 木质素磺酸钠 木质素磺酸镁	制糖废液经石灰中和处理而成	芳香族磺酸盐甲醛缩合物	三聚氰胺树脂磺酸钠（SM）、古玛隆—茚树脂磺酸钠（CRS）	聚羧酸盐共聚物
适宜掺量 / %		0.2～0.3	0.2～0.3	0.2～1.0	0.5～2.0	0.2～0.5
效果	减水率 / %	10 左右	6～10	15～25	18～30	25～35
	早强			明显	显著	显著
	缓凝/h	1～3	＞3			
	引气 / %	1～2		非引气，或＜2	＜2	＜3

2）早强剂。能加速混凝土早期强度发展的外加剂称为早强剂。早强剂主要有氯盐类、硫酸盐类、有机胺三类以及它们组成的复合早强剂。

A．常用早强剂见表 4-11。

表 4-11 常用早强剂

类别	氯盐类	硫酸盐类	有机胺类	复合类
常用品种	氯化钙	硫酸钠（元明粉）	三乙醇胺	① 三乙醇胺（A）+氯化钠（B） ② 三乙醇胺（A）+亚硝酸钠（B）+氯化钠（C） ③ 三乙醇胺（A）+亚硝酸钠（B）+二水石膏（C） ④ 硫酸盐复合早强剂（NC）
掺量（占水泥质量%）	0.5～1.0	0.5～2.0	0.02～0.05，常与其他早强剂复合使用	①（A）+0.05+（B）0.5 ②（A）0.05+（B）0.5+（C）0.5 ③（A）0.05+（B）1.0+（C）2.0 ④（NC）2.0～4.0
早强效果	3d 强度可提高 50%～100%；7d 强度可提高 20%～40%	掺 1.5%时达到混凝土设计强度 70%的时间可缩短一半	早期强度可提高 50%；28d 强度不变或稍有提高	2d 强度可提高 70%；28d 强度可提高 20%

B．常用早强剂的作用机理。

氯化钙早强作用机理：$CaCl_2$ 能与水泥中的 C_3A 作用，生成几乎不溶于水和 $CaCl_2$ 溶液的水化氯铝酸钙（$3CaO \cdot Al_2O_3 \cdot 3CaCl_2 \cdot 32H_2O$），又能与水化产物 $Ca(OH)_2$ 反应，生成溶解度极小的氧氯化钙[$CaCl_2 \cdot 3Ca(OH)_2 \cdot 12H_2O$]。水化氯铝酸钙和氧氯化钙固相早期析出，形成骨架，加速水泥浆体结构的形成，同时也由于水泥浆中 $Ca(OH)_2$ 浓度的降低，有利于 C_3S 水化反应的进行，因此早期强度获得提高。

硫酸钠早强作用机理：Na_2SO_4 掺入混凝土中能与水泥水化生成的 $Ca(OH)_2$ 发生如下反应

$$Na_2SO_4 + Ca(OH)_2 + 2H_2O = CaSO_4 \cdot 2H_2O + 2NaOH$$

生成的 $CaSO_4$ 均匀分布在混凝土中，并且与 C_3A 反应，迅速生成水化硫铝酸钙，此反应的发生还能加速 C_3S 的水化，使早期强度提高。

三乙醇胺早强作用机理：三乙醇胺是一种络合剂，在水泥水化的碱性溶液中，能与 Fe^{3+} 和 Al^{3+} 等离子形成较稳定的络离子，这种络离子与水泥的水化物作用生成溶解度很小的络盐并析出，有利于早期骨架的形成，从而使混凝土早期强度提高，但会显著增加早期的干缩。

C．早强剂的掺入方法。含有硫酸钠的粉状早强剂在使用时，应先加入水泥中，不能先与潮湿的砂石混合。含有粉煤灰等不溶物及溶解度较小的早强剂、早强减水剂，应以粉剂掺入，并要适当延长搅拌时间。

3）引气剂。在搅拌混凝土过程中能引入大量均匀分布的、闭合而稳定的微小气泡（直径在 10～100μm）的外加剂，称为引气剂。主要品种有松香热聚物、松脂皂和烷基苯磺酸盐等。其中，松香热聚物的效果较好，最常使用。松香热聚物是由松香与硫酸、苯酚经聚合反应，再经氢氧化钠中和而得到的憎水性表面活性剂。

A．引气剂的作用机理。混凝土在搅拌过程中必然会裹挟、混入一些空气。在未掺引气剂时，这样的空气多以大气泡的形式存在。掺引气剂后，水溶液中的引气剂分子极易吸附在水-气界面上，显著降低水的表面张力和界面能。由于引气剂分子作用，混凝土在搅拌中混入的空气，便会形成相对微小的球型气泡。引气剂分子定向排列在泡膜界面上，阻碍泡膜内水分子的移动，增加了泡膜的厚度及强度，使气泡不易破灭；水泥浆中的氢氧化钙与引气剂作用生成的钙皂会沉积在泡膜壁上，也提高了泡膜的稳定性。

B．引气剂的使用方法。最常用的引气剂是松香热聚物，它不能直接溶解于水，使用时须将其溶解于加热的氢氧化钠溶液中，再加水配成一定浓度的溶液后加入混凝土中。当引气剂与减水剂、早强剂、缓凝剂等复合使用时，配制溶液时应注意其共溶性。

C．引气剂的作用。

改善混凝土拌和物的和易性：混凝土拌和物中引入的大量微小气泡，相对增加了水泥浆体积，气泡本身又起到如同滚珠轴承的作用，使颗粒间摩擦力减小，从而可提高混凝土的流动性。由于水分被均匀分布在气泡表面，又显著改善了混凝土的保水性和黏聚性。

提高混凝土的耐久性：由于气泡能隔断混凝土中毛细管通道以及气泡对水泥石内水分结冰时能作为“卸压空间”，对所产生的水压力起到缓卸作用，故能显著提高混凝土的抗渗性和抗冻性。

对强度、耐磨性和变形的影响：由于引入大量的气泡，减小了混凝土受压的有效面积，使混凝土强度和耐磨性有所降低，当保持水灰比不变时，含气量增加 1%，混凝土强度下降约 3%～5%，故应用引气剂改善混凝土抗冻性时，应注意控制混凝土的含气量，避免大量引气，导致混凝土强度大幅降低。大量气泡的存在，可使混凝土弹性模量有所降低，从而对提高混凝土的抗裂性不利。

D．引气剂的掺量。引气剂的掺量应根据混凝土的含气量确定。一般松香热聚物引气剂的适宜掺量约为 0.006%～0.012%（占水泥质量）。

4）缓凝剂。延长混凝土凝结时间的外加剂，称为缓凝剂。主要种类有羟基羧酸盐类、含糖碳水化合物、无机盐类和木质素磺酸盐类等。常用的是蜜糖、葡萄糖酸盐和木质素磺酸钙，蜜糖的效果较好。常用缓凝剂见表 4-12。

表 4-12　常用缓凝剂

类别	品种	掺量（占水泥质量）/%	延缓凝结时间 / h
糖类	蜜糖等	0.2～0.5（水剂），0.1～0.3（粉剂）	2～4
木质素磺酸盐类	木质素磺酸钙（钠）等	0.2～0.3	2～3
羟基羧酸盐类	柠檬酸、酒石酸钾（钠）等	0.03～0.1	4～10
无机盐类	锌盐、硼酸盐、磷酸盐等	0.1～0.2	—

B．缓凝剂的作用机理。有机类缓凝剂多为表面活性剂，掺入混凝土中，能吸附在水泥颗粒表面，形成同种电荷的亲水膜，使水泥颗粒相互排斥，阻碍水泥水化产物凝聚，

起到缓凝作用；无机类缓凝剂，往往是在水泥颗粒表面形成一层难溶的薄膜，对水泥颗粒的正常水化起阻碍作用，从而起到缓凝的作用。

C．缓凝剂的掺入方法。缓凝剂及缓凝减水剂应配制成适当浓度的溶液加入拌和水中使用。蜜糖减水剂中常有少量难溶和不溶物，静置时会有沉淀现象，使用时应搅拌成悬浮液。当缓凝剂与其他外加剂复合使用时，必须是共溶的才能事先混合，否则应分别掺入。

5）速凝剂。能使混凝土迅速凝结硬化的外加剂，称为速凝剂。主要种类有无机盐类和有机物类，常用的是无机盐类。

A．常用速凝剂见表4-13。

表4-13 常用速凝剂

种类	铝氧熟料（红星Ⅰ型）	铝氧熟料（711型）	铝氧熟料（782型）
主要成分	铝酸钠+碳酸钠+生石灰	铝氧熟料+无水石膏	矾泥+铝氧熟料+生石灰
适宜掺量 / %	2.5～4.0	3.0～5.0	5.0～7.0
初凝时间 / min	≤5		
终凝时间 / min	≤10		
强度	1h产生强度，1d强度可提高2～3倍，28d强度为不掺的80%～90%		

B．速凝剂的作用机理。速凝剂加入混凝土后，其主要成分中的铝酸钠、碳酸钠在碱性溶液中迅速与水泥中的石膏反应生成硫酸钠，使石膏丧失其原有的缓凝作用，从而导致铝酸钙矿物C_3A迅速水化，并在溶液中析出其水化产物晶体，致使水泥混凝土迅速凝结。

C．速凝剂的使用方法。喷射混凝土施工分干、湿两种工艺。采用干法喷射时，是将速凝剂（一般为细粉状）按一定比例与水泥、砂、石一起干拌均匀后，用压缩空气通过胶管将材料送到喷射机的喷嘴中，在喷嘴里引入高压水，与干拌料拌成混凝土喷射到建筑物或构筑物上，这种方法施工简便，目前使用普遍；采用湿法喷射时，是在搅拌机中按水泥、砂、石、速凝剂和水拌成混凝土后，再由喷射机通过胶管从喷嘴喷出。

6）防冻剂。防冻剂是能使混凝土在负温下硬化并在规定时间内达到足够防冻强度的外加剂。

A．常用防冻剂。常用防冻剂由多组分复合而成，其主要组分有防冻组分、减水组分、引气组分、早强组分、阻锈组分等。防冻组分可分为三类：氯盐类（如氯化钙、氯化钠）、氯盐阻锈类（氯盐与阻锈剂复合，阻锈剂有亚硝酸盐、铬酸盐、磷酸盐等）、无氯盐类（硝酸盐、亚硝酸盐、碳酸盐、尿素、乙酸盐等）。减水、引气、早强组分则分别采用前面所述的各类减水剂、引气剂和早强剂。

B．防冻剂的作用机理。防冻剂中各组分对混凝土所起作用：防冻组分可改变混凝土液相浓度，降低冰点；可以保证混凝土在负温下有液相存在，使水泥仍能继续水化；

减水组分可减少混凝土拌和用水量，从而减少了混凝土中的成冰量，并使冰晶粒度细小且均匀分散，减小对混凝土的破坏应力；引气组分是引入一定量的微小封闭气泡，减缓冻胀应力；早强组分能提高混凝土早期强度，增强混凝土抵抗冰冻破坏的能力；亚硝酸盐一类的阻锈剂，可以在一定程度上防止氯盐的钢筋锈蚀作用，同时兼具防冻和早强作用。因此，防冻剂能够显著提高冬期施工中混凝土的早期抗冻性。

C．防冻剂的应用。防冻剂应用时应注意，掺加防冻剂的混凝土，还应根据天气寒冷情况，注意采取适宜的养护措施；对于房屋建筑结构，严禁使用含有尿素的防冻剂。因为尿素在混凝土中受到碱性物质作用时，会释放氨气，产生刺激性气味，并会引起头晕、头疼、恶心、胸闷，导致肝脏、眼角膜、鼻和口腔黏膜的损害。

7）膨胀剂。膨胀剂是能使混凝土产生一定体积膨胀的外加剂。混凝土工程中采用的膨胀剂种类有硫铝酸钙类、氧化钙类、硫铝酸钙-氧化钙类等。

A．常用膨胀剂。硫铝酸钙类有明矾石膨胀剂（主要成分是明矾石与无水石膏或二水石膏）、CSA 膨胀剂（主要成分是无水硫铝酸钙）、U 型膨胀剂（主要成分是无水硫铝酸钙、明矾石、石膏）等。氧化钙类有多种制备方法，如用一定温度下煅烧的石灰加入适量石膏与水淬矿渣制成；以石灰石、石膏与黏土，在一定温度下煅烧后混磨而成等。硫铝酸钙-氧化钙类为复合膨胀剂。

B．膨胀剂的作用机理。硫铝酸钙类膨胀剂加入混凝土中后，自身中无水硫铝酸钙水化或参与水泥矿物的水化或与水泥水化产物反应，生成三硫型水化硫铝酸钙（钙矾石），使固相体积大为增加，从而导致体积膨胀。氧化钙类膨胀剂的膨胀作用主要是由氧化钙晶体水化生成的氢氧化钙晶体的体积增大导致的。

C．膨胀剂掺量的确定方法。应根据设计和施工要求，选择膨胀剂的掺量，推荐掺量见表 4-14，膨胀剂掺量以胶凝材料（水泥+膨胀剂、水泥+膨胀剂+掺合料）总量（B）为基数，按表 4-14 替代胶凝材料，即膨胀剂（E）的质量分数=E/B。膨胀剂的掺量与水泥及掺合料的活性有关，应通过试验确定。考虑混凝土的强度，在有掺合料的情况下，膨胀剂的掺量应分别取代水泥和掺合料。

表 4-14　膨胀剂推荐掺量范围

膨胀混凝土种类	推荐掺量（内掺法）/%
补偿收缩混凝土	8～12
填充用混凝土	12～15
自应力混凝土	15～25

D．膨胀剂的使用。粉状膨胀剂应与混凝土其他原材料一起投入搅拌机，拌和时间应比普通混凝土延长 30s。膨胀剂可与其他外加剂复合使用，但必须有良好的适应性。掺入膨胀剂的混凝土不得采用硫铝酸盐水泥、铁铝酸盐水泥和高铝水泥。

8）泵送剂。泵送剂是指能改善混凝土拌和物泵送性能的外加剂。

泵送剂一般分为非引气剂型（主要组分为木质素磺酸钙、高效减水剂等）和引气剂型（主要组分为减水剂、引气剂等）两类。个别情况下，例如对大体积混凝土，为防止收缩裂缝，可以掺入适量的膨胀剂。引气剂型能使拌和物的流动性显著增加，而且也能降低拌和物的泌水性及水泥浆的离析现象，这对泵送混凝土的和易性和可泵性很有利。泵送混凝土所掺外加剂的品种和掺量宜由试验确定，不得随意使用。

（3）外加剂的质量要求与检验

混凝土外加剂的质量，应符合《混凝土外加剂》（GB 8076—2008）、《混凝土外加剂应用技术规范》（GB 50119—2013）及相关外加剂行业标准的有关规定。为了检验外加剂质量，应对基准混凝土与所用外加剂配制的混凝土拌和物进行坍落度、含气量、泌水率及凝结时间试验，对硬化混凝土检验其抗压强度、耐久性、收缩性等。

7. *矿物掺合料*

矿物掺合料是以硅、铝、钙等的一种或多种氧化物为主要成分，掺入混凝土中改善混凝土性能的具有规定细度的粉体材料。常用的矿物掺合料有粉煤灰、硅粉、磨细矿渣粉、天然火山灰质材料（如凝灰岩粉、沸石岩粉等）及磨细自燃煤矸石，其中粉煤灰的应用最为普遍。

（1）粉煤灰

粉煤灰是从电厂煤粉炉烟道气体中收集的粉体材料。按其排放方式的不同，分为干排灰与湿排灰两种。湿排灰含水量大，活性降低较多，质量不如干排灰。按收集方法的不同，分静电收尘灰和机械收尘灰两种。静电收尘灰颗粒细、质量好。机械收尘灰颗粒较粗、质量较差。经磨细处理的称为磨细灰，未经加工的称为原状灰。

1）粉煤灰的质量要求。粉煤灰按煤种分为F类和C类。由烟煤和无烟煤燃烧形成的粉煤灰为F类，呈灰色或深灰色，一般CaO< 10%，为低钙灰，具有火山灰活性；由褐煤燃烧形成的粉煤灰为C类，呈褐黄色，一般CaO> 10%，为高钙灰，具有一定的水硬性。细度是评定粉煤灰品质的重要指标之一。粉煤灰中空心玻璃微珠颗粒最细、表面光滑，是粉煤灰中需水量最小、活性最高的成分。如果粉煤灰中空心玻璃微珠含量较多、未燃尽碳及不规则的粗粒含量较少时，粉煤灰就较细，品质较好。未燃尽碳颗粒粗、孔隙大，可降低粉煤灰的活性，增大需水性，是有害成分，可用烧失量来评定。多孔玻璃体等非球形颗粒，表面粗糙、粒径较大，可增大需水量，当其含量较多时，使粉煤灰品质下降。SO_3是有害成分，应限制其含量。根据《用于水泥和混凝土中的粉煤灰》（GB/T 1596—2005）规定，粉煤灰分I、II、III三个等级，其质量指标见表4-15。

表 4-15 粉煤灰等级与质量标准

质量指标		粉煤灰等级		
		I	II	III
细度（0.045mm）方孔筛筛余/%，≤	F 类	12	25	45
	C 类			
烧失量/%，≤	F 类	5	8	15
	C 类			
需水量比/%，≤	F 类	95	105	115
	C 类			
三氧化硫/%，≤	F 类	3.0		
	C 类			
含水量/%	F 类	1.0		
	C 类			
游离氧化钙/%，≤	F 类	1.0		
	C 类	4.0		
安定性 雷氏夹沸煮后增加距离/mm，≤	C 类	5.0		

注：代替细集料或主要用以改善和易性的粉煤灰不受此限制。

按《粉煤灰混凝土应用技术规范》（GB/T 50146—2014）规定：I 级粉煤灰适用于钢筋混凝土和跨度小于 6m 的预应力混凝土；II 级粉煤灰适用于钢筋混凝土和无筋混凝土；III 级粉煤灰主要用于无筋混凝土。对强度等级≥C30 的无筋粉煤灰混凝土，宜采用 I、II 级粉煤灰。

2）粉煤灰掺入混凝土中的作用与效果。粉煤灰在混凝土中，具有火山灰活性作用，它的活性成分 SiO_2 和 Al_2O_3 与水泥水化产物 $Ca(OH)_2$ 产生二次反应，生成水化硅酸钙和水化铝酸钙，增加了起胶凝作用的水化产物的数量。空心玻璃微珠颗粒，具有增大混凝土（砂浆）的流动性、减少泌水、改善和易性的作用，若保持流动性不变，则可起到减水作用，其微细颗粒均匀分布在水泥浆中，填充孔隙，改善混凝土孔结构，提高混凝土的密实度，从而使混凝土的耐久性得到提高。同时还可降低水化热、抑制碱骨料反应。

混凝土中掺入粉煤灰的效果，与粉煤灰的掺入方法有关。常用的方法有等量取代法、超量取代法和外加法。等量取代法指以等质量粉煤灰取代混凝土中的水泥。可节约水泥并减少混凝土发热量，改善混凝土和易性，提高混凝土抗渗性。适用于掺 I 级粉煤灰、混凝土超强及大体积混凝土。超量取代法指掺入的粉煤灰量超过取代的水泥量，超出的粉煤灰取代同体积的砂，其超量系数按规定选用，目的是保持混凝土 28d 强度及和易性不变。外加法指在保持混凝土中水泥用量不变情况下，外掺一定数量的粉煤灰。其目的只是为了改善混凝土拌和物的和易性。有时也可用粉煤灰代替砂。由于粉煤灰具有火山灰活性，故能使混凝土强度有所提高，而且混凝土和易性及抗渗性等也能显著改善。

混凝土中掺入粉煤灰时，常与减水剂或引气剂等外加剂同时掺入，称为双掺技术。减水剂的掺入可以克服某些粉煤灰增大混凝土需水量的缺点，引气剂的掺入，可以解决粉煤灰混凝土抗冻性较差的问题，在低温条件下施工时，宜掺入早强剂或防冻剂。混凝土中掺入粉煤灰后会使混凝土抗碳化性能降低，不利于防止钢筋锈蚀。为改善混凝土抗碳化性能，应采取双掺措施，或在混凝土中掺入阻锈剂。

（2）硅粉

又称硅灰，是在冶炼硅铁合金或工业硅时，通过烟道排出的粉尘经收集得到的以无定形二氧化硅为主要成分的粉体材料。硅粉的颗粒是微细的玻璃球体，粒径为 0.1～1.0μm，是水泥颗粒的 1/100～1/50，比表面积为 18.5～20m^2/g。密度为 2.1～2.2g/m^3，堆积密度为 250～300kg/m^3。硅粉中无定形二氧化硅含量一般为 85%～96%，具有很高的活性。由于硅粉具有高比表面积，因而其需水量很大，将其作为矿物掺合料须配以高效减水剂才能保证混凝土的和易性。

硅粉掺入混凝土中，可取得以下几方面效果。

1）改善拌和物的黏聚性和保水性。在混凝土中掺入硅粉的同时又掺用了高效减水剂。在保证混凝土拌和物必须具有流动性的情况下，由于硅粉的掺入，会显著改善混凝土拌和物的黏聚性和保水性。故适宜配制高流态混凝土、泵送混凝土及水下灌注混凝土。

2）提高混凝土强度。当硅粉与高效减水剂配合使用时，硅粉与水泥水化产物 $Ca(OH)_2$ 反应生成水化硅酸钙凝胶，填充水泥颗粒间的空隙，改善界面结构及黏结力，形成密实结构，从而显著提高混凝土强度。一般硅粉掺量为 5%～10%便可配出抗压强度达 100MPa 的超高强混凝土。

3）改善混凝土的孔结构，提高耐久性。掺入硅粉的混凝土，虽然其总孔隙率与不掺时基本相同，但其大毛细孔减少，超细孔隙增加，改善了水泥石的孔结构。因此混凝土的抗渗性、抗冻性、抗溶出性及抗硫酸盐腐蚀性等耐久性显著提高。此外，混凝土的抗冲磨性随硅粉掺量的增加而提高，故适用于水工建筑物的抗冲刷部位及高速公路路面。硅粉还有抑制碱骨料反应的作用。

（3）粒化高炉矿渣粉

粒化高炉矿渣粉是指从炼铁高炉中排出的，以硅酸盐和铝酸盐为主要成分的熔融物，经淬冷成粒后粉磨所得的粉体材料。细度大于 350m^2/kg，一般为 400～600m^2/kg。其活性比粉煤灰高，根据《用于水泥和混凝土中的粒化高炉矿渣粉》（GB/T 18046—2008），按 7d 和 28d 的活性指数，分为 S105、S95 和 S75 三个级别，作为混凝土掺合料，可等量取代水泥，其掺量也可较大。

（4）沸石粉

沸石粉是天然的沸石岩经磨细而成，颜色为白色。沸石岩是一种天然的火山灰质铝硅酸盐矿物，含有一定量的活性二氧化硅和三氧化二铝，能与水泥的水化产物 $Ca(OH)_2$ 作用，生成胶凝物质。沸石粉具有很大的内表面积和开放性孔结构，细度为 80μm，筛余量<5%，平均粒径为 5.0～6.5μm。

沸石粉掺入混凝土后有以下几方面效果：①改善新拌混凝土的和易性。沸石粉与其他矿物掺合料一样，具有改善混凝土和易性及可泵性的功能。因此适宜配制流态混凝土和泵送混凝土。②提高混凝土强度。沸石粉与高效减水剂配合使用，可显著提高混凝土强度，因而适宜配制高强混凝土。

4.2 普通混凝土的主要技术性质

混凝土在未凝结硬化之前，称为混凝土拌和物。它必须具有良好的工作性，便于施工，以保证获得良好的浇筑质量。混凝土拌和物凝结硬化以后，应具有足够的强度和耐久性，以保证结构能安全地承受设计的各种荷载。混凝土良好的工作性能用和易性表示。

4.2.1 混凝土拌和物的和易性

1. 和易性的概念

混凝土拌和物易于施工操作（拌和、运输、浇灌、捣实）并能获得质量均匀、成型密实的性能，称为工作性，也称和易性。和易性是一项综合性技术指标，包括流动性、黏聚性和保水性三方面的含义。

流动性是指混凝土拌和物在本身自重或施工机械振捣的作用下，易于流动，并均匀密实地填满模板的性能。

黏聚性是指混凝土拌和物在施工过程中其组成材料之间有一定的黏聚力，不致产生分层和离析的现象。

保水性是指混凝土拌和物在施工过程中，具有一定的保水能力，不致于产生严重的泌水现象。发生泌水现象的混凝土拌和物，会形成容易透水的孔隙，从而影响混凝土的密实性，降低质量。

采用泵送混凝土施工时，混凝土拌和物的和易性常称为可泵性，可泵性包括流动性、稳定性（包括黏聚性、保水性）及管道摩阻力三方面内容。一般要求泵送性能要好，否则在输送和浇灌过程中拌和物容易发生离析，造成堵塞。

2. 和易性测定方法及指标

（1）坍落度测定

目前，尚没有能够全面反映混凝土拌和物和易性的测定方法。在工地和实验室，通常是做坍落度试验测定拌和物的流动性，并辅以直观经验评定黏聚性和保水性。

测定坍落度的方法是：将混凝土拌和物按规范规定方法分 3 层装入标准圆锥坍落度筒（无底）内，每层振捣 25 次，装满刮平后，垂直向上将筒提起，移到一旁，混凝土拌和物由于自重将会产生坍落现象。量出向下坍落的尺寸（mm），即为坍落度。坍落度愈大表示流动性愈大。图 4-10 所示为坍落度试验。

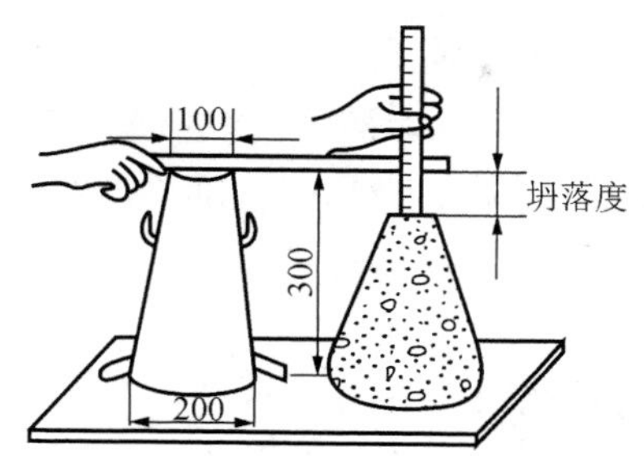

图 4-10　混凝土拌和物坍落度测定（单位：mm）

在做坍落度试验的同时，应观察混凝土拌和物的黏聚性、保水性及含砂等情况，以更全面地评定混凝土拌和物的和易性。可用振捣棒轻击拌和物侧面，若锥体逐步下沉，表示黏聚性良好。

根据坍落度的不同，可将混凝土拌和物分为4级，见表4-16。坍落度试验只适用骨料最大粒径不大于40mm、坍落度值不小于10mm的混凝土拌和物。

表 4-16　混凝土按坍落度的分级

级别	名称	坍落度/mm	级别	名称	坍落度/mm
T_1	低塑性混凝土	10～40	T_3	流动性混凝土	100～150
T_2	塑性混凝土	50～99	T_4	大流动性混凝土	≥160

（2）维勃稠度测定

干硬性的混凝土拌和物（坍落度值小于10mm），通常采用维勃稠度仪（图4-11）测定其稠度（维勃稠度）。

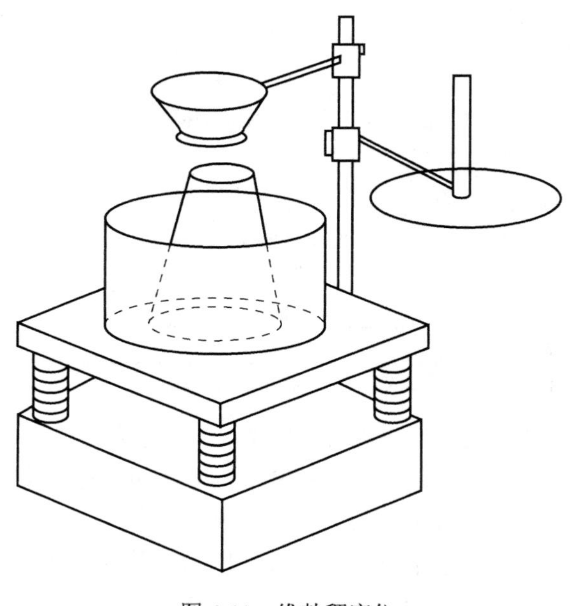

图 4-11　维勃稠度仪

维勃稠度测试方法：开始在坍落度筒中按规定方法装满拌和物，提起坍落度筒，在拌和物试体顶面放一透明圆盘，开启振动台，同时用秒表计时，到透明圆盘的底面完全为水泥浆所布满时，停止秒表，关闭振动台。此时可认为混凝土拌和物已密实，所读秒数称为维勃稠度。该法适用于骨料最大粒径不超过 40mm，维勃稠度在 5～30s 的稠度测定。

（3）泵送混凝土的稳定性测定

混凝土泵送稳定性常用相对压力泌水率（S_{10}）来评定。试验仪器采用普通混凝土压力泌水仪。

相对压力泌水率（S_0）的测定方法：将混凝土拌和物按规定方法装入试料筒内，称取混凝土质量 G_0，尽快给混凝土加压至 3.5MPa，立即打开泌水管阀门，同时开始计时并保持恒压，泌出的水接入 1000mL 量筒内，加压 10s 后读取泌水量 V_{10}，加压 140s 后读取泌水量 V_{140}。

$$S_{10}=\frac{V_{10}}{V_{140}}(\%) \tag{4.3}$$

研究表明，混凝土拌和物在泵送过程中的摩阻力是拌和物的流动性（坍落度）与稳定性（压力泌水值）的综合反映，而且流动性与稳定性又有一定的关系。因此，拌和物的可泵性一般可用坍落度值和相对压力泌水率两个指标来评定。

3. 流动性（坍落度）的选择

混凝土拌和物坍落度的选择，要根据构件截面大小、钢筋疏密和振捣方法来确定。当构件截面尺寸较小或钢筋较密，或采用人工插捣时，坍落度可选择大些。反之，如构件截面尺寸较大或钢筋较疏，或采用振动器振捣时，坍落度可选择小些。混凝土灌筑时的坍落度宜按表 4-17 选用。

表 4-17　混凝土灌筑时的坍落度

项次	结构种类	坍落度/mm
1	基础或地面等的垫层	10～30
2	无配筋的大体积结构（挡土墙、基础等）或配筋稀疏的结构板、梁和大型及中型截面的柱子等	30～50
3	配筋密集的结构（薄壁、斗仓、筒仓、细柱等）	60～70
4	配筋特密的结构	70～90

注：该表系指采用机械振捣的坍落度，采用人工捣实时可适当增大。

泵送混凝土选择坍落度除考虑振捣方式外，还要考虑其可泵性。拌和物坍落度过小，泵送时吸入混凝土缸较困难，影响泵送效率。这种拌和物进行泵送时的摩阻力也大，要求用较高的泵送压力，使混凝土泵机件的磨损增加，甚至会产生阻塞，造成施工困难；如坍落度过大，排合物在管道中滞留时间长，则泌水就多，容易产生离析而形成阻塞。泵送混凝土的坍落度，可按《混凝土结构工程施工质量验收规范》（GB 50204—2015）

和《混凝土泵送施工技术规程》（JGJ/T 10—2011）的规定选用。对不同泵送高度，入泵时混凝土的坍落度可按表 4-18 选用。

表 4-18　不同泵送高度入泵时混凝土坍落度选用值

泵送高度/m	30 以下	30～60	60～100	100 以上
坍落度/mm	100～140	140～160	160～180	180～200

4. 影响和易性的主要因素

混凝土拌和物在自重或外力作用下流动性的大小，与水泥浆的流变性能以及骨料颗粒间的内摩擦力有关。骨料间的内摩擦力除了取决于骨料的颗粒形状和表面特征外，还与骨料颗粒表面水泥浆层厚度有关；水泥浆的流变性能又与水泥浆的稠度密切相关。因此，影响混凝土拌和物和易性的主要因素有以下几方面。

（1）水泥浆的数量

混凝土拌和物中的水泥浆是影响混凝土拌和物流动性的重要因素。在水灰比不变的情况下，单位体积拌和物内，水泥浆愈多，则拌和物的流动性愈大。但若水泥浆过多，将会出现流浆现象，使拌和物的黏聚性变差，同时对混凝土的强度与耐久性也会产生一定影响。水泥浆过少，致使其不能填满骨料空隙或不能很好包裹骨料表面时，就会产生崩坍现象，黏聚性变差。因此，混凝土拌和物中水泥浆的含量应以满足流动性要求为度，不宜过量。

对于泵送混凝土而言，水泥浆体既是其获得强度的来源，又是混凝土具有可泵性的必要条件。水泥浆能使混凝土拌和物稠化，提高石子在混凝土拌和物中均匀分散的稳定性。同时在泵送过程中形成润滑层，在输送管内壁起着润滑作用，当混凝土拌和物所受的压力超过输送管内壁与砂浆之间存在的摩擦阻力时，混凝土即向前流动。为了保证混凝土泵送能够顺利进行，混凝土拌和物中必须有足够的水泥浆量，它除了能够填充骨料间所有空隙并能将石子相互分开外，尚有富余量使混凝土在输送管内壁形成薄浆层。在泵送过程中，水泥浆（其中包括一部分细砂）具有承受和传递压力的作用，如果浆量不足，黏聚性差，在泵送管道内就会出现离析现象，没有很好的润滑层，就会发生堵管现象。

（2）水泥浆的稠度

水泥浆的稠度是由水灰比所决定的。在水泥用量不变的情况下，水灰比愈小，水泥浆就愈稠，混凝土拌和物的流动性愈小。水灰比过小时，水泥浆干稠，拌和物的流动性低，会使施工困难，不能保证混凝土的密实性。如果水灰比过大，又会造成混凝土拌和物的黏聚性和保水性不良，产生流浆、离析现象，并严重影响混凝土的强度。所以水灰比不能过大或过小。一般应根据混凝土强度和耐久性要求合理选用。

对混凝土拌和物流动性起决定作用的是用水量多少。因为无论是提高水灰比或增加水泥浆用量，最终都表现为混凝土用水量的增加。拌制混凝土的材料确定时一般每立方米混凝土水泥用量增减不超过 50～100kg。一般是根据选定的坍落度，参考表 4-19 选用

$1m^3$ 混凝土的用水量。但应指出，在试拌混凝土时，不能用单纯改变用水量的办法来调整混凝土拌和物的流动性。因单纯加大用水量会降低混凝土的强度和耐久性。因此，应该在保持水灰比不变的条件下，用调整水泥浆量的办法来调整混凝土拌和物的流动性。

表 4-19　干硬性和塑性混凝土的用水量　单位：kg/m^3

拌和物稠度		卵石最大粒径/mm				碎石最大粒径/mm			
项目	指标	10	20	31.5	40	16	20	31.5	40
维勃稠度/s	15～20	175	160	—	145	180	170	—	155
	10～15	180	165	—	150	185	175	—	160
	5～10	185	170	—	155	190	180	—	165
坍落度/mm	10～30	190	170	160	150	200	185	175	165
	30～50	200	180	170	160	210	195	185	175
	50～70	210	190	180	170	220	205	195	185
	70～90	215	195	185	175	230	215	205	195

注：① 本表用水量系采用中砂时的平均取值，采用细砂时，每立方米混凝土用水量可增加 5～10kg，采用粗砂则可减少 5～10kg。

② 掺用各种外加剂或掺合料时，用水量应相应调整。

③ 水灰比小于 0.4 或大于 0.8 的混凝土以及采用特殊成型工艺的混凝土用水量应通过试验确定。

④ 本表摘自《普通混凝土配合比设计规程》（JGJ 55—2011）。

流动性大的混凝土的用水量按下列步骤计算：以表 4-19 中坍落度 90mm 的用水量为基础，按坍落度每增大 20mm 用水量增加 5kg，计算出来掺外加剂时的混凝土的用水量。

水泥混凝土路面混凝土的用水量，应通过试验确定。粗集料最大粒径为 40mm。粗集料均干燥时，混凝土的单位用水量，应按下列经验数值采用：当用碎石时为 150～$170kg/m^3$；当用卵石时为 140～$160kg/m^3$；当掺用外加剂或掺合料时，应相应增减用水量。

（3）砂率

砂率是指混凝土中砂的质量占砂、石总质量的百分率（砂质量/砂、石总质量）。砂率的变动会使骨料的空隙率和骨料的总表面积有显著改变，因而对混凝土拌和物的和易性会产生显著影响。

砂率过大时，骨料的总表面积及空隙率都会增大，在水泥浆含量不变的情况下，相对的水泥浆减少，减弱了水泥浆的润滑作用，使混凝土拌和物的流动性减小。如果砂率过小，不能保证在粗集料之间有足够的砂浆层，也会降低混凝土拌和物的流动性，而且会严重影响其黏聚性和保水性，容易造成离析、流浆等现象。当采用合理砂率时，在用水量及水泥用量一定的情况下，能使混凝土拌和物获得最大的流动性且能保持良好的黏聚性和保水性，如图 4-12 所示。当采用合理砂率时，泵送混凝土则为获得良好的可泵性，而水泥用量为最少，如图 4-13 所示。

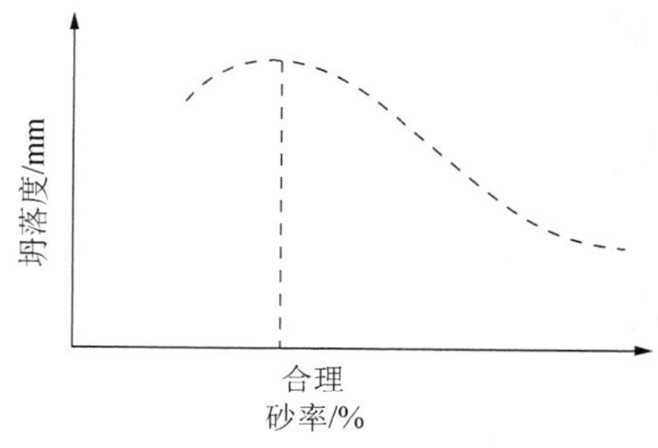

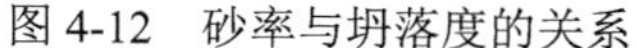
图 4-12　砂率与坍落度的关系

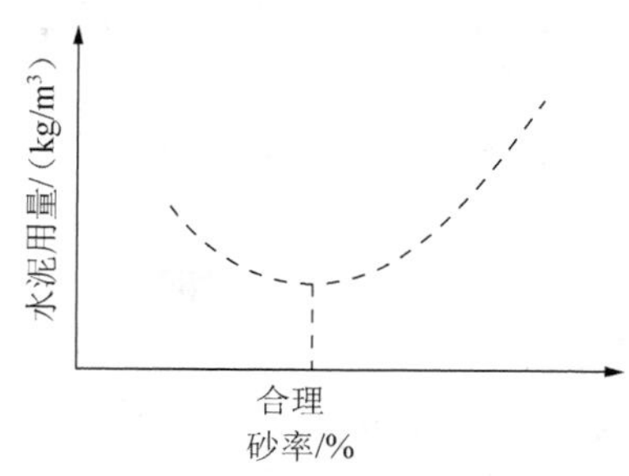

图 4-13　砂率与水泥用量的关系

影响合理砂率的因素很多，石子最大粒径较大、级配较好、表面较光滑时，由于粗集料的空隙率较小，可采用较小的砂率；砂的细度模数较小时，由于砂中细颗粒多，混凝土的黏聚性容易得到保证，而且砂在粗集料中的拨开作用较小，故可采用较小的砂率；水灰比较小、水泥浆较稠时，由于混凝土的黏聚性较易得到保证，故可采用较小的砂率；如果施工要求的流动性较大时，粗集料常易离析，为了保证混凝土的黏聚性，须采用较大的砂率；当掺用引气剂或减水剂等外加剂时，可适当减小砂率。

由于影响合理砂率的因素很多，因此不可能用计算的方法得出准确的合理砂率，一般而言，在保证拌和物不离析，又能很好地浇灌、捣实的条件下，应尽量选用较小的砂率，这样可节约水泥。对于工地或混凝土量大的工程应通过试验找出合理砂率，如无使用经验可按骨料的品种、规格及混凝土的水灰比值，参照表 4-20 选用合理的数值。此表适用于坍落度小于或等于 60mm，且等于或大于 10mm 的混凝土。

表 4-20　混凝土的砂率（%）

水灰比（W/C）	卵石最大粒径/mm			碎石最大粒径/mm		
	10	20	40	10	20	40
0.40	26～32	25～31	24～30	30～35	29～34	27～32
0.50	30～35	29～34	28～33	33～38	32～37	30～35
0.60	33～38	32～37	31～36	36～41	35～40	33～38
0.70	36～41	35～40	34～39	39～44	38～43	36～41

注：① 本表数值系中砂的选用砂率，对细砂或粗砂，可相应地减少或增大砂率。
② 只用一个单位级粗集料配制混凝土时，砂率应适当增大。
③ 对薄壁构件砂率取偏大值。
④ 本表中的砂率系指砂与骨料总量的质量比。

坍落度大于 60mm 的混凝土砂率，应经试验确定，也可在表 4-20 的基础上，按坍落度每增大 20mm，砂率增大 1%的幅度予以调整；坍落度小于 10mm 的混凝土，其砂率应经试验确定。

砂率对于泵送混凝土的泵送性能很重要，会影响拌和物的稳定性。泵送混凝土的管道除直管外，尚有弯管、锥形管和软管，当混凝土通过这些管道时要发生形状变化，砂率低的混凝土和易性差，变形困难，不易通过，易产生阻塞。因此泵送混凝土的砂率要高于 2%～5%。泵送混凝土的砂率宜为 35%～45%，石子粒径偏小，取下限值；石子粒径偏大，取上限值。

水泥混凝土路面混凝土的砂率，应按碎（卵）石和砂的用量、种类、规格及混凝土的水灰比确定，并应按表 4-20 规定选用。

（4）水泥品种和骨料的性质

用矿渣水泥和某些火山灰水泥时，拌和物的坍落度一般较用普通水泥时小，且矿渣水泥能使拌和物的泌水性显著增加。

从前面对骨料的分析可知，一般卵石拌制的混凝土拌和物比碎石拌制的流动性要好。河砂拌制的混凝土拌和物比山砂拌制的流动性要好。骨料级配好的混凝土拌和物的流动性也好。

（5）外加剂和矿物掺合料

在拌制混凝土时，加入很少量的减水剂能使混凝土拌和物在不增加水泥用量的条件下获得很好的和易性，增大流动性；掺入适量的矿物掺合料，可改善黏聚性，降低泌水性。由于改变了混凝土的细观结构，能提高混凝土的耐久性，因此经常采用这种方法。通常配制坍落度很大的流态混凝土，可掺入高效减水剂，以保证混凝土硬化后具有良好的性能。

（6）时间和温度

拌和物拌制后，随时间的延长而逐渐变得干稠，流动性减小，原因是有一部分水供水泥水化，一部分水被骨料吸收，一部分水蒸发。同时随着凝聚结构的逐渐形成，致使混凝土拌和物的流动性变差。加入外加剂（如高效减水剂等）的混凝土，随时间的延长，外加剂在溶液中的浓度会逐渐下降，导致坍落度损失的增加。图 4-14 是坍落度随时间变化的一个实例。泵送混凝土的坍落度随时间变化较大，其坍落度损失比非泵送混凝土要大。由于拌和物流动性的这种变化，在施工中测定和易性的时间，推迟至搅拌完后约 15min 为宜。

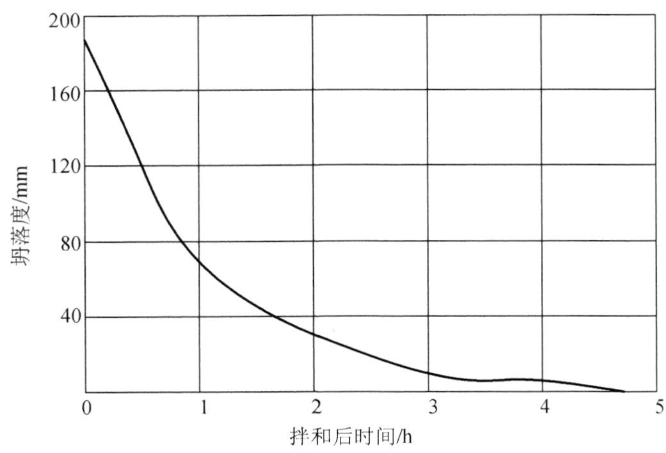

图 4-14　坍落度和拌和后时间关系

拌和物的和易性受温度的影响显著，如图 4-15 所示。随着环境温度的升高，水分蒸发及水泥水化反应加快，拌和物的流动性变差，而且坍落度损失也变快。混凝土在泵送过程中，由于拌和物与管壁摩擦，温度升高，平均上升 0.4℃，最高≤1℃，这与泵送时间长短有关。一般拌和物温度升高 1℃，其坍落度下降 0.40cm，因此在盛夏施工时，要充分考虑由于温度的升高而引起的坍落度降低。施工中为保证一定的和易性，必须注意环境温度的变化，采取相应的措施。

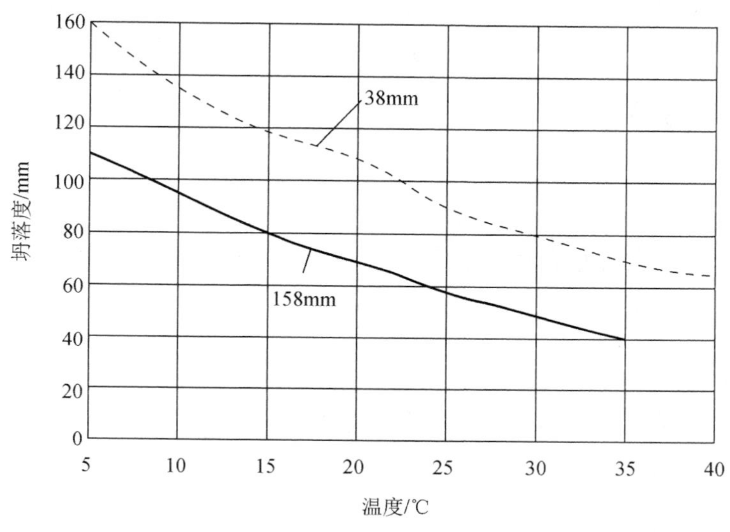

图 4-15　温度对拌和物坍落度的影响

5. 改善和易性的措施

对混凝土拌和物和易性的变化规律的研究，目的是为了运用这些规律去能动地调整混凝土拌和物的和易性，以适应具体的结构与施工条件。在实际工作中调整拌和物的和易性可采取如下措施。

1）采用合理的砂率，改善砂、石（特别是石子）的级配。通过试验，采用合理砂率和良好的砂石级配有利于提高混凝土的质量和节约水泥。

2）尽量采用较粗的砂、石。

3）当混凝土拌和物坍落度太小时，维持水灰比不变，适当增加水泥浆的用量，或者加入外加剂等；当拌和物坍落度太大，但黏聚性良好时，可保持砂率不变，适当增加砂、石；如黏聚性和保水性不好时，可适当增加砂率，或者掺入矿物掺合料等。

6. 新拌混凝土的凝结时间

水泥的水化反应是混凝土产生凝结的主要原因，但混凝土的凝结时间与配制该混凝土所用水泥的凝结时间并不一致。水泥浆体的凝结和硬化过程要受到水化产物在空间填充情况的影响，因此水灰比的大小会明显影响其凝结时间。水灰比越大，凝结时间越长。一般配制混凝土所用的水灰比与测定水泥凝结时间规定的水灰比是不同的，所以这两者的凝结时间有所不同。混凝土的凝结时间还会受到其他因素的影响，例如环境温度的变化。混凝土中掺入的外加剂，如缓凝剂或速凝剂等，都会明显影响混凝土的凝结时间。

混凝土拌和物的凝结时间通常用贯入阻力法进行测定。所使用的仪器为贯入阻力仪。先用 5mm 筛孔的筛从拌和物中筛取砂浆，按一定方法装入规定的容器中，然后每隔一定时间测定砂浆贯入到一定深度时的贯入阻力，绘制贯入阻力与时间的关系曲线。以贯入阻力 3.5MPa 和 28MPa 划两条平行于时间坐标的直线，直线与曲线交点的时间即分别为混凝土拌和物的初凝时间和终凝时间。当然这是从实用角度人为确定的，初凝时间表示施工时间的极限，终凝时间表示混凝土力学强度的开始发展。

4.2.2 混凝土的强度

1. 混凝土的脆性断裂

（1）混凝土的理论强度与实际强度

根据格里菲思（Griffith）脆性断裂理论，固体材料的理论抗拉强度可近似地用式（4.4）计算

$$\sigma_{\mathrm{m}} = \sqrt{\frac{E\gamma}{a_0}} \tag{4.4}$$

式中：σ_{m}——材料的理论抗拉强度，粗略估计为 $\sigma_{\mathrm{m}}=0.1E$；

E——弹性模量；

γ——单位面积的表面能；

a_0——原子间的平衡距离。

如按式（4.4）估算，普通混凝土及其组分水泥石和骨料的理论抗拉强度就可高达 10^3 Pa 的数量级。但实际上普通混凝土的抗拉强度远远低于这个理论值。混凝土的这种现象用格里菲思脆性断裂理论来解释，就是指在一定应力状态下混凝土中裂缝到达临界宽度后，便处于不稳定状态，会自发地扩展，以至断裂。而断裂拉应力和裂缝临界宽度的关系基本服从式（4.5）。

$$\sigma_{\mathrm{c}} = \sqrt{\frac{2E\gamma}{\pi(1-\mu^2)C}} \tag{4.5}$$

式中：σ_{c}——材料断裂拉应力；

C——裂缝临界宽度的一半；

μ——波桑比。

式（4.5）又可近似地写为

$$\sigma_{\mathrm{c}} \approx \sqrt{\frac{E\gamma}{C}} \tag{4.6}$$

并与理论抗拉强度计算式对比，可求得

$$\frac{\sigma_{\mathrm{m}}}{\sigma_{\mathrm{c}}} = \left(\frac{C}{a_0}\right)^{1/2} \tag{4.7}$$

这个结果可解释为：裂缝在其两端起了应力集中，将外加应力放大了$\left(\frac{C}{a_0}\right)^{1/2}$倍，使局部区域达到了理论强度，而导致断裂。如$a_0 = 2\times10^8\,\text{cm}$，则在材料中存在着一个$C\approx 2\times10^{-4}\,\text{cm}$的裂缝，就可以使断裂强度降为理论值的百分之一。

（2）混凝土受力裂缝扩展过程——混凝土的受力变形与破坏过程

在研究混凝土材料的断裂力学时，我们必须了解混凝土在受力状态下的裂缝扩展机理。

硬化后的混凝土在未受外力作用之前，由于水泥水化造成的化学收缩和物理收缩引起砂浆体积的变化，在粗集料与砂浆界面上会产生分布极不均匀的拉应力。它足以破坏粗集料与砂浆的界面，形成许多分布很乱的界面微裂缝。某些上升的水分被粗集料颗粒所阻止，会聚积于粗集料的下缘，混凝土硬化后就成为界面裂缝。混凝土受外力作用时，其内部产生了拉应力，这种拉应力很容易在几何形状为楔形的微裂缝顶部形成应力集中。随着拉应力的逐渐增大，微裂缝进一步延伸、汇合、扩大，最后形成几条可见的裂缝。试件就是随着这些裂缝扩展而发生破坏。

以混凝土单轴受压为例，绘出的静力受压时的荷载-变形曲线的典型形式如图 4-16 所示。通过显微镜观察所查明的混凝土内部裂缝的发展可分为如图 4-16 所示的四个阶段。当在荷载到达“比例极限”（约为极限荷载的 30%）以前，界面裂缝无明显变化（图 4-16 第 I 阶段）。此时，荷载与变形比较接近直线关系（图 4-16 曲线 *OA* 段）。荷载超过“比例极限”以后，界面裂缝的数量、长度和宽度都不断增大。界面借摩阻力继续承担荷载，但尚无明显的砂浆裂缝。此时，变形增大的速度超过荷载增大的速度，荷载与变形之间不再接近直线关系（图 4-16 曲线 *AB* 段）。荷载超过“临界荷载”（约为极限荷载的 70%～90%）以后，在界面裂缝继续发展的同时，开始出现砂浆裂缝，并将邻近的界面裂缝连接起来成为连续裂缝。此时，变形增大的速度进一步加快，荷载—变形曲线明显地弯向变形轴方向（图 4-16 曲线 *BC* 段）。超过极限荷载以后，连续裂缝急速扩展。此时，混凝土的承载能力下降，荷载减小而变形迅速增大，以至完全破坏，荷载—变形曲线逐渐下降至最后结束（图 4-16 曲线 *CD* 段）。

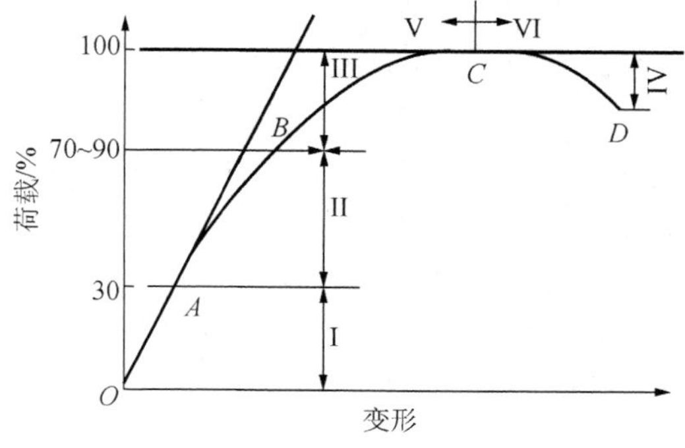

图 4-16　混凝土的应力变形曲线

由此可见，荷载与变形的关系是内部微裂缝扩展规律的体现。混凝土在外力作用下的变形和破坏过程，也就是内部裂缝的发生和扩展过程，它是一个从量变发展到质变的过程。只有当混凝土内部的微观破坏发展到一定量级时才使混凝土的整体遭受破坏。

（3）混凝土的强度理论

混凝土的强度理论分细观力学理论与宏观力学理论。细观力学理论是根据混凝土细观非匀质性的特征，研究组成材料对混凝土强度所起的作用。宏观力学理论则是假定混凝土为宏观匀质且各向同性的材料，研究混凝土在复杂应力作用下的普适化破坏条件。前者为混凝土材料设计的主要理论依据之一，后者对混凝土结构设计则很重要。

通常细观力学强度理论的基本概念都把水泥石性能作为影响混凝土强度的最主要因素，并建立了一系列水泥石孔隙率或密实度与混凝土强度之间的关系式。例如，基于该理论的鲍罗米水灰比（或灰水比）与混凝土强度的关系式。长期以来，它在混凝土的配合比设计中起着理论指导作用。但按照断裂力学的观点，决定断裂强度的是某处存在的临界宽度的裂缝，它和孔隙的形状和尺寸有关，而不是总的孔隙率。因此，用断裂力学的基本观念来研究混凝土的强度是一个新的方向。随着混凝土材料科学的不断进步，尤其是混凝土断裂力学理论和试验研究的发展，较以往更深刻地揭示了混凝土受力发生变形直至断裂破坏的机理。人们对混凝土的力学行为有所了解，就有可能通过合理选择组成材料、正确设计配合比以及控制内部结构配制出具有指定性能（力学行为）的混凝土，从而实现混凝土力学行为综合设计的目标。

2. 混凝土立方体抗压强度

按照《普通混凝土力学性能试验方法标准》（GB/T 50081—2002），混凝土立方体抗压强度的测定采用边长为150mm的立方体试件，在标准养护条件（温度20±2℃，相对湿度95%以上）下养护28d，用标准的实验方法测得的抗压强度值为混凝土立方体试件抗压强度（简称立方抗压强度），以 f_{cu} 表示。

采用标准试验方法测定其强度是为了能使混凝土的质量有对比性。在实际的混凝土工程中，其养护条件（温度、湿度）不可能与标准养护条件一样，为了能说明工程中混凝土实际达到的强度，往往把混凝土试件放在与工程相同条件下养护，再按所需的龄期进行试验测得立方体试件抗压强度值作为工地混凝土质量控制的依据。由于标准试验方法试验周期长，不能及时预报施工中的质量状况，也不能据此及时设计和调整配合比，不利于加强质量管理和充分利用水泥活性。我国已研究制订出早期在不同温度条件下加速养护的混凝土试件强度推定标准和养护28d（或其他龄期）的混凝土强度试验方法，详见《早期推定混凝土强度试验方法标准》（JGJ/T 15—2008）。

测定混凝土立方体试件抗压强度，也可以按粗集料最大粒径的尺寸选用不同的试件尺寸。在计算其抗压强度时，再乘以换算系数，以得到相当于标准试件的试验结果（选用边长为10cm的立方体试件，换算系数为0.95；选用边长为20cm的立方体试件，换算系数为1.05）。

目前美国、日本等国家采用直径15cm、高30cm的圆柱体为标准试件，所得抗压强度值约为 15cm×15cm×15cm 立方体试件抗压强度的 0.8。可见试块尺寸和形状不同，试件的抗压强度值也不同，此为尺子效应。试件尺寸愈小，测得的抗压强度值愈大。这是因为混凝土立方体试件在压力机上受压时，在沿加荷方向发生纵向变形的同时，由于泊松比效应会产生横向变形。压力机上下两块压板（钢板）的弹性模量比混凝土大 5～15 倍，而泊松比则不大于混凝土的两倍。所以，在荷载下压板的横向应变小于混凝土的横向应变（都能自由横向变形的情况），因而上下压板与试件的上下表面之间产生的摩擦力对试件的横向膨胀起着约束作用，对强度有提高的作用。愈接近试件的端面，这种约束作用就愈大。在距离端面大约 $\frac{\sqrt{3}}{2}a$（a 为试件横向尺寸）的范围以外，约束作用才消失。试件破坏以后，其上下部分各呈一个较完整的棱锥体，这种约束作用称为套箍效应。如在压板和试件表面间加润滑剂，则套箍效应将大大减小，试件一旦出现裂缝就会直接破坏，测出的强度也较低。立方体试件尺寸较大时，套箍效应的相对作用较小，测得的立方抗压强度偏低。反之，试件尺寸较小时，测得的抗压强度就偏高。另一方面原因是由于试件中的裂缝、孔隙等缺陷将减少受力面积和引起应力集中，因而降低强度。随着试件尺寸增大，存在缺陷的概率也增大，故较大尺寸的试件测得的抗压强度就偏低。

3. 混凝土立方体抗压强度标准值与强度等级

混凝土立方体抗压强度标准值是指按标准方法制作和养护的边长为 150mm 的立方体试件，在 28d 龄期，用标准试验方法测得的具有不低于 95%保证率的抗压强度值，以 $f_{cu,k}$ 表示。混凝土立方体抗压强度标准值是混凝土强度等级划分的依据。混凝土强度等级采用符号 C 与立方体抗压强度标准值（以 MPa 计）表示。普通混凝土划分为下列 14 个强度等级：C15、C20、C25、C30、C35、C40、C45、C50、C55、C60、C65、C70、C75 及 C80。混凝土强度等级是混凝土结构设计时强度计算取值的依据，同时也是混凝土施工中控制工程质量和工程验收时的重要依据。

4. 混凝土的轴心抗压强度 f_c

混凝土立方体抗压强度是确定混凝土强度等级的依据，但由于套箍效应，立方体抗压强度较结构上实际应用的混凝土的强度偏高，因此用立方体抗压强度设计结构不安全。为了使测得的混凝土强度接近于混凝土结构的实际情况，常采用圆柱体或棱柱体试件试压获得的强度为混凝土的轴心抗压强度 f_c。在钢筋混凝土结构计算中，采用混凝土的轴心抗压强度 f_c 作为设计依据。

《普通混凝土力学性能试验方法标准》(GB/T 50081—2002) 规定，测轴心抗压强度，采用 150mm × 150mm× 300mm 棱柱体作为标准试件。如有必要，也可采用非标准尺寸的棱柱体试件，但其高（h）与宽（a）之比应在 2～3 的范围内。棱柱体试件是在与立方体相同的条件下制作的，测得的轴心抗压强度 f_c 比同截面的立方体强度值 f_{cu} 小，棱柱体试件高宽比（即 h/a）越大，轴心抗压强度 f_c 越小，但当 h/a 达到一定值后，强度就不再降低。因为这时在试件的中间区段已无套箍效应，形成了纯压状态。但是过高的试件在破坏前由于失稳产生较大的附加偏心，又会降低其抗压的试验强度值。

大量统计分析表明了轴心抗压强度与立方抗压强度 f_{cu} 间的关系，即在立方抗压强度 f_{cu}=10～55MPa 的范围内，轴心抗压强度 f_c 与 f_{cu} 之比约为 0.70～0.80。

5. 混凝土的抗拉强度

混凝土的抗拉强度只有抗压强度的 1/20～1/10，且随着混凝土强度等级的提高，比值有所降低，也就是当混凝土强度等级提高时，抗拉强度的增加不及抗压强度提高得快。混凝土在工作时一般不依靠其抗拉强度，但抗拉强度对于开裂研究具有重要意义。在结构设计中抗拉强度是确定混凝土抗裂度的重要指标，有时也用它来间接衡量混凝土与钢筋的黏结强度等。

过去多用 8 字形试件或棱柱体试件直接测定混凝土轴向抗拉强度，但是这种方法由于夹具附近局部破坏很难避免，而且外力作用线与试件轴心方向不易调成一致，所以我国采用立方体（国际上多用圆柱体）的劈裂抗拉试验来测定混凝土的抗拉强度，称为劈裂抗拉强度 f_t。该方法的原理是在试件两个相对的表面素线上、作用着均匀分布的压力，这样就能够在外力作用的竖向平面内产生均布拉伸应力，这个拉伸应力可以根据弹性理论计算得出。这个方法大大简化了抗拉试件的制作，并且较正确地反映了试件的抗拉强度。

混凝土劈裂抗拉强度应按式（4.8）计算。

$$f_{ts}=\frac{2P}{\pi A}=0.637\frac{P}{A} \tag{4.8}$$

式中：f_{ts}——混凝土劈裂抗拉强度，MPa；

P——破坏荷载，N；

A——试件劈裂面面积，mm^2。

混凝土按劈裂试验所得的抗拉强度 f_{ts} 换算成轴拉试验所得的抗拉强度 f_t，应乘以换算系数，该系数可由试验确定。

6. 影响混凝土强度的因素

混凝土的强度取决于砂浆基体、粗集料及其界面过渡区的黏结强度。普通混凝土受力破坏一般出现在骨料和水泥石的分界面上，这就是常见的黏结面破坏的形式。另外，当水泥石强度较低时，水泥石本身破坏也是常见的破坏形式。在普通混凝土中，骨料最先破坏的可能性小，因为骨料强度经常大大超过水泥石和黏结面的强度。所以混凝土的强度主要决定于水泥石强度及其与骨料表面的黏结强度。而水泥石强度及其与骨料的黏结强度又与水泥强度等级、水灰比及骨料的性质有密切关系。此外，混凝土的强度还受施工质量、养护条件及龄期的影响。

（1）水灰（胶）比和水泥强度等级

水灰（胶）比和水泥强度等级是决定混凝土强度的主要因素。水泥是混凝土中的活性组分，其强度等级的大小直接影响着混凝土强度的高低。在配合比相同的条件下，所用的水泥强度等级越高，制成的混凝土强度也越高。当用同一种水泥（品种及强度等级相同）时，混凝土的强度主要决定于水灰比。

水泥水化时所需的结合水，一般只占水泥质量的23%左右，但在拌制混凝土拌和物时，为了获得必要的流动性，常须用较多的水（约占水泥质量的 40%～70%），也即较大的水灰比。当混凝土硬化后，多余的水分就残留在混凝土中形成水泡或蒸发后形成气孔，大大减少了有效断面，还可能在孔隙周围产生应力集中。因此，在水泥强度等级相同的情况下，水灰比愈小，水泥石的强度愈高，与骨料黏结力也愈大，混凝土的强度就愈高。如果加水太少（水灰比太小），拌和物过于干硬，在一定的捣实成型条件下，无法保证浇灌质量，混凝土中将出现较多的蜂窝、孔洞，强度也将下降。

水泥石与骨料的黏结力还与骨料的表面状况有关，碎石表面粗糙，黏结力比较大，卵石表面光滑，黏结力比较小。因而在水泥强度等级和水灰比相同的条件下，碎石混凝土的强度往往高于卵石混凝土的强度。

关于混凝土强度与水灰比、水泥强度等因素之间的关系可根据工程实践的经验得出。一般采用式（4.9）直线型的经验公式来表示。

$$f_{cu} = Af_{ce}\left(\frac{C}{W} - B\right) \tag{4.9}$$

式中：C——每立方米混凝土中的水泥用量，kg；

W——每立方米混凝土中的用水量，kg；

$\frac{C}{W}$——灰水比（水泥与水质量比）；

f_{cu}——混凝土 28d 抗压强度，MPa；

f_{ce}——水泥 28d 抗压强度实测值，MPa；

A、B——回归系数，与骨料的品种、水泥品种等因素有关，其数值通过试验求得。

一般水泥厂为了保证水泥的出厂强度等级值，其实际抗压强度往往比其强度等级值要高。当无水泥实际强度数据时，式中的 f_{ce} 值可按下式确定。

$$f_{ce} = \gamma_c \times f_{ce,k} \tag{4.10}$$

式中：γ_c——水泥强度等级值的富余系数，可按实际统计资料确定；

$f_{ce,k}$——水泥 28d 抗压强度标准值，MPa；

f_{ce}——可根据已有 3d 强度或快测强度公式推断得出。

上面的经验公式，一般只适用于流动性混凝土和低流动性混凝土。对于硬性混凝土则不适用。同时对流动性混凝土来说，也只是在原材料相同、工艺措施相同的条件下 A 和 B 才可视作常数。如果原材料改变或工艺条件改变，则 A、B 系数也随之改变。因此必须结合工地的具体条件，如施工方法及材料的质量等，进行不同 W/C 的混凝土强度试验，求出符合当地实际情况的 A、B 系数，这样既能保证混凝土的质量，又能取得较高的经济效果。若无上述试验统计资料时则可按《普通混凝土配合比设计规程》（JGJ 55—2011）提供的 A、B 经验系数值取用。

采用碎石：　　A=0.46, B=0.07

采用卵石：　　A=0.48, B=0.33

利用强度公式，可根据所用的水泥强度等级和水灰比来估计所制成混凝土的强度，也可根据水泥强度等级和要求的混凝土强度等级来计算应采用的水灰比。

（2）养护的温度和湿度

混凝土所处的环境温度和湿度等，都是影响混凝土强度的重要因素，它们都是通过对水泥水化过程所产生的影响而起作用。

混凝土的硬化原因在于水泥的水化作用。周围环境的温度对水化作用进行的速度有显著影响，如图 4-17 所示。由图可看出，养护温度高可以增大初期水化速度，混凝土初期强度也高。但急速的初期水化会导致水化物分布不均匀，水化物稠密程度低的区域将成为水泥石中的薄弱点，从而降低整体的强度；水化物稠密程度高的区域，水化物包裹在水泥粒子的周围，会妨碍水化反应的继续进行，对后期强度的发展不利。而在养护温度较低的情况下，由于水化缓慢，具有充分的扩散时间，从而使水化物在水泥石中均匀分布，有利于后期强度的发展。当温度降至冰点以下时，则由于混凝土中的水分大部分结冰，混凝土的强度停止发展。不仅混凝土的强度停止发展，而且由于孔隙内水分结冰而引起的膨胀（水结冰体积可膨胀约 9%）产生相当大的压力，压力作用在孔隙、毛细管内壁，将使混凝土的内部结构遭受破坏，使已经获得的强度（如果在结冰前，混凝土已经不同程度硬化的话）受到损失。如果气温再升高，冰会开始融化。如此反复冻融，混凝土内部的微裂缝逐渐增长、扩大，混凝土强度逐渐降低，混凝土表面开始剥落甚至完全崩溃。如果混凝土早期强度低，则更容易冻坏，所以应当特别防止混凝土早期受冻。

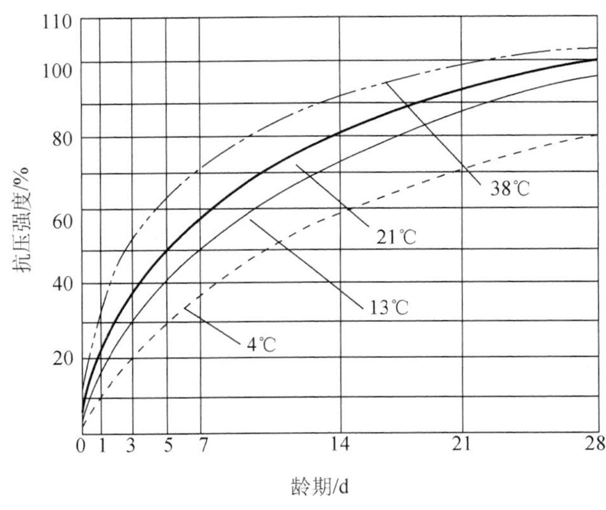

图 4-17　养护温度对混凝土强度的影响

周围环境的湿度对水泥的水化作用能否正常进行有显著影响：湿度适当，水泥水化便能顺利进行，使混凝土强度得到充分发展。如果湿度不够，混凝土会失水干燥而影响水泥水化作用的正常进行，甚至停止水化，因为水泥水化只能在为水填充的毛细管内发生。而且混凝土中大量自由水在水泥水化过程中逐渐被产生的凝胶所吸附，内部供水化反应的水则愈来愈少，这不仅严重降低混凝土的强度，而且因水化作用未能完成，使混凝土结构疏松，渗水性增大，或形成干缩裂缝，从而影响混凝土耐久性。

混凝土在成型后，其周围环境必须维持一定的温度和湿度。混凝土在自然条件下养护，称为自然养护。自然养护的温度随气温变化而改变，为保持潮湿状态，在混凝土凝结以后（一般在 12h 以内），表面应覆盖草袋等物并不断浇水，或是均匀涂刷养护液，这样能防止其发生不正常的收缩。使用硅酸盐水泥、普通水泥和矿渣水泥时，浇水保湿应不少于 7d；道路路面水泥混凝土宜为 14～21d；使用火山灰水泥和粉煤灰水泥或在施工中掺用缓凝型外加剂或有抗渗要求时，应不少于 14d；如用高铝水泥时，不得少于 3d。在夏季应特别注意浇水，保持必要的湿度，在冬季应特别注意保持必要的温度。目前道路混凝土工程中常用塑料薄膜养护的方法。

（3）龄期

混凝土在正常养护条件下，其强度将随着龄期的增加而增长。在最初的 7～14d 内，强度增长较快，28d 以后增长缓慢。但龄期延续很久其强度仍有所增长。标准养护条件下，不同龄期混凝土强度的增长情况如图 4-18 所示。因此，在一定条件下养护的混凝土，可根据其早期强度大致估计 28d 的强度。

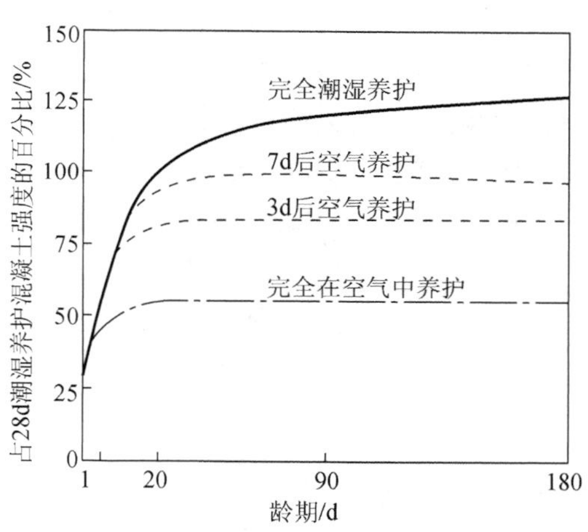

图 4-18　混凝土强度与保持潮湿日期的关系

普通水泥制成的混凝土，在标准条件养护下混凝土强度的发展大致与其龄期的对数成正比关系（龄期不小于 3d）。

$$f_n = f_{28} \cdot \frac{\lg n}{\lg 28} \tag{4.11}$$

式中：f_n——nd 龄期混凝土的抗压强度，MPa；

f_{28}——28d 龄期混凝土的抗压强度，MPa；

n——养护龄期，d。

根据式（4.11）可由一已知龄期的混凝土强度，估算另一个龄期的强度。但因为混凝土强度的影响因素很多，强度发展不可能一致，故式（4.11）的计算结果也只能作为参考。

4.2.3　混凝土的变形性能

1. 化学收缩

由于水泥水化生成物的体积比反应前物质的总体积小而使混凝土收缩，这种收缩称为化学收缩。其收缩量是随混凝土硬化龄期的延长而增加，大致与时间的对数成正比，一般在混凝土成型后 40 多天内增长较快，之后渐趋稳定。化学收缩是不能恢复的。

2. 干湿变形

干湿变形取决于周围环境的湿度变化。混凝土在干燥过程中，首先发生气孔水和毛细孔水的蒸发。气孔水的蒸发并不引起混凝土的收缩。毛细孔水的蒸发，使毛细孔中形成负压，随着空气湿度的降低负压逐渐增大，产生收缩力，导致混凝土收缩。当毛细孔中的水蒸发完后，如继续干燥，则凝胶体颗粒的吸附水也发生部分蒸发，由于分子引力的作用，粒子间距离变小，使凝胶体紧缩。混凝土这种收缩在重新吸水以后大部分可以恢复。当混凝土在水中硬化时，体积不变，甚至轻微膨胀。这是由于凝胶体中胶体粒子的吸附水膜增厚，胶体粒子间的距离增大所致。膨胀值远比收缩值小，一般没有坏作用。在一般条件下混凝土的极限收缩值为（500～900）$\times 10^{-6}$mm/mm 左右。收缩受到约束时往往引起混凝土开裂，故施工时应予以注意。通过试验得知：

1）混凝土的干燥收缩不能完全恢复。即混凝土干燥收缩后，即使长期再放在水中也仍然有残余变形保留下来。通常情况，残余收缩约为收缩量的 30%～60%。

2）混凝土的干燥收缩与水泥品种、水泥用量和用水量有关。采用矿渣水泥比采用普通水泥的收缩要大。采用高强度等级水泥，由于颗粒较细，混凝土收缩也较大；水泥用量多或水灰比大者，收缩量也较大。

3）砂石在混凝土中形成骨架，对收缩有一定的抵抗作用。故混凝土的收缩量比水泥砂浆小得多，而水泥砂浆的收缩量又比水泥净浆小得多。在一般条件下，水泥浆的收缩值高达 2850×10^{-6}mm/mm。骨料的弹性模量越高，混凝土的收缩越小，故轻骨料混凝土的收缩一般说来比普通混凝土大得多。另外，砂、石越干净，混凝土捣固越密实，收缩量也越小。

4）在水中养护或在潮湿条件下养护可大大减少混凝土的收缩，采用普通蒸养可减少混凝土收缩，压蒸养护效果更显著。因而为减少混凝土的收缩量，应该尽量减少水泥用量，砂、石骨料要洗干净，尽可能采用振捣器捣固和加强养护等措施。

在一般工程设计中，通常采用混凝土的线收缩值为（150～200）$\times 10^{-6}$mm/mm，即每米收缩 0.15～0.2mm。

3. 温度变形

混凝土与其他材料一样，也具有热胀冷缩的性质。混凝土的温度膨胀系数约为 10×10^{-6}，即温度升高 1℃，每米膨胀 1mm。温度变形对大体积混凝土工程极为不利。

在混凝土硬化初期，水泥水化放出较多的热量，混凝土又是热的不良导体，散热较慢，因此大体积混凝土内部的温度较外部高，温度有时可达 50～70℃。这使内部混凝土的体积产生较大的膨胀，而外部混凝土却随气温降低而收缩。内部膨胀和外部收缩互相制约，在外表混凝土中将产生很大的拉应力，严重时可使混凝土产生裂缝。对大体积混凝土工程，必须尽量减少混凝土发热量，控制内外温差，相关措施如采用低热水泥、减少水泥用量和人工降温等。一般纵长的钢筋混凝土结构物，应每隔一段长度设置伸缩缝且在结构物中设置温度钢筋等措施。

4. 在荷载作用下的变形

（1）在短期荷载作用下的变形

1）混凝土的弹塑性变形。混凝土不是均匀的材料，含有砂石骨料、水泥石（水泥石中又存在着凝胶、晶体和未水化的水泥颗粒）、游离水分和气泡。它不是一种完全的弹性体，而是一种弹塑性体。它在受力时既会产生可以恢复的弹性形变，又会产生不可恢复的塑性形变，其应力与变力之间的关系不是直线而是曲线。

在静力实验的加荷过程中，若加荷至应力为 σ、应变为 ε 的 A 点，然后将荷载逐渐卸去，则卸载时的应力-应变曲线如弧 AB 所示。卸荷后能恢复的应变 ε_e 是由混凝土的弹性作用引起的，称为弹性应变；剩余的不能恢复的应变 $\varepsilon_{\rm p}$ 则是由于混凝土的塑性性质引起的，称为塑性应变。

在重复荷载作用下的应力-应变曲线，当应力小于（0.3～0.5）$f_{\rm c}$ 时，每次卸荷都残留一部分塑性变形（$\varepsilon_{\rm p}$），但随着重复次数的增加，$\varepsilon_{\rm p}$ 的增量逐渐减小，最后曲线稳定于 $A'C'$ 线。它与初始切线大致平行，如图 4-19（a）所示。若重复应力大于（0.3～0.5）$f_{\rm c}$，随着重复次数的增加，塑性应变逐渐增加，将导致混凝土疲劳破坏。

2）混凝土的变形模量。在应力-应变曲线上任一点的应力 σ 与其应变 ε 的比值，叫作混凝土在该应力下的变形模量。它反映混凝土所受应力与产生应变之间的关系。在计算钢筋混凝土的变形、裂缝开展及大体积混凝土的温度应力时，均须知道混凝土的变形模量。在混凝土结构或钢筋混凝土结构设计中，常采用一种按标准方法测得的变形模量，该变形模量称为弹性模量 $E_{\rm c}$。该方法是使混凝土的应力在 $1/3f_{\rm c}$ 水平下经过多次反复加荷和卸荷，最后所得应力-应变曲线与初始切线大致平行，曲线的斜率称为弹性模量 $E_{\rm c}$，故 $E_{\rm c}$ 在数值上与 $\tan\alpha$ 相近［图 4-19（b）］。

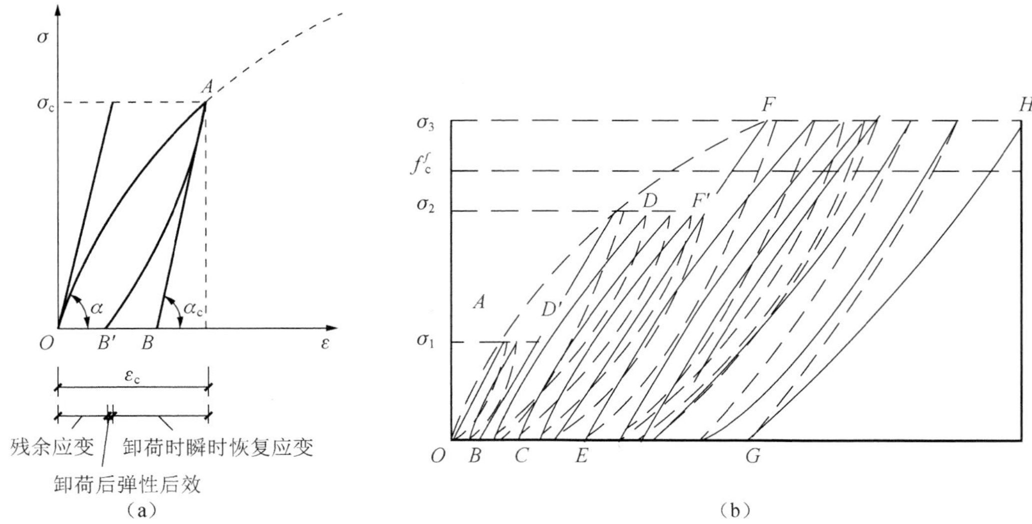

图 4-19 混凝土在重复荷载下的应力-应变关系

混凝土的强度越高，弹性模量越大，二者存在一定的相关性。当混凝土的强度等级由 C15 增高到 C80 时，其弹性模量大致由 2.20×10^4 MPa 增至 3.80×10^4MPa。

混凝土的弹性模量随其骨料与水泥石的弹性模量而异。由于水泥石的弹性模量一般低于骨料的弹性模量，所以混凝土的弹性模量一般略低于其骨料的弹性模量。在材料质量不变的条件下，混凝土的骨料含量较多、水灰比较小、养护较好及龄期较长时，混凝土的弹性模量就较大。

混凝土的弹性模量与钢筋混凝土构件的刚度有关，一般建筑物须有足够的刚度，在受力下保持较小的变形，才能发挥其正常使用功能，因此所用混凝土须有足够高的弹性模量。

（2）徐变

在长期荷载作用下，沿着作用力方向的变形会随时间不断增长，即荷载不变而变形仍随时间增大，一般要延续 2～3 年才逐渐趋于稳定。这种在长期荷载作用下产生的变形，称为徐变。混凝土在长期荷载作用下，一方面在开始加荷时发生瞬时变形（又称瞬变，即混凝土受力后立刻产生的变形，以弹性变形为主）；另一方面发生缓慢增长的徐变，在荷载作用初期，徐变变形增长较快，以后逐渐变慢且稳定下来。混凝土的徐应变一般可达（300～1500）$\times 10^{-6}$。当变形稳定以后卸掉荷载，这时将产生瞬时变形，这个瞬时变形的符号与原来的弹性变形相反，而绝对值则较原来的小，称为瞬时恢复。在卸荷后的一段时间内变形还会继续恢复，称为徐变恢复。最后残存的不能恢复的变形称为残余变形。

混凝土的徐变一般认为是由于水泥石凝胶体在长期荷载作用下的黏性流动，并向毛细孔中移动，同时吸附在凝胶粒子上的吸附水因荷载应力而向毛细孔迁移渗透的结果。

从水泥凝结硬化过程可知，随着水泥的逐渐水化，新的凝胶体逐渐填充毛细孔，使毛细孔的相对体积逐渐减小。在荷载初期或硬化初期，由于未填满的毛细孔较多，凝胶体的移动较易，故徐变增长较快。之后由于内部移动和水化的进展，毛细孔逐渐减小，徐变速度因而越来越慢。

混凝土徐变和许多因素有关。混凝土的水灰比较小或混凝土在水中养护时，同龄期的水泥石中未填满的孔隙较少，故徐变较小。水灰比相同的混凝土，其水泥用量愈多，即水泥石相对含量愈大，其徐变愈大。混凝土所用骨料弹性模量较大时，徐变较小。此外，徐变与混凝土的弹性模量也有密切关系，一般弹性模量大者，徐变小。

混凝土不论是受压、受拉或受弯时，均有徐变现象。混凝土的徐变对钢筋混凝土构件的受力有很大影响。徐变能消除钢筋混凝土内的应力不均，使应力较均匀地重新分布；对大体积混凝土，徐变能消除一部分由于温度变形所产生的破坏应力。但在预应力钢筋混凝土结构中，混凝土的徐变将使钢筋的预加应力受到损失。

4.2.4　混凝土的耐久性

1. 耐久性概念

混凝土除应具有设计要求的强度以保证其能安全地承受设计荷载外，还应根据其周围的自然环境以及在使用上的特殊要求而具有各种特殊性能。例如，承受压力水作用的混凝土，需要具有一定的抗渗性能；遭受冰冻作用的混凝土，需要有一定的抗冻性能；遭受环境水侵蚀作用的混凝土，需要具有与之相适应的抗侵蚀性能；处于高温环境中的混凝土，则需要具有较好的耐热性能等。此外还要求混凝土在使用环境条件下能够保持性能稳定。因而，把混凝土抵抗环境介质和内部劣化因素作用并长期保持其良好的使用性能和外观完整性，从而维持混凝土结构安全和正常使用的能力称为耐久性。

环境对混凝土结构的物理和化学作用以及混凝土结构抵御环境作用的能力，是影响混凝土结构耐久性的因素。在通常的混凝土结构设计中，往往忽视环境对结构的作用，许多混凝土结构在达到预定的设计使用年限前，就出现了钢筋锈胀、混凝土劣化剥落等影响结构性能及外观的耐久性破坏现象，需要大量投资进行修复甚至拆除重建。在我国，混凝土结构的耐久性及耐久性设计受到高度重视，除在混凝土结构设计规范中制定了耐久性规定外，近年还专门编制了《混凝土结构耐久性设计规范》（GB/T 50476—2008），用来指导混凝土结构的耐久性设计。

混凝土结构耐久性设计的目标，是使混凝土结构在规定的使用年限（即设计使用寿命）内，在设计确定的环境作用和维修、使用条件下，结构仍保持其适用性和安全性。混凝土材料的耐久性是保证混凝土结构耐久的前提。

混凝土耐久性能主要包括抗渗、抗冻、抗侵蚀、碳化、碱骨料反应及混凝土中的钢筋锈蚀等性能。

（1）抗渗性

抗渗性是指混凝土抵抗水、油等液体在压力作用下渗透的性能，是决定混凝土耐久性的最基本因素。它直接影响混凝土的抗冻性和抗侵蚀性。混凝土的抗渗性主要与其密实度及内部孔隙的大小和构造有关。混凝土内部互相连通的孔隙和毛细管通路，以及由于在混凝土施工成型时振捣不实产生的蜂窝、孔洞都会造成混凝土渗水。

我国一般采用抗渗等级表示混凝土的抗渗性，也有采用相对渗透系数来表示。抗渗等级是按标准试验方法进行试验，用每组 6 个试件中 4 个试件未出现渗水时的最大水压力来表示的。如分为 P4、P6、P8、P10、P12 等 5 个等级，即相应表示能抵抗 0.4MPa、0.6MPa、0.8MPa、1.0MPa 及 1.2MPa 的水压力而不渗水。抗渗等级不小于 P6 级的混凝土为抗渗混凝土。

影响混凝土抗渗性的因素有水灰比、龄期、水泥品种、骨料的最大粒径、养护方法、外加剂及掺合料等。

1）水灰比。混凝土水灰比的大小，对其抗渗性能起决定性作用。水灰比越大，其抗渗性越差。在成型密实的混凝土中，水泥石的抗渗性对混凝土的抗渗性影响最大。

2）骨料的最大粒径。在水灰比相同时，混凝土骨料的最大粒径越大，其抗渗性能越差。这是由于骨料和水泥浆的界面处易产生裂隙和较大骨料下方易形成孔穴。

3）养护方法。蒸汽养护的混凝土，其抗渗性较潮湿养护的混凝土要差。在干燥条件下，混凝土早期失水过多，容易形成收缩裂隙，因而降低混凝土的抗渗性。

4）水泥品种。水泥的品种、性质也影响混凝土的抗渗性能。水泥的细度越大，水泥硬化体孔隙率越小，强度就越高，则其抗渗性越好。

5）外加剂。在混凝土中掺入某些外加剂，如减水剂等，可减小水灰比，改善混凝土的和易性，因而可改善混凝土的密实性，即提高混凝土的抗渗性能。

6）掺合料。在混凝土中加入掺合料，如掺入优质粉煤灰，由于优质粉煤灰能发挥其形态效应、活性效应、微骨料效应和界面效应等，可提高混凝土的密实度，细化孔隙，从而改善孔结构，改善骨料与水泥石界面的过渡区结构，提高混凝土的抗渗性。

7）龄期。混凝土龄期越长，其抗渗性越好。因为随着水泥水化的进展，混凝土的密实性将逐渐增大。

凡是受水压作用的构筑物的混凝土，就有抗渗性的要求。提高混凝土抗渗性的措施是增大混凝土的密实度和改变混凝土中的孔隙结构，减少连通孔隙。

（2）抗冻性

混凝土的抗冻性是指混凝土在水饱和状态下，经受多次冻融循环作用，能保持强度和外观完整性的能力。在寒冷地区，特别是在接触水且受冻环境下的混凝土，要求具有较高的抗冻性能。混凝土受冻融作用破坏的原因，是由于混凝土内部孔隙中的水在负温下结冰后体积膨胀造成的静水压力和因冰、水蒸汽压的差别推动未冻水向冻结区的迁移所造成的渗透压力。当这两种压力所产生的内应力超过混凝土的抗拉强度，混凝土就会产生裂缝，多次冻融使裂缝不断扩展直至破坏。

随着混凝土龄期增加，混凝土抗冻性能也得到提高。因水泥不断水化，可冻结水量减少；水中溶解盐浓度随水化深入而增大，冰点也随龄期而降低，抵抗冻融破坏的能力也随之增强。所以延长冻结前的养护时间，可以提高混凝土的抗冻性。一般在混凝土抗压强度尚未达到 5.0MPa 或抗折强度尚未达到 1.0MPa 时，不得遭受冰冻。在接触盐溶液的混凝土受冻时，盐溶液会增大混凝土吸水饱和度，增加混凝土毛细孔水冻结的渗透压，使毛细孔中过冷水的结冰速度加快，同时还会因毛细孔内水结冰后，盐溶液浓缩而产生结晶膨胀作用，使混凝土受冻破坏更加严重。

混凝土的密实度、孔隙构造和数量、孔隙的充水程度是决定抗冻性的重要因素。因此，当混凝土采用的原材料质量好、水灰比小、具有封闭细小孔隙（如掺入引气剂的混凝土）及掺入减水剂时其抗冻性都较高。

混凝土的抗冻性能一般以加速试验方法检验，按冻融条件，有气冻水融、水冻水融和盐冻三种，分别用抗冻标号、抗冻等级和表面剥落质量等表示。

混凝土抗冻标号是用慢冻法（气冻水融）测得的最大冻融循环次数来划分的混凝土的抗冻性能等级。混凝土的抗冻性标号划分为 D50、D100、D150、D200 和>D200 五个等级。

混凝土抗冻等级是用快冻法（水冻水融）测得的最大冻融循环次数来划分的抗冻性能等级。混凝土按抗冻等级划分为 F50、F100、F150、F200、F250、F300、F350、F400 和>F400 九个等级。

提高混凝土抗冻性的最有效方法是采用加入引气剂（如松香热聚物等）、减水剂和防冻剂的混凝土或密实混凝土。

（3）抗侵蚀性

侵蚀水环境或侵蚀性土壤环境会使混凝土遭受侵蚀破坏。混凝土遭受的侵蚀有淡水腐蚀、硫酸盐腐蚀、镁盐腐蚀、碳酸腐蚀、一般酸腐蚀与强碱腐蚀或复合盐类腐蚀等。除上述的化学侵蚀外，侵蚀环境中的盐结晶作用、混凝土在盐溶液作用下的干湿循环作用、浪溅冲磨气蚀作用、腐蚀疲劳作用等物理作用，会和前述化学作用一起，使混凝土遭受更为严重的侵蚀破坏。

混凝土的抗侵蚀性与所用水泥的品种或胶凝材料的组成、混凝土的密实程度和孔结构特征有关。一般情况下，掺用活性混合材的水泥，抗侵蚀性好。密实或孔隙封闭的混凝土，抗渗性高，环境水不易侵入，故其抗侵蚀性较强。掺加优质矿物掺合料的混凝土，其内部水化产物中 $Ca(OH)_2$ 及铝酸钙等含量低，其抗侵蚀能力较强。所以，提高混凝土抗侵蚀性的措施，主要是合理选择水泥品种或胶凝材料组成、降低水灰比、提高混凝土的密实度和改善孔结构。

（4）抗氯离子渗透性

环境中水、土中的氯离子因浓度差会向混凝土中扩散渗透，当氯离子扩散渗透至混凝土结构中钢筋表面并达到一定浓度后，会导致钢筋很快锈蚀，严重影响混凝土结构的耐久性。对于海洋和近海地区接触海水氯化物、降雪地区接触除冰盐的配筋混凝土结构的混凝土应有较高的抗氯离子渗透性。混凝土抗氯离子渗透性可采用快速氯离子迁移系数法（或称 RCM 法）或电通量法测定，分别用氯离子迁移系数和电通量表示。按氯离子迁移系数 DRCM（$\times10^{-12}m^2/s$）混凝土抗氯离子渗透性能划分为 RCM-I（≥4.5）、RCM-II（≥3.5，<4.5）、RCM-III（≥2.5，<3.5）、RCM-IV（≥1.5，<2.5）、RCM-V（<1.5）五个等级。按电通量 Q（C）混凝土抗氯离子渗透性能划分为 Q-I（≥4000）、Q-II（≥2000，<4000）、Q-III（≥1000，<2000）、Q-IV（≥500，<1000）和 Q-Ⅴ（<500）五个等级。

在混凝土中，氯离子主要是通过水泥石中的孔隙和水泥石与骨料的界面扩散渗透。因此，提高混凝土的密实度，降低孔隙率，减小孔隙和改善界面结构，是提高混凝土抗氯离子渗透性的主要途径。提高混凝土抗氯离子渗透性最有效的方法是掺加硅灰、优质粉煤灰等矿物掺合料。

（5）混凝土的碳化（中性化）

混凝土的碳化是二氧化碳与水泥石中的氢氧化钙作用，生成碳酸钙和水。碳化过程是二氧化碳由表及里向混凝土内部逐渐扩散的过程。因此，气体扩散速率决定了碳化速度的快慢。碳化引起水泥石化学组成及组织结构的变化，从而对混凝土的化学性能和物理力学性能有明显的影响，主要表现为对碱度、强度和收缩的影响。

碳化对混凝土性能既有有利的影响，也有不利的影响。碳化使混凝土碱度降低，减弱了对钢筋的保护作用，可能导致钢筋锈蚀。碳化将显著增加混凝土的收缩，这是由于在干缩产生的压应力下的氢氧化钙晶体溶解和碳酸钙在无压力处沉淀所致，此时暂时加大了水泥石的可压缩性。碳化使混凝土的抗压强度增大，其原因是碳化放出的水分有助于水泥的水化作用，而且碳酸钙减少了水泥石内部的孔隙。增大值随水泥品种而异（高铝水泥混凝土碳化后强度明显下降）。但是由于混凝土的碳化层产生碳化收缩，对其核心形成压力，而表面碳化层产生拉应力，可能产生微细裂缝，使混凝土抗拉、抗折强度降低。混凝土在水泥用量固定条件下水灰比越低，碳化速度就越慢；而当水灰比固定，碳化速度随水泥用量提高而减小。混凝土所处环境条件（主要是空气中的二氧化碳浓度、空气相对湿度等因素）也会影响混凝土的碳化速度。二氧化碳浓度增大会加速碳化进程。例如，一般室内的碳化速度较室外快，二氧化碳含量较高的工业车间（如铸造车间）碳化快。混凝土在水中或在相对湿度 100%条件下，由于混凝土孔隙中的水分阻止二氧化碳向混凝土内部扩散，碳化停止。同样，处于特别干燥条件（如相对湿度在 25%以下）的混凝土，则由于缺乏使二氧化碳及氢氧化钙作用所需的水分，碳化也会停止。一般认为相对湿度50%～75%时碳化速度最快。

（6）碱骨料反应

有关碱骨料反应的危害已在本章粗集料中讲述。

抑制碱骨料反应的措施：

1）条件许可时选择非活性骨料。

2）当不能采用完全没有活性的骨料时，则应严格控制混凝土中总的碱量，符合现行有关标准的规定。首先是要选择低碱水泥（含碱量<0.6%），以降低混凝土总的含碱量。另外，在混凝土配合比设计中，在保证质量要求的前提下，尽量降低水泥用量，从而进一步控制混凝土的含碱量。当掺入外加剂时，必须控制外加剂的含碱量，防止其对碱骨料反应的促进作用。

3）掺用活性混合材，如硅灰、粉煤灰（高钙高碱粉煤灰除外），对碱骨料反应有明显的抑制效果，因为活性混合材可与混凝土中碱（包括Na^+、K^+和Ca^{2+}）起反应，又由于它们是粉状，颗粒小，分布较均匀，因此反应进行得快。而且反应产物能均匀分散在混凝土中，而不是集中在骨料表面，从而降低了混凝土中的含碱量，抑制了碱骨料反应。同样道理，采用矿渣含量较高的矿渣水泥也是抑制碱骨料反应的有效措施。

4）碱骨料反应要有水分，如果没有水分，反应就会大大减少乃至完全停止。因此，设法防止外界水分渗入混凝土或使混凝土变干可减轻反应的危害程度。

2. 提高混凝土耐久性的措施

混凝土在遭受压力水、冰冻或侵蚀作用时的破坏过程，虽然各不相同，但对提高混凝土的耐久性的措施来说，却有很多共同之处。除原材料的选择外，混凝土的密实度是提高混凝土耐久性的一个重要环节。一般而言，提高混凝土耐久性的措施有以下几个方面。

1）合理选择水泥品种或胶凝材料组成。

2）选用较好的砂、石骨料。质量良好、技术条件合格的砂、石骨料，是保证混凝土耐久性的重要条件。改善粗细集料的颗粒级配，在允许的最大粒径范围内尽量选用较大粒径的粗集料，可减小骨料的空隙率和比表面积，也有助于提高混凝土的耐久性。

3）掺用外加剂和矿物掺合料。掺用引气剂或减水剂对提高抗渗、抗冻等有良好的作用，掺用矿物掺合料可显著改善抗渗性、抗氯离子渗透性和抗侵蚀性，并能抑制碱骨料反应，还能节约水泥。

4）适当控制混凝土的水灰比和水泥用量。水灰比的大小是决定混凝土密实性的主要因素，它不但影响混凝土的强度，也严重影响其耐久性，故必须严格控制水灰比。保证足够的水泥用量，同样可以起到提高混凝土密实性和耐久性的作用。《普通混凝土配合比设计规程》（JGJ 55—2011）对一般工业与民用建筑工程所用混凝土的最大水灰比及最小水泥用量做了规定，见表4-21。对于耐久性要求较高的混凝土结构，混凝土的水灰（胶）比及水泥（胶凝材料）应符合《混凝土结构耐久性设计规范》（GB/T 50476—2008）的要求。

表 4-21　混凝土的最大水灰比和最小水泥用量

环境条件		结构物类别	最大水灰比			最小水泥用量/（kg/m^3）		
			素混凝土	钢筋混凝土	预应力混凝土	素混凝土	钢筋混凝土	预应力混凝土
干燥环境		正常的居住或办公用房屋内	不规定	0.65	0.60	200	260	300
潮湿环境	无冻害	高湿度的室内/室外部件，在非侵蚀性土和（或）水中的部件	0.70	0.60	0.60	225	280	300
潮湿环境	有冻害	经受冻害的室外部件/在非侵蚀性土和（或）水中且经受冻害的部件，高湿度且经受冻害中的室内部件	0.55	0.55	0.55	0.55	280	300
有冻害和除冰盐的潮湿环境		经受冻害和除冰盐作用的室内和室外构件	0.50	0.50	0.50	300	300	300

注：当有活性掺合料取代部分水泥时，表中最大水灰比及最小水泥用量即为替代前的水灰比和水泥用量。

5）加强混凝土质量的生产控制。在混凝土施工中，应保证搅拌均匀、浇灌和振捣密实及加强养护，以保证混凝土的施工质量。

4.3　普通混凝土的质量控制

对普通混凝土进行质量控制是一项非常重要的工作。普通混凝土的质量控制包括初步控制、生产控制和验收控制。

初步控制包括混凝土各组成材料的质量检验和混凝土配合比的确定。通常配合比是通过设计计算和试配确定的。在施工过程中，一般不得随意改变配合比，但可以根据混凝土质量的动态信息及时进行调整。

生产控制包括混凝土组成材料的计量，混凝土拌和物的搅拌、运输、浇筑和养护等工序的控制。施工（生产）单位应根据设计要求，提出混凝土质量控制目标，建立混凝土质量保证体系，制定必要的混凝土生产质量管理制度，并应根据生产过程的质量动态分析及时采取措施和对策。

验收控制是指混凝土质量的验收，即对混凝土强度或其他技术指标进行检验评定。

通过以上对混凝土生产全过程进行质量控制，使混凝土质量符合设计规定的要求。

混凝土的质量如何，要通过其性能检验的结果来表达。在施工中，虽然力求做到既要保证混凝土所要求的性能，又要保持其质量的稳定性。但实际上，由于原材料及施工条件以及试验条件等许多复杂因素的影响，混凝土质量上的波动在所难免。原材料及施工方面的影响因素有：水泥、骨料及外加剂等原材料的质量和计量的波动；用水量或骨料含水量的变化所引起水灰比的波动；搅拌、运输、浇筑、振捣、养护条件的波动以及气温变化等。试验条件方面的影响因素有：取样方法、试件成型及养护条件的差异、试验机的误差和试验人员的操作熟练程度等。

在正常连续生产的情况下，可用数理统计方法来检验混凝土强度，或使用其他技术指标来检验是否达到质量要求。统计方法可用算术平均值、标准差、变异系数和保证率等参数综合地评定混凝土的质量。现以混凝土强度为例来说明统计方法的一些基本概念。

4.3.1　强度概率分布——正态分布

混凝土材料在正常施工的情况下，许多影响因素都是随机的，因此混凝土强度也应是随机变化的。对某种混凝土经随机取样测定其强度，其数据经过处理绘成强度概率分布曲线，一般均接近正态分布曲线（图 4-20）。

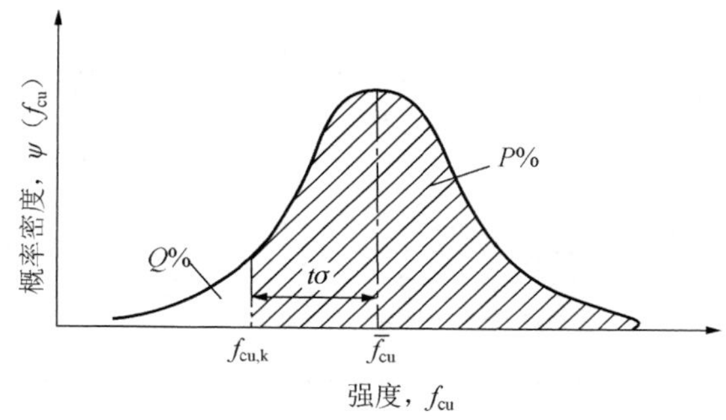

图 4-20　正态分布曲线

曲线高峰为混凝土平均强度为 $\overline{f}_{cu,m}$ 的概率。以平均强度为对称轴，左右两边曲线是对称的。距对称轴越远，出现的概率越小，并逐渐趋近于零。曲线与横坐标之间的面积为概率的总和，等于 100%。概率分布曲线窄而高，说明强度测定值比较集中，波动较小，混凝土的均匀性好，施工水平较高；如果曲线宽而矮，则说明强度值离散程度大，混凝土的均匀性差，施工水平较低。

4.3.2　强度平均值、标准差、变异系数

强度平均值 $\overline{f}_{cu}$

$$\overline{f}_{cu} = \frac{1}{n}\sum_{i=1}^{n} f_{cu,i} \tag{4.12}$$

式中：n——试验组数；

$f_{cu,i}$——第 i 组试验值。

强度平均值仅代表混凝土强度总体的平均值，但并不能说明其强度的波动情况，标

准差 σ 又称均方差，它表明分布曲线的拐点距强度平均值的距离。σ 值愈大，说明其强度离散程度愈大，混凝土质量也愈不稳定。

$$\sigma=\sqrt{\frac{\sum_{i=1}^{n}(f_{\mathrm{cu},i}-\overline{f}_{\mathrm{cu}})^2}{n-1}} \quad 或 \quad \sigma=\sqrt{\frac{\sum_{i=1}^{n}(f^2_{\mathrm{cu},i}-n\overline{f}^2_{\mathrm{cu}})}{n-1}} \tag{4.13}$$

变异系数 C_{V}

$$C_{\mathrm{V}}=\sigma/\overline{f}_{\mathrm{cu}} \tag{4.14}$$

变异系数又称离差系数或标准差系数。C_{V} 值愈小，说明混凝土质量愈稳定，混凝土生产的质量水平愈高。可根据标准差 σ 和强度不低于要求强度等级值的百分率 P，参照表 4-22 来评定混凝土生产管理水平。

表 4-22 混凝土生产管理水平

生产质量水平		优良		一般	
评定指标 生产场所 混凝土强度等级		<C20	≥C20	<C20	≥C20
混凝土强度标准差 $\sigma/(\mathrm{N/mm^2})$	商品混凝土厂和预制混凝土构件厂	≤3.0	≤3.5	≤4.0	≤5.0
	集中搅拌混凝土的施工现场	≤3.5	≤4.0	≤4.5	≤5.5
强度不低于规定强度等级值的百分率 P/%	商品混凝土厂，预制混凝土构件厂及集中搅拌混凝土的施工现场	≥95		>85	

4.3.3 强度保证率

强度保证率是指混凝土强度总体大于设计的强度等级值（$f_{\mathrm{cu,k}}$）的概率，以正态分布曲线上的阴影部分来表示（图 4-21）。

经过随机变量的变量转换，可将正态分布曲线变换为随机变量 t 的标准正态分布曲线（图 4-21）。

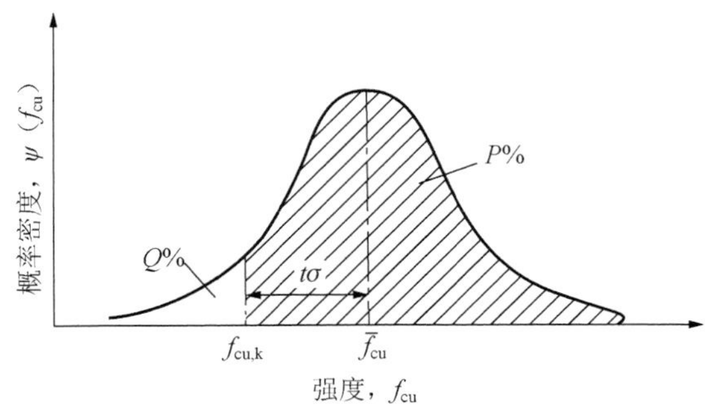

图 4-21 标准正态分布曲线

在标准正态分布曲线上，自 t 至+∞之间所出现的概率 P（t），则由下式表达。

$$P_{(t)}=\int_{t}^{+\infty}\phi_{(t)}\mathrm{d}t=\frac{1}{\sqrt{2\pi}}\int_{t}^{+\infty}\mathrm{e}^{-\frac{t^2}{2}\mathrm{d}t}$$

混凝土强度保证率 P（%）的计算方法如下。

先根据混凝土的设计强度等级值 $f_{\mathrm{cu,k}}$、强度平均值 $\overline{f}_{\mathrm{cu}}$、变异系数 C_{V} 或标准差 σ 计算出概率度 t，概率度又称保证率系数。

概率度 t

$$t=\frac{f_{\mathrm{cu,k}}-\overline{f}_{\mathrm{cu}}}{\sigma}=\frac{f_{\mathrm{cu,k}}-\overline{f}_{\mathrm{cu}}}{C_{\mathrm{V}}\overline{f}_{\mathrm{cu}}} \tag{4.15}$$

由概率度 t，再根据标准正态分布曲线方程即可求得强度保证率 P（%），或利用表 4-23 即可查出，表中 t 值即为概率度，P（t）即为强度保证率。

表 4-23　不同 t 值得 P（t）值（%）

t	0.00	−0.524	−0.842	−1.00	−1.04	−1.28	−1.40	−1.60
P（t）	0.50	0.70	0.80	0.841	0.85	0.90	0.919	0.945
t	−1.645	−1.80	−2.00	−2.06	−2.33	−2.58	−2.88	−3.00
P（t）	0.950	0.964	0.977	0.980	0.990	0.995	0.998	0.999

4.3.4　混凝土强度的检验评定

混凝土强度应分批进行检验评定。一个检验批的混凝土应由强度等级相同、龄期相同以及生产工艺条件和配合比基本相同的混凝土组成。

当混凝土的生产条件在较长时间内能保持一致，且同一品种混凝土的强度变异性能保持稳定时，应由连续的三组试件组成一个检验批，其强度应同时满足下列要求

$$\overline{f}_{\mathrm{cu}}\geqslant f_{\mathrm{cu,k}}+0.7\sigma_0 \tag{4.16a}$$

$$f_{\mathrm{cu,min}}\geqslant f_{\mathrm{cu,k}}-0.7\sigma_0 \tag{4.16b}$$

当混凝土强度等级不高于 C20 时，其强度的最小值应满足下列要求

$$f_{\mathrm{cu,min}}\geqslant 0.85f_{\mathrm{cu,k}} \tag{4.16c}$$

当混凝土强度等级高于 C20 时，其强度的最小值上应满足下列要求

$$f_{\mathrm{cu,min}}\geqslant 0.90f_{\mathrm{cu,k}} \tag{4.16d}$$

式中：$\overline{f}_{\mathrm{cu}}$——同一检验批混凝土立方体抗压强度的平均值，MPa；

$f_{\mathrm{cu,min}}$——同一检验批混凝土立方体抗压强度的最小值，MPa；

σ_0——检验批混凝土立方体抗压强度的标准差，MPa。

检验批混凝土立方体抗压强度的标准差，应根据前一个检验期内同一品种混凝土试件的强度数据，按式（4.17）确定。

$$\sigma_0=\frac{0.59}{m}\sum_{i=1}^{m}\Delta f_{\mathrm{cu},i} \tag{4.17}$$

式中：$\Delta f_{cu,i}$——第 i 组混凝土试件立方体抗压强度代表值，MPa；

m——用以确定检验批混凝土立方体抗压强度标准差的数据总组数。

注：上述检验期不应少于 60d，也不得大于 90d，且在该期间内强度数据的总组数不得少于 45。

当混凝土的生产条件在较长时间内不能保持一致，且混凝土强度变异性不能保持稳定时，或在前一个检验期内的同一品种混凝土没有足够的数据用以确定检验出混凝土立方体抗压强度的标准差时，应由不少于 10 组的试件组成一个检验批，其强度应用时满足下列公式的要求

$$\overline{f}_{cu} - \lambda_1 S_{fcu} \geqslant 0.9 f_{cu,k} \tag{4.18a}$$

$$f_{cu,min} \geqslant \lambda_2 f_{cu,k} \tag{4.18b}$$

式中：S_{fcu}——同一检验批混凝土立方体抗压强度的标准差（MPa）。当 S_{fcu} 的计算值小于 2.5MPa 时，取 S_{fcu}=2.5MPa；

λ_1、λ_2——合格评定系数，按表 4-24 取用。

表 4-24　混凝土强度的统计法合格评定系数

试件组数	10～14	15～24	≥25
λ_1	1.15	1.05	0.95
λ_2	0.90	0.85	

混凝土立方体抗压强度的标准差 δ_{fcu} 可按式（4.19）计算。

$$\delta_{fcu} = \sqrt{\frac{\sum_{i=1}^{n} f_{cu,i}^2 - n\overline{f}_{cu}^2}{n-1}} \tag{4.19}$$

式中：$f_{cu,i}$——第 i 组混凝土试件的立方体抗压强度值，MPa；

n——一个检验批混凝土试件的组数。

以上为按统计方法评定混凝土强度。若按非统计方法评定混凝土强度时，其强度应同时满足下列要求

$$\overline{f}_{cu} \geqslant \lambda_3 f_{cu,k} \tag{4.20a}$$

$$f_{cu,min} \geqslant \lambda_4 f_{cu,k} \tag{4.20b}$$

式中：λ_3、λ_4——合格评定系数，按表 4-25 取用。

表 4-25　混凝土强度的非统计法评定系数

混凝土强度等级	＜C60	≥C60
λ_3	1.15	1.10
λ_4	0.95	

当检验结果不能满足上述规定时，该批混凝土强度判为不合格。由不合格批混凝土

制成的结构或构件，应进行鉴定。对不合格的结构或构件必须及时处理。当对混凝土试件强度的代表性有怀疑时，可采用从结构或构件中钻取试件的方法或采用非破损检验方法，按有关标准的规定对结构或构件中混凝土的强度进行推定。

4.3.5 水泥混凝土路面合格强度（弯拉强度）的检验评定

一般规定的检查频率：高速公路和一级公路每工作班留 2～4 组试件，日进度小于 500m，取 2 组；大于等于 500m，取 3 组；大于等于 1000m，取 4 组。其他公路每工作班留 1～3 组试件，日进度小于 500m，取 1 组；大于等于 500m，取 2 组；大于等于 1000m，取 3 组。每组 3 个试件的平均值作为一个统计数据。

试件组数大于 10 组时，混凝土平均弯拉强度合格判断式为

$$\overline{f}_{cf}=f_{cu,k}+K\sigma \tag{4.21}$$

式中：$\overline{f}_{cf}$ ——混凝土合格判定平均弯拉强度，MPa；

$f_{cu,k}$ ——混凝土设计弯拉强度标准值，MPa；

K ——合格判定系数（表 4-26）；

σ ——混凝土弯拉强度标准差。

表 4-26　合格判定系数

试件组数	11～14	15～19	≥20
K	0.75	0.70	0.65

1）当试件组数大于 20 组时，高速公路和一级公路水泥混凝土路面最小弯拉强度均不得小于 0.85 $f_{cf,k}$。其他公路允许有一组最小弯拉强度小于 0.85 $f_{cf,k}$，但不得小于 0.75 $f_{cf,k}$。试件组数为 11～19 组时，允许有一组最小弯拉强度小于 0.85 $f_{cf,k}$，但不得小于 0.75 $f_{cf,k}$。

2）试件组数小于或等于 10 组时，试件平均弯拉强度不得小于 1.00 $f_{cf,k}$，任一组试件的最小弯拉强度均不得小于 0.85 $f_{cf,k}$。

3）当标准小梁合格判定平均弯拉强度、最小弯拉强度和统计偏差系数中有一个数据不符合上述要求时，应在不合格路段每公里车道钻取 3 个以上 D=15cm 的岩芯，实测其劈裂抗拉强度，通过式（4.22）换算弯拉强度。

$$f_{cf}=1.868f_{sp}^{0.871} \tag{4.22}$$

式中：f_{cf} ——小梁的弯拉强度，MPa；

f_{sp} ——圆柱体（D=15cm）的劈裂抗拉强度，MPa。

其平均弯拉强度和最小值必须合格。

4.3.6 混凝土耐久性的检验评定

混凝土耐久性是混凝土质量的重要方面，根据《混凝土耐久性检验评定标准》

（JGJ/T 193—2009）的规定，混凝土耐久性检验评定的项目可包括抗冻性能、抗水渗透性能、抗硫酸盐侵蚀性能、抗氯离子渗透性能和抗碳化性能等。当混凝土需要进行耐久性检验评定时，检验评定的项目及等级应根据设计要求确定。

进行耐久性评定的混凝土，其强度应满足设计要求。一个检验批的混凝土强度等级、龄期、生产工艺和配合比应相同，混凝土的耐久性应根据各耐久性检验项目的检验结果分项评定，符合设计要求的项目，可评定为合格，全部耐久性项目检验合格，则该检验批混凝土耐久性可评定为合格。

对于被评定为不合格的耐久性检验项目，应进行专项评审，并对该检验批的混凝土提出处理意见。

4.4 普通混凝土的配合比设计

混凝土配合比是指混凝土中各组成材料数量之间的比例关系，常用的表示方法有两种：一种是以每立方米混凝土中各项材料的质量表示，如水泥 300kg、水 180kg、砂 720kg、石子 1200kg，其每立方米混凝土总质量为 2400kg；另一种表示方法是以各项材料相互间的质量比来表示（以水泥质量为 1 为例，换算成质量比为水泥∶砂∶石=1∶2.4∶4，水灰比=0.60）。

4.4.1 混凝土配合比设计的基本要求

设计混凝土配合比的任务，就是要根据原材料的技术性能及施工条件合理选择原材料，并确定出能满足工程技术经济指标的各项组成材料的用量。具体说，混凝土配合比设计的基本要求是：

1）满足混凝土结构设计的强度等级。

2）满足施工所要求的混凝土拌和物的和易性。

3）满足混凝土结构设计中耐久性要求指标（如抗冻等级、抗渗等级和抗侵蚀性等）。

4）节约水泥和降低混凝土成本。

4.4.2 混凝土配合比设计中的三个参数

混凝土配合比设计，实质上就是确定水泥、水、砂与石子这四项基本组成材料用量之间的三个比例关系，即：水与水泥之间的比例关系，常用水灰比表示；砂与石子之间的比例关系，常用砂率表示；水泥浆与骨料之间的比例关系，常用单位用水量（1m^3 混凝土的用水量）来反映。水灰比、砂率、单位用水量是混凝土配合比的三个重要参数，因为这三个参数与混凝土的各项性能之间有着密切的关系，在配合比设计中正确地确定这三个参数，就能使混凝土满足上述设计要求。

4.4.3 混凝土配合比设计的基本资料

混凝土配合比设计之前，首先应掌握原材料的技术性能、混凝土技术要求及施工条件和管理水平等相关的基本资料。

1）原材料的技术性能包括水泥品种和实际强度、密度；砂、石的种类、表观密度、堆积密度和含水率；砂的级配和粗细程度；石子的级配和最大粒径；拌和水的水质及水源；外加剂的品种、特性和适宜用量。

2）混凝土的技术要求包括和易性要求、强度等级和耐久性要求（如抗冻、抗渗、耐磨等性能要求）。

3）施工条件和管理水平包括搅拌和振捣方式、构件类型、最小钢筋净距、施工组织和施工季节、施工管理水平等。

4.4.4 混凝土配合比设计的步骤

混凝土配合比设计包括初步配合比计算、试配和调整等步骤。

1. 初步配合比的计算

按选用的原材料性能及对混凝土的技术要求进行初步配合比的计算，以便得出供试配用的配合比。

（1）配制强度的确定

为了使混凝土强度具有要求的保证率，必须使其配制强度高于所设计的强度等级值。

因 $m_{fcu}=f_{\mathrm{cu,k}}-t\sigma$，令配制强度 $f_{\mathrm{cu,0}}=m_{fcu}$，则 $f_{\mathrm{cu,0}}=f_{\mathrm{cu,k}}-t\sigma$

因为 $C_{\mathrm{V}}=\sigma/m_{fcu}$，则

$$f_{\mathrm{cu,0}}=\frac{f_{\mathrm{cu,k}}}{1+tC_{\mathrm{V}}}$$

式中：$f_{\mathrm{cu,0}}$——混凝土的配制强度，MPa；

$f_{\mathrm{cu,k}}$——设计的混凝土立方体抗压强度标准值，MPa；

σ——混凝土强度标准差，MPa；

C_{V}——混凝土强度变异系数；

t——概率度。

当设计要求的混凝土强度等级已知，混凝土的配制强度则可按下式确定。

$$f_{\mathrm{cu,0}}=f_{\mathrm{cu,k}}-t\sigma$$

根据《混凝土结构工程施工规范》（GB 50666—2011）和《普通混凝土配合比设计规程》（JGJ 55—2011）的规定：$f_{\mathrm{cu,0}}\geqslant f_{\mathrm{cu,k}}+1.645\sigma$，即混凝土强度的保证率为95%，对应 $t=-1.645$。混凝土强度标准差应根据施工单位统计资料，按下列规定确定。

当施工单位具有近期的同一品种混凝土强度资料时，其混凝土强度标准差应按

式（4.23）计算。

$$\sigma = \sqrt{\frac{\sum_{i=1}^{n} f_{cu,i}^2 - nm_{fcu}^2}{n-1}} \tag{4.23}$$

式中：$f_{cu,i}$——统计周期内同一品种混凝土第 i 组试件的强度值，MPa；

m_{fcu}——同一品种混凝土 n 组强度的平均值，MPa；

n——统计周期内同一品种混凝土试件的总组数，$n \geqslant 25$。

当混凝土强度等级为 C20、C25，其强度标准差计算值低于 2.5MPa 时，计算配制强度用的标准差应取不小于 2.5MPa；当强度等级等于或大于 C30 级，其强度标准差计算值低于 3.0MPa 时，计算配制强度用的标准差应不小于 3.0MPa。“同一品种混凝土”系指混凝土强度等级相同且生产工艺和配合比基本相同的混凝土。

当施工单位不具有近期的同一品种混凝土强度资料时，其混凝土强度标准差可按表 4-27 取用。遇有下列情况时应适当提高混凝土配制强度：①现场条件与试验条件有显著差异时；②重要工程和对混凝土有特殊要求时；③C30 级及其以上强度等级的混凝土，工程验收可能采用非统计方法评定时。

表 4-27　σ 值

混凝土强度等级	低于 C20	C20～C35	高于 C35
σ /MPa	4.0	5.0	6.0

（2）初步确定水灰比值 $\left(\frac{W}{C}\right)$

根据已测定的水泥实际强度、粗集料种类及所要求的混凝土配制强度 $f_{cu,0}$，可由公式（4.24）计算出所要求的水灰比值（适用于混凝土强度等级小于 C60）。

$$\frac{W}{C} = \frac{Af_{ce}}{f_{cu,0} + A \cdot B \cdot f_{ce}} \tag{4.24}$$

为了保证混凝土必要的耐久性，水灰比不得大于表 4-21 中规定的最大水灰比值，如计算所得的水灰比大于规定的最大水灰比值时，应取规定的最大水灰比值。

（3）选取每立方米混凝土的用水量（W_0）

用水量的多少主要根据所要求的混凝土坍落度值及所用骨料的种类、规格来选择。应先考虑工程种类与施工条件，按表 4-19 确定适宜的坍落度值，再参考表 4-20 定出每立方米混凝土的用水量。

单位用水量也可按式（4.25）大致估算。

$$W_0 = \frac{10}{3}(T + K) \tag{4.25}$$

式中：W_0——每立方米混凝土用水量，kg；

T——混凝土拌和物的坍落度，cm；

K——系数，取决于粗集料种类与最大粒径，可参考表 4-28 取用。

表 4-28 混凝土单位用水量公式中的 K 值

系数	碎石				卵石			
	最大粒径/mm							
	10	20	40	80	10	20	40	80
K	57.5	53.0	48.5	44.0	54.5	50.0	45.5	41.0

注：① 采用火山灰硅酸盐水泥时，增加 4.5～6.0。

② 采用细砂时，增加 3.0。

（4）计算混凝土的单位水泥用量（C_0）

根据已选定的每立方米混凝土用水量（W_0）和水灰比值$\left(\dfrac{W}{C}\right)$，可求水泥用量（$C_0$）：

$$C_0 = \frac{W}{C} \times W_0 \tag{4.26}$$

为保证混凝土的耐久性，由式（4.26）计算得出的水泥用量还要满足表 4-21 中规定的最小水泥用量的要求。如算得的水泥用量少于规定的最小水泥用量，则应取规定的最小水泥用量值。

（5）选取合理的砂率值（S_p）

合理的砂率值主要应根据混凝土拌和物的坍落度、黏聚性及保水性等特征来确定。一般应通过试验找出合理砂率。如无使用经验，则可按骨料种类、规格及混凝土的水灰比，参考表 4-20 选用合理砂率。坍落度小于 10mm 或大于 60mm 的混凝土砂率确定，见本章 4.2 节。

另外，砂率也可根据以砂填充石子空隙并稍有富余，以拨开石子的原则来确定。根据此原则可列出砂率计算公式为

$$S_p = \frac{S}{S+G};\ V_{os} = V_{og} \cdot P'$$

$$\begin{aligned} S_p &= \beta \frac{S}{S+G} = \beta \frac{\rho'_{os} \cdot V_{os}}{\rho'_{os} V_{os} + \rho'_{og} V_{og}} \\ &= \beta \frac{\rho'_{os} V_{og} \cdot P'}{\rho'_{os} V_{og} \cdot P' + \rho'_{og} V_{og}} = \beta \frac{\rho'_{os} \cdot P'}{\rho'_{os} P' + \rho'_{og}} \end{aligned} \tag{4.27}$$

式中：S_p——砂率，%；

S，G——每 1m^3 混凝土中砂及石子用量，kg；

V_{os}，V_{og}——每 1m^3 混凝土中砂及石子堆积体积，m^3；

ρ'_{os}，ρ'_{og}——砂和石子堆积密度，kg/m^3；

P'——石子空隙率，%；

β——砂浆剩余系数，又称拨开系数，一般取 1.1～1.4。

（6）计算粗、细集料的用量

粗、细集料的用量可用体积法或假定表观密度法求得。

1）体积法。假定混凝土拌和物的体积等于各组成材料绝对体积和混凝土拌和物中所含空气的体积之总和。因此在计算 1m^3 混凝土拌和物的各材料用量时，可列出下式

$$\frac{C_0}{\rho_c}+\frac{G_0}{\rho_{og}}+\frac{S_0}{\rho_{os}}+\frac{W_0}{\rho_w}+10a=1000L \tag{4.28a}$$

又根据已知的砂率可列出下式

$$\frac{S_0}{S_0+G_0}\times 100\%=S_p\% \tag{4.28b}$$

式中：C_0——1m^3 混凝土的水泥用量，kg；

G_0——1m^3 混凝土的粗集料用量，kg；

S_0——1m^3 耐混凝土的细骨料用量，kg；

W_0——1m^3 混凝土的用水量，kg；

ρ_c——水泥密度，g/cm^3；

ρ_{og}——粗集料表观密度，g/cm^3；

ρ_{os}——细集料表观密度，g/cm^3；

ρ_w——水的密度，g/cm^3；

a——混凝土含气量百分数（%），在不使用引气型外加剂时，a 可取为 1；

S_p——砂率，%。

由以上两个关系式可求出粗、细集料的用量。

2）假定表观密度法（质量法）。根据经验，如果原材料情况比较稳定，所配制的混凝土拌和物的表观密度将接近一个固定值，这就可先假设（即估计）一个混凝土拌和物表观密度 $\rho_{oh}(\text{kg}/\text{m}^3)$，因此可列出下列公式

$$C_0+G_0+S_0+W_0=\rho_{oh} \tag{4.28c}$$

同样根据已知砂率可列出下式

$$\frac{S_0}{S_0+G_0}\times 100\%=S_p\% \tag{4.28d}$$

由以上两个关系式可求出粗、细集料的用量。

在上述关系式中，ρ_c 取 2.9～3.1；$\rho_w=1.0$；ρ_{og} 和 ρ_{os} 应由试验测得；ρ_{ch} 可根据累积的试验资料确定，在无资料时可根据骨料的近似密度、粒径以及混凝土强度等级，在 2400～2450 kg/m^3 的范围内选取。

通过以上 6 个步骤便可将水、水泥、砂和石子的用量全部求出，得到初步配合比，供试配用。

注：以上混凝土配合比计算公式和表格，均以干燥状态骨料为基准（干燥状态骨料系指含水率小于 0.5%的细集料或含水率小于 0.2%的粗集料），如须以饱和面干骨料为基

准进行计算时，则应作相应的修改。

2. 配合比的试配、调整与确定

（1）配合比的试配、调整

以上求出的各材料的用量，是借助于一些经验公式和数据计算出来，或是利用经验资料查得，因而不一定能够符合实际情况。在工程中，应采用工程中实际使用的原材料，混凝土的搅拌、运输方法也应与生产时使用的方法相同。通过试拌调整，直到混凝土拌和物的和易性符合要求为止，然后提出供检验混凝土强度用的基准配合比。以下介绍和易性的调整方法。

按初步配合比称取材料进行试拌，混凝土拌和物搅拌均匀后应测定坍落度。并检查其黏聚性和保水性的好坏，如坍落度不满足要求，或黏聚性和保水性不好时，则应在保持水灰比不变的条件下相应调整用水量或砂率。当坍落度低于设计要求，可保持水灰比不变，增加适量水泥浆。如坍落度太大，可在保持砂率不变条件下增加骨料。如出现含砂不足，黏聚性和保水性不良时，可适当增大砂率；反之应减小砂率，每次调整后再试拌，直到符合要求为止。当试拌调整工作完成后应测出混凝土拌和物的表观密度。

经过和易性调整试验得出的混凝土基准配合比，其水灰比值不一定选用恰当，其结果是强度不一定符合要求，所以应检验混凝土的强度。一般采用三个不同的配合比，其中一个为基准配合比，另外两个配合比的水灰比值应较基准配合比分别增加及减少 0.05，其用水量应该与基准配合比相同，砂率值可分别增加或减少 1%。每种配合比制作一组（三块）试块，标准养护 28d 试压，在制作混凝土强度试块时，还须检验混凝土拌和物的和易性及测定表观密度，并以此结果作为代表这一配合比的混凝土拌和物的性能。

注：在有条件单位可同时制作一组或几组试块，供快速检验或较早龄期时试压，以便提前定出混凝土配合比供施工使用，但之后仍必须以标准养护 28d 的检验结果为准，调整配合比。

（2）配合比的确定

由试验得出的各灰水比值时的混凝土强度，用作图法或计算求出与之相对应的灰水比值，并按下列原则确定每立方米混凝土的材料用量。

用水量（W）——取基准配合比中的用水量值，并根据制作强度试块时测得的坍落度（或维勃稠度）值，加以适当调整；

水泥用量（C）——取用水量乘以经试验定出的、为达到所必需的灰水比值；

粗、细集料用量（G）及（S）——取基准配合比中的粗、细集料用量，并按定出的水灰比值作适当调整。

（3）混凝土表观密度的校正

配合比经试配、调整确定后，还需根据实测的混凝土表观密度做必要的校正，其步骤如下。

计算出混凝土的计算表观密度值（$\rho_{ch计}$）

$$\rho_{ch计}=C+W+S+G \tag{4.29}$$

将混凝土的实测表观密度值（$\rho_{ch实}$）除以计算表观密度值（$\rho_{ch计}$）得出校正系数δ，即

$$\delta=\frac{\rho_{ch实}}{\rho_{ch计}} \tag{4.30}$$

当$\rho_{ch实}$与$\rho_{ch计}$之差的绝对值不超过$\rho_{ch计}$的2%时，由以上定出的配合比，即为确定的设计配合比；若二者之差超过 2%时，则须将已定出的混凝土配合比中每项材料用量均乘以校正系数，即为最终定出的设计配合比。

另外，通常简易的做法是通过试压，选出既满足混凝土强度要求，水泥用量又较少的配合比为所需的配合比，再做混凝土表观密度的校正。

对有特殊要求的混凝土，如抗渗等级不低于 P6 级的抗渗混凝土、抗冻等级不低于 F50 级的抗冻混凝土、高强混凝土、大体积混凝土等，其混凝土配合比设计应按《普通混凝土配合比设计规程》（JGJ 55—2011）有关规定进行。

3. 施工配合比

设计配合比是以干燥材料为基准的，而工地存放的砂、石材料都含有一定的水分。所以现场材料的实际称量应按工地砂、石的含水情况进行修正，修正后的配合比，叫作施工配合比。工地存放的砂、石的含水情况常有变化，应按变化情况，随时加以修正。现假定工地测出砂的含水率为W_s、石子的含水率为W_g，则将上述设计配合比换算为施工配合比，其材料的称量应为

$$\left.\begin{aligned}&C'=C(\text{kg})\\&S'=S(1+W_s)(\text{kg})\\&G'=G(1+W_g)(\text{kg})\\&W'=W-S\cdot W_s-G\cdot W_g(\text{kg})\end{aligned}\right\} \tag{4.31}$$

4.4.5 掺减水剂混凝土配合比设计

在混凝土中掺入减水剂，一般有以下几方面考虑：改善混凝土拌和物的和易性；提高混凝土的强度；节省水泥。无论何种考虑，掺减水剂混凝土配合比设计均是以基准混凝土（此处指未掺减水剂的水泥混凝土）配合比为基础，进行必要的计算调整。基准混凝土配合比设计的计算方法与普通混凝土配合比设计的计算方法相同。以下简述有关计算调整的方法。

1）当掺入减水剂只是为了改善混凝土拌和物的和易性时，混凝土中各材料用量与基准混凝土相同，为使拌和物黏聚性和保水性良好，应适当增大砂率，根据改变后的砂率，重新计算出粗、细集料的用量，再经过试配和调整（其过程参照普通混凝土配合比设计）确定出设计配合比。

2）当掺入减水剂是为提高混凝土强度时，设基准混凝土的配合比中各种材料用

量：水泥（C_0）、水（W_0）、砂（S_0）、石（G_0）。其中砂率为S_p，混凝土计算表观密度（$\rho_{ch计}$），减水剂的减水率 $a\%$，掺量 $b\%$，则

$$水泥用量 C = C_0 \tag{4.32}$$

$$用水量 W = W_0 - (1 - a\%) \tag{4.33}$$

$$减水剂用量=C \times b\% \tag{4.34}$$

砂率适当减小，确定为S'_p

$$砂、石总用量 S + G = \rho_{ch计} - C - W \tag{4.35}$$

$$砂用量 S = (\rho_{ch计} - C - V) \times S_p \tag{4.36}$$

$$石用量 G = (\rho_{ch计} - C - V) \times (1 - S_p) \tag{4.37}$$

以上通过计算得出的掺减水剂混凝土配合比，再经试配与调整（试配调整过程与普通混凝土相同），调整后的配合比为设计配合比。

3）当掺入减水剂主要为节约水泥时，设基准混凝土配合比中各材料用量：水泥（C_0）、水（W_0）、砂（S_0）、石（G_0）、砂率（S_p）、计算表观密度（$\rho_{ch计}$）。

水灰比$\left(\dfrac{W}{C}\right)$与基准混凝土强度相等，故$\dfrac{W}{C}=\dfrac{W_0}{C_0}$。

用水量（W）：维持坍落度与基准混凝土相同，则可降低用水量。设减水剂的减水率为 $a\%$。

则用水量
$$W=W_0 \times (1-a\%) \tag{4.38}$$

水泥用量
$$C = \frac{W}{\left(\dfrac{W_0}{C_0}\right)} \tag{4.39}$$

砂、石总用量
$$(S+G): S + G = \rho_{ch计} - C - W \tag{4.40}$$

砂用量（S）
$$S = (\rho_{ch计} - C - V) \times S_p \tag{4.41}$$

石用量（G）
$$G = (\rho_{ch计} - C - V) \times (1 - S_p) \tag{4.42}$$

同样，以上计算出的配合比须经试配调整（试配调整过程与普通混凝土相同），调整后的配合比方为设计配合比。

4.5 其他品种混凝土

第二次世界大战结束后，全球经济开始复苏，城市建设和工业建设迅速发展，对水泥及混凝土的需求越来越大，性能要求越来越高，如大跨度结构和高层建筑要求混凝土有更高的强度；地下工程、基础工程、水利工程和港口工程要求混凝土有更好的抗渗性能和抗腐蚀性能；房屋建筑工程要求混凝土具有良好的保温隔热和隔声性能；化工工业要求混凝土具有抗各种腐蚀介质（酸、碱、盐）的耐蚀性能；冶金建材工业要求混凝土具备耐热性；核工业发展要求混凝土具有防辐射性；公路建设要求混凝土具有高抗裂性、

高耐磨性和抗冻性等。现代经济和工业的发展促进了混凝土技术的发展，混凝土技术的发展又反过来促进了工业及科技的更大进步。进入20世纪70年代后，混凝土外加剂和矿物掺合料在混凝土中得到普遍应用，使混凝土技术进入了一个新阶段。同时，许多能满足不同工程要求的混凝土得到了研制、开发和应用。这些混凝土都是在普通混凝土的基础上发展而来，但又不同于普通混凝土。它们或因材料组成不同或因施工工艺不同而具有某些特殊性能。本节只对工程上应用较多的几种加以介绍，并且把侧重点放在材料组成、技术特点、工程应用、配合比设计要点及使用注意事项几个方面。

4.5.1 粉煤灰混凝土

粉煤灰是现代混凝土中应用最普遍的矿物掺合料。粉煤灰颗粒多为圆球形，表面光滑、级配良好。掺入混凝土后，粉煤灰颗粒均匀分布于水泥浆体中，能有效阻止水泥颗粒间的相互黏结，显著改善混凝土的和易性和泵送性能；粉煤灰中的活性成分与水泥水化产生的氢氧化钙发生反应，所生成的水化产物填充于混凝土的孔隙之中，不仅使密实性增强、强度提高，而且还可减少水泥石中氢氧化钙的含量，改善混凝土的抗硫酸盐侵蚀性能和抗软水侵蚀性能。在混凝土中掺入粉煤灰，还可实现降低混凝土的水化热温升，提高抗裂性；利用工业废料，减轻环境污染；节约水泥，降低工程造价等目的。

粉煤灰混凝土的突出优点是后期性能优越，尤其适用于不受冻的海港工程和早期强度要求不太高的大体积工程，如高层建筑的地下部分、大型设备基础和大多数预拌混凝土工结构工程。水利工程中的大坝混凝土几乎全部掺用粉煤灰，大多数混凝土搅拌站为了改善混凝土的泵送性能及其他性能，也把粉煤灰作为矿物掺合料。

用于混凝土中的粉煤灰，按其质量分为三个等级，其品质标准应符合规范规定。

为了保证粉煤灰混凝土的强度和耐久性，粉煤灰取代水泥量一般不宜超过表4-29规定的最大限量。

表4-29 粉煤灰取代水泥的最大限量

混凝土种类	粉煤灰取代水泥的最大限量/%			
	硅酸盐水泥	普通水泥	矿渣水泥	火山灰水泥
预应力混凝土	25	15	10	—
钢筋混凝土，高强混凝土，抗冻混凝土，蒸养混凝土	30	25	20	15
低强度混凝土，泵送混凝土，大体积混凝土，地下、水下混凝土	50	40	30	15
碾压混凝土	65	55	45	35

根据掺用粉煤灰的目的不同，一般有超量取代法、等量取代法和外加法三种方法。

超量取代法的粉煤灰掺量大于所取代的水泥量，多出的粉煤灰取代等体积的砂，取代砂的粉煤灰所获得的强度增强效应，用以补偿粉煤灰取代水泥所降低的早期强度，从而保证粉煤灰混凝土的强度等级。

等量取代法的粉煤灰掺量等于所取代的水泥量，早期强度会有所降低，但随着龄期的增长，粉煤灰的活性效应会使其强度逐渐赶上并超过普通混凝土，因此多用于早期强度要求不高的混凝土，如水利工程中的大体积混凝土。

外加法又称粉煤灰代砂法，是指掺入粉煤灰后水泥用量并不减少，用粉煤灰取代等体积的砂。主要适用于水泥用量较少、和易性较差的低强度等级混凝土。

掺粉煤灰混凝土的配合比按体积法计算。首先，按照设计要求的混凝土强度等级设计普通混凝土的配合比，作为基准混凝土（即未掺粉煤灰的水泥混凝土）配合比，其方法与普通混凝土配合比设计方法相同。然后，在此基础上进行掺粉煤灰混凝土配合比的设计。

1. 等量取代法配合比计算方法

1）根据基准混凝土中各材料的用量，选定与基准混凝土相同或稍低的水灰比。

2）根据确定的粉煤灰等量取代水泥量[f（%）]和基准混凝土水泥用量（C_0），按下式计算粉煤灰用量（F）和水泥用量（C）：

$$\begin{aligned} F &= C_0 \times f(\%) \\ C &= C_0 - F \end{aligned} \tag{4.43}$$

3）粉煤灰混凝土的用水量（W）：

$$W = \frac{W_0}{C_0}(C + F) \tag{4.44}$$

4）水泥和粉煤灰的浆体体积（V_{P}）：

$$V_{\mathrm{P}} = \frac{C}{\rho_{\mathrm{C}}} + \frac{F}{\rho_{\mathrm{F}}} + \frac{W}{\rho_{\mathrm{W}}} \tag{4.45}$$

5）砂和石子的总体积（V_{A}）：

$$V_{\mathrm{A}} = 1 - 0.01\alpha - V_{\mathrm{p}} \tag{4.46}$$

式中：α——混凝土含气量百分数，%。

6）选用与基准混凝土相同或稍低的砂率、砂和石子的用量：

$$\left.\begin{aligned} S &= V_{\mathrm{A}} \times S_{\mathrm{p}} \times \rho_{\mathrm{os}} \\ G &= V_{\mathrm{A}} \times (1 - S_{\mathrm{p}}) \times \rho_{\mathrm{og}} \end{aligned}\right\} \tag{4.47}$$

式中：$\rho_{\mathrm{os}}, \rho_{\mathrm{og}}$——砂和石子的表观密度，$\mathrm{kg/m^3}$。

7）$1\mathrm{m}^3$ 粉煤灰混凝土中各种材料用量为：C、F、W、S、G。

2. 超量取代法配合比计算方法

超量取代法是以与基准混凝土等和易性、等强度原则进行配合比计算调整。

1）根据基准混凝土计算出的各种材料用量。

2）选取粉煤灰取代水泥率，参照表 4-30 选取超量系数，对各种材料进行计算调整。

表 4-30　粉煤灰超量系数

粉煤灰级别	I 级	II 级	III 级
超量系数（K）	1.1～1.4	1.3～1.7	1.5～2.0

3）粉煤灰取代水泥量（F）、粉煤灰掺量（F_t）及超量部分质量（F_e）

$$\left.\begin{aligned} F &= C_0 \times f(\%) \\ F_t &= K \times F \\ F_e &= (K-1) \times F \end{aligned}\right\} \tag{4.48}$$

4）水泥的质量（C）

$$C = C_0 - F \tag{4.49}$$

5）调整后砂的质量(S_e)

$$S_e = S_0 - \frac{F}{\rho} \times \rho_{os} \tag{4.50}$$

6）1m^{3}粉煤灰混凝土中各种材料用量为：C、F_t、S_e、W_0、G_0。

3. 外加法（粉煤灰代砂）配合比设计方法

1）根据基准混凝土计算出的各种材料用量（C_0、W_0、S_0、G_0），选定外加粉煤灰掺入率[$f_m(\%)$]。

2）对各种材料进行计算调整。

外加粉煤灰的质量(F_m)　　$F_m = C_0 \times f_m(\%)$　　(4.51)

砂的质量(S_m)　　$S_m = S_0 - \dfrac{F_m}{\rho_t} \times \rho_{os}$　　(4.52)

3）1m^{3}粉煤灰混凝土中各种材料用量为：C_0、F_0、S_0、W_0、G_0。

需要特别指出的是，以上根据计算得出的粉煤灰混凝土配合比，必须通过试配调整和强度检验，由于不同厂家、不同级别的粉煤灰的活性存在很大差别，掺粉煤灰混凝土的强度检验比普通混凝土更为重要。

4. C30 粉煤灰混凝土初步配合比设计实例

配合比按照《粉煤灰混凝土应用技术规范》(GB/T 50146—2014）附录 3 计算，采用等量法计算配合比。

（1）确定混凝土的配制强度 R_h

根据规范附表 3.1，σ_0 取 5。

$$R_h = R_0 + \sigma_0 = 30 + 5 = 35 (\text{MPa})$$

（2）确定水灰比 $\dfrac{W}{C}$

$$R_h = A \cdot R_c \cdot \left(\frac{C}{W} - B\right)$$

采用碎石 $A=0.46, B=0.52$

$$\frac{C}{W}=\frac{R_{\mathrm{h}}}{A\cdot R_{\mathrm{c}}}+B=\frac{35}{0.46\times 42.5}+0.52=2.31$$

$$\frac{W}{C}=0.433$$

（3）确定 $1\mathrm{m}^3$ 混凝土用水量 W_0

骨料最大粒径为 40mm，坍落度为 180mm，选择 $W_0=165\mathrm{kg}/\mathrm{m}^3$。

（4）确定砂率

砂率计算过程同 C20 泵送混凝土的砂率计算过程，取 $S_{\mathrm{p}}=0.40$，符合技术规范的规定。

（5）确定 $1\mathrm{m}^3$ 混凝土水泥用量 C_0

$$C_0=\frac{C}{W}\times W_0=2.31\times 165=381.15\mathrm{kg}$$

（6）粉煤灰用量 F_0

取代水泥量为 20%。

$$F=C_0\times f(\%)=381.15\times 20\%=76.23\mathrm{kg}$$

$$C=C_0-F=381.15-76.23=304.92\mathrm{kg}$$

（7）等量取代后的用水量

$$W=\frac{W_0}{C_0}(C+F)=165\mathrm{kg}$$

（8）确定水泥浆的体积 V_{p}

$$V_{\mathrm{p}}=\frac{C}{r}+\frac{F}{r}+W=\frac{304.92}{3.1}+\frac{76.23}{2.7}+165=291.59\mathrm{m}^3$$

（9）计算砂和石料的总体积 V_{A}

$$V_{\mathrm{A}}=1000(1-\alpha)-V_{\mathrm{p}}=1000(1-2\%)-291.59=688.41\mathrm{m}^3$$

（10）计算 $1\mathrm{m}^3$ 混凝土的砂用量 S_0 和石子用量 G_0

$$S_0=V_{\mathrm{A}}\times Q_{\mathrm{S}}\times r_{\mathrm{s}}=688.41\times 2.64\times 40\%=726.96\mathrm{kg}$$

$$G_0=V_{\mathrm{A}}(1-Q_{\mathrm{S}})r_{\mathrm{g}}=688.41(1-40\%)\times 2.67=1102.83\mathrm{kg}$$

（11）C30 泵送混凝土的初步配合比

由上述知，$1\mathrm{m}^3$ 混凝土中各材料用量为：水泥 304.92kg，粉煤灰 76.23kg，水 165kg，砂 726.96kg，石子 1102.83kg。

C30 泵送混凝土的初步配合比为：$C_0:F_0:S_0:G_0=1:0.2:2.38:3.62$，水灰比为 $\frac{W}{C}=0.433$。

4.5.2 泵送混凝土

泵送混凝土是指混凝土拌和物在混凝土泵的推动下，沿输送管道进行输送并在管道出口处直接浇注的混凝土。泵送混凝土适用于场地狭窄的施工现场及大体积混凝土结构物和高层建筑的施工，是国内外建筑施工中广泛使用的一种混凝土。

泵送混凝土必须具有良好的可泵性，即混凝土拌和物在输送过程中能顺利通过管道，摩擦阻力小，不离析、不阻塞和均匀、稳定、良好的性能。一般用坍落度值和相对压力泌水率来评定。

泵送混凝土配合比设计与普通混凝土相同，但在配合比设计过程中应注意以下几点。

1. 相对泌水率和坍落度

泵送混凝土的相对泌水率不宜大于 40%。

根据泵送高度的不同，泵送混凝土的坍落度一般为 100～200mm，可参照表 4-20 选用。泵送混凝土的试配坍落度应满足如下要求。

$$T_t = T_P + \Delta t \tag{4.53}$$

式中：T_t ——试配时要求的坍落度，mm；

T_P ——浇筑前要求的入泵坍落度值，mm；

Δt ——运输过程中预计的坍落度经时损失，mm。

2. 原材料和配合比参数

泵送混凝土应掺用泵送剂、高效减水剂和粉煤灰、磨细矿渣等矿物掺合料，最小胶凝材料用量（包括水泥和矿物掺合料）不宜少于 300kg/m^3。

泵送混凝土应选择具有连续级配且级配良好的粗集料，还要严格控制骨料中针、片状颗粒含量，最大骨料粒径宜小于输送管道管径的 1/3，细集料也应具有良好级配，尽量采用细度模数为 2.5～3.0 的中砂。

泵送混凝土的水灰比宜为 0.40～0.60。

泵送混凝土的砂率应比普通混凝土高 2%～5%，宜为 38%～45%。

3. C20 泵送混凝土初步配合比设计

配合比按照《普通混凝土配合比设计规程》（JGJ 55—2011）计算。

（1）确定混凝土的配制强度

$$f_{cu,0} = f_{cu,k} - t\sigma = f_{cu,k} + 1.645\sigma = 20 + 1.645 \times 5 = 28.225(\text{MPa})$$

（2）确定水灰比

$$\frac{W}{C} = \frac{A \cdot f_{ce}}{f_{cu,0} + A \cdot B \cdot f_{ce}} = \frac{0.46 \times 42.5}{28.225 + 0.46 \times 0.52 \times 42.5} = 0.509$$

（3）确定 1m^3 混凝土用水量

泵送混凝土的坍落度为 180mm，查相关规程表，取用水量为 225kg。

（4）确定 1m^3 混凝土水泥用量

$$C_0 = \frac{C}{W} \times W_0 = 442\text{kg}$$

（5）确定砂率

石子表观密度 $\rho_{og}=2670\text{kg}/\text{m}^3$，堆积密度 $\rho'_{og}=1405\text{kg}/\text{m}^3$

砂表观密度 $\rho_{os}=2640\text{kg}/\text{m}^3$，堆积密度 $\rho'_{os}=1540\text{kg}/\text{m}^3$

$$p'=(1-\frac{\rho'_{og}}{\rho_{og}})\times 100\%=\left(1-\frac{1450}{2670}\right)\times 100\%=0.47378$$

$$S_p=\beta\frac{\rho'_{os}p'}{\rho'_{os}p+\rho'_{og}}$$

当取 $\beta=1.1$ 时，$S_p=0.37598$；当取 $\beta=1.2$ 时，$S_p=0.41016$，取 $S_p=0.40$，粗集料最大粒径为40mm，此砂率满足《普通混凝土配合比设计规程》（JGJ 55—2011）中的规定。

（6）计算 1m^3 混凝土的砂用量 S_0 和石子用量 G_0

采用体积法计算。根据《普通混凝土配合比设计规程》（JGJ 55—2011）5.5.2，取 $\alpha=1$，则

$$\frac{422}{3100}+\frac{S_0}{2640}+\frac{G_0}{2670}+\frac{225}{1000}+0.01\times 1=1$$

$$\beta_s=\frac{S_0}{S_0+G_0}\times 100\%=40\%$$

求解该方程组，解得 $S_0=661.7\text{kg}$，$G_0=992.5\text{kg}$。

（7）C20泵送混凝土的初步配合比

由上述知，1m^3 混凝土中各材料用量为：水泥442kg，水225kg，砂661.7kg，石子992.5kg。

C20泵送混凝土的初步配合比为：$C_0:S_0:G_0=1:1.50:2.245$，水灰比为 $\frac{W}{C}=0.509$。

4.5.3 水泥路面混凝土

水泥路面混凝土要求具有较好的抗冲击性能和耐磨性能。其配合比设计步骤和过程与普通混凝土相同，但强度指标、设计方法和配合比参数的选取与普通混凝土不同，现简要介绍如下。

1. 配制强度

路面混凝土以抗弯拉强度为强度指标，其配制强度（$f_{cl,0}$）按式（4.54）计算。

$$f_{cl,0}=kf_{cl,k} \tag{4.54}$$

式中：$f_{cl,0}$——混凝土的配制抗折强度，MPa；

$f_{cl,k}$——混凝土的设计抗折强度，MPa；

k——系数，施工水平较高者 k=1.10，施工水平一般者 k=1.15。或根据强度保证率和混凝土抗折强度变异系数 C，按下式计算：$C=\frac{\sigma}{\overline{X}}\times 100\%$，式中：$\sigma$ 表示混凝土强度标准差，$\overline{X}$ 表示混凝土强度平均值。混凝土抗折强度变异系数应按施工单位统计强度偏差系数取值，无统计数据的情况下可从表4-31中选取。

表 4-31　混凝土抗折强度变异系数

施工管理水平	优秀	良好	一般	差
变异系数 C	<0.10	0.10～0.15	0.15～0.20	>0.20

2. 水灰比

根据混凝土粗集料品种、水泥抗折强度和混凝土抗折强度等已知参数，按以下混凝土抗折强度统计经验公式估算水灰比。

碎石混凝土：
$$\frac{W}{C}=1.5684/(f_{\mathrm{cl},0}+1.0097-0.3485f_s) \tag{4.55a}$$

式中：f_s——水泥平均实测 28d 抗折强度。

卵石混凝土：
$$\frac{W}{C}=1.2618/(f_{\mathrm{cl},0}+1.5492-0.4565f_s) \tag{4.55b}$$

式中：f_s——水泥平均实测 28d 抗折强度。

以上计算出的水灰比还必须满足耐久性要求的最大水灰比的规定：高速公路、一级公路不应大于 0.44；二、三级公路不应大于 0.48；有抗冻要求的高速公路、一级公路不宜大于 0.42；有抗盐冻要求的高速公路、一级公路不宜大于 0.40；有抗盐冻要求的二、三级公路不宜大于 0.44。

3. 混凝土的和易性

混凝土应具有与铺路机械相适应的和易性，以保证施工要求。施工中的稠度要求坍落度宜为 10～25mm。当坍落度小于 10mm 时，维勃稠度值宜为 10～30s。在搅拌设备离现场较远或夏季施工时，坍落度会逐渐降低，对此应予以适当调整。

4. 砂率

根据粗集料品种、规格（最大粒径）及水灰比等参数，可参考表 4-32 选取。

表 4-32　混凝土拌和物砂率的范围（%）

水灰比	碎石最大粒径/mm		卵石最大粒径/mm	
	20	40	20	40
0.40	29～34	27～32	25～31	24～30
0.50	32～37	30～35	29～34	28～33

注：① 表中数值为 a 区砂的选用砂率。当采用 I 区砂时，应采用较大砂率，采用 II 区砂时，应采用较小砂率。
② 当采用滑模施工时，应按滑模施工的技术规程规定选用砂率。

5. 单位用水量

按如下经验公式计算单位用水量。

碎石混凝土：
$$W_0=104.97+0.309H+11.27\frac{C}{W}+0.61S_{\mathrm{p}} \tag{4.56a}$$

卵石混凝土：
$$W_0=86.89+0.370H+11.24\frac{C}{W}+S_{\mathrm{p}} \tag{4.56b}$$

式中：W_0——混凝土的单位用水量，kg/m^3；

H——混凝土拌和物的坍落度，mm；

C/W——灰水比；

S_p——砂率，%。

水泥路面混凝土配合比设计中，用水量按骨料为饱和面干状态计算。骨料为干燥状态时应作适当调整，也可采用经验数值；当砂为粗砂或细砂及掺用外加剂或矿物掺合料时，用水量应酌情增减。

6. 水泥用量

路面混凝土应尽量选用铁铝酸四钙含量较高、铝酸三钙含量较低的水泥，以提高混凝土的抗折强度。路面混凝土水泥用量一般不少于 3.00kg/m^3，掺用粉煤灰时，最小水泥用量不应小于 250kg/m^3；有抗冰冻性和抗盐冻性要求时，最小水泥用量不应小于320kg/m^3；掺用粉煤灰时，最小水泥用量不应小于 270kg/m^3。

7. 粗、细集料的用量

粗集料应选择比较坚硬的石灰岩或火山岩。粗、细集料的用量按体积法确定，这里不再重述。

8. 配合比的试配、调整与确定

道路路面混凝土配合比的试配、调整与设计配合比的确定方法基本与普通混凝土的方法相同，唯一不同之处是应检验混凝土的抗折强度。为此，应同时配制满足和易性要求的较计算水灰比大 0.03 和小 0.03 的另外两组混凝土试件，试件尺寸为 150mm×150mm×550mm，最后选取符合抗折强度要求的配合比。

4.5.4 轻集料混凝土

用轻粗集料、轻砂（或普通砂）、水泥和水配制的混凝土，称为轻集料混凝土。粗、细集料均采用轻质材料配制的混凝土称为全轻混凝土，多用作保温材料或结构保温材料。用轻粗集料和普通砂配制的混凝土称为砂轻混凝土，可用作承重的结构材料。

1. 轻集料

堆积密度小于 1000kg/m^3，粒径大于 5mm 的骨料称为轻粗集料；堆积密度小于1200kg/m^{3}时，粒径小于 5mm 的骨料称为轻细集料。轻集料按来源可分为工业废料轻集料，如粉煤灰陶粒、自燃研石、膨胀矿渣珠、煤渣等；天然轻集料，如浮石、火山渣等；人工轻集料，如页岩陶粒、黏土淘粒、膨胀珍珠岩等。按其粒形可分为圆球型、普通型和碎石型三种。

轻集料的制造方法基本可分为烧胀法和烧结法两种。烧胀法是将原料破碎、筛分后经高温烧胀（如膨胀珍珠岩），或将原料加工成粒再经高温烧胀（如黏土陶粒、圆球型页岩陶粒）。由于原料中所含水分或气体在高温下发生膨胀，形成内部具有微细气孔结构和表面由一层硬壳包裹的陶粒；烧结法是将原料加入一定量胶结剂和水，经加工成粒，在高温下烧至部分熔融而成的多孔结构的陶粒，如粉煤灰陶粒。

轻集料的技术要求，主要包括堆积密度、颗粒级配、筒压强度、吸水率四项，同时对耐久性、稳定性和有害杂质含量等也有一定要求。

按堆积密度的大小，轻粗集料分为300、400、500、600、700、800、900、1000八个密度等级；轻细集料也分为500、600、700、800、900、1000、1100、1200八个密度等级。轻集料堆积密度的大小直接影响所配制混凝土的表观密度。

在轻集料混凝土中，轻粗集料的强度对混凝土强度影响很大，是决定混凝土强度的主要因素。表示轻集料强度高低的指标是筒压强度，用筒压法测定，方法是将轻集料装入115mm×100mm的标准承压筒中，通过冲压模施加压力，用压入深度为20mm时的压力值除以承压面积即得筒压强度（MPa）。

轻集料的筒压强度并不是它在混凝土中的真实强度，筒压法测定轻粗集料强度时，荷载传递是通过颗粒间接触点传递，而在混凝土中，骨料被砂浆包裹于受周围硬化砂浆约束的状态硬化砂浆外壳能起拱架作用，所以混凝土中轻集料的承压强度要比筒压强度高得多。

轻集料的吸水率比普通砂石大，对混凝土拌和物的和易性、水灰比及强度有显著影响。在轻集料混凝土配合比设计时，如采用不预湿处理的骨料，则须根据轻集料的吸水率计算出被轻集料吸收的附加水量。附加水量可根据轻集料的1h吸水率和含水情况确定，轻集料1h吸水率：粉煤灰陶粒应不大于22%；黏土陶粒和页岩陶粒应不大于10%。

2. 轻集料混凝土的技术性质

（1）和易性

轻集料具有表观密度小、表面粗糙多孔、吸水性强的特点，轻集料混凝土拌和物的黏聚性、保水性好，但流动性较差。若加大流动性，则振捣时会出现骨料上浮，造成离析。轻集料混凝土的拌和用水量由两部分组成，一部分使拌和物获得要求的流动性，称为净用水量；另一部分为轻骨料1h的吸水量，称为附加水量。

（2）表观密度

轻集料混凝土按其干表观密度共划分为14个等级，从600～1900kg/m^3，每增加100kg/m^{3}为一个等级。每个密度等级有一定的变化范围，如800密度等级的变化范围为（760～850）kg/m^3，其余依次类推。

（3）抗压强度

根据边长为1.50mm的立方体试件，标准养护28d的抗压强度标准值，把轻集料混凝土划分为LC5.0、LC7.5、LC10、LC15、LC20、LC25、LC30、LC35、LC40、LC45、LC50、LC55和LC60共13个强度等级。

虽然轻集料强度较低，但轻集料混凝土可达到较高的强度。这是因为轻集料表面粗糙而内部多孔，早期的吸水作用使水灰比变小，从而提高了轻集料与水泥石的界面黏结力。混凝土受力破坏时不是沿界面破坏，而是轻集料本身先遭到破坏。对低强度的轻集料混凝土，也可能是水泥石先开裂，然后裂缝向骨料延伸。因此轻集料混凝土的强度主要取决于轻集料的强度和水泥石的强度。

轻集料混凝土的弹性模量一般较普通混凝土低25%～65%，有利于改善建筑物的抗震性能和抵抗动荷载的作用。由于轻集料弹性模量低，不能有效地阻止水泥石收缩，轻集料混凝土的干缩及徐变较大。

（4）热工性能

轻集料混凝土具有较优良的保温性能。由于轻集料具有较多孔隙，故其隔热性能较好，干燥状态下，导热系数为0.18～1.01W/（m·K），随着表观密度和含水率的增加，导热系数增大。

3. 轻集料混凝土配合比设计及施工要点

1）轻集料混凝土的配合比设计，除应满足强度、和易性、耐久性、经济等要求外，还应满足表观密度要求。

2）轻集料混凝土的水灰比以净水灰比表示，即不包括轻骨料1h的吸水量在内的净用水量与水泥用量之比。

3）轻集料易上浮，不易搅拌均匀，应使用强制式搅拌机，且搅拌时间应比普通混凝土长。

4）拌和物的运输距离应尽量缩短，若出现坍落度损失或离析较严重时，浇筑前宜采用人工两次拌和。

5）轻集料混凝土拌和物应采用机械振捣成型，对流动性大者，也可采用人工插捣成型，对干硬性拌和物，宜采用振动台和表面加压成型。

6）浇筑成型后，应避免由于表面失水太快引起表面网状裂纹，早期应加强潮湿养护，养护时间一般不少于7～14d。若采用蒸汽养护，则升温速度不宜太快，但采用热拌工艺，则允许快速升温。

4.5.5 高强混凝土

高强混凝土是指强度等级高于C60的混凝土。近年来，高强混凝土在国内外得到了普遍应用。其特点是强度高、变形小，能适应现代工程结构向大跨度、重载、高耸方向发展的需要。使用高强混凝土可获得明显的工程效益和经济效益。但随着强度的提高，混凝土抗拉强度与抗压强度的比值将会降低，脆性相对增大；由于水泥用量相对增大，水化热温升引起的温度裂缝问题相对比较突出。

1. 组成材料的选择

配制高强混凝土的技术途径：①提高水泥石基材本身的强度；②增强水泥石与骨料界面的胶结能力；③选择性能优良的混凝土骨料、高强度等级的硅酸盐水泥、高效减水剂、高活性的超细矿物掺合料以及优质粗细集料是配制高强混凝土的基础。低水灰比是高强技术的关键，获得高密实度水泥石、改善水泥石和骨料的界面结构、增强骨料骨架作用是主要环节，高强混凝土的材料选择应注意以下几点。

（1）选用高强度等级水泥

应选用质量稳定、强度等级不低于42.5的硅酸盐水泥或普通硅酸盐水泥。水泥细度应比一般水泥稍细，以保证水泥强度正常发挥，水泥用量不宜过高。

（2）选用优质高效减水剂

高强混凝土的水灰比多为0.25～0.4，有的更低。在这样低的水灰比下，要保证混凝土拌和物具有足够的和易性，以获得高密实性的混凝土，就必须使用高效减水剂。

（3）使用高活性超细矿物掺合料

在水灰比较低的混凝土中有一部分水泥是永远不能水化的，只能起填充作用，同时还会妨碍水泥的进一步水化。用高活性超细矿物质掺合料代替这部分水泥，可以促进水泥水化，减少水泥石孔隙率，改善水泥石孔径分布和骨料与水泥石界面结构，从而提高混凝土强度及耐久性。常用的超细矿物掺合料有硅灰、优质粉煤灰和磨细矿渣等，将不同的矿物掺合料复合使用效果更好。

（4）选用优质骨料

粗集料应表面洁净、强度高，针、片状颗粒含量小，级配优良，骨料粒径不宜超过31.5mm；细集料宜采用中砂，细度模数宜大于2.6，而且颗粒级配要良好，含泥量低。

2. 配合比参数的确定

1）普通混凝土强度计算经验公式（保罗米公式）不适用高强混凝土，水灰比或水胶比（水与水泥和矿物掺合料总量的质量比）应根据现有试验资料的经验数据选取采用。

2）外加剂和矿物掺合料的品种、掺量应通过试验确定。

3）高强混凝土的水灰比小、水泥用量较大，因此，最优砂率一般比普通混凝土小，应根据施工工艺通过试验确定。

4.5.6 防水混凝土

防水混凝土（又称抗渗混凝土）是指抗渗等级大于或等于P6级的混凝土。主要用于工业、民用建筑的地下工程（地下室、地下沟道、交通隧道、城市地铁等）、储水构筑物（如水池、水塔等）、取水构筑物以及处于干湿交替作用或冻融作用的工程（如桥墩、海港、码头、水坝等）。防水混凝土一般分为普通防水混凝土、外加剂防水混凝土和膨胀剂防水混凝土。混凝土是一种非匀质材料，其内部水泥石和界面区分布有许多大小不同的微细孔隙。这些微细孔隙可能是由于浇筑、振捣不良引起的，也可能是混凝土在凝固过程中由于多余水分蒸发等原因引起的。水的渗透就是通过这些孔隙和裂隙进行的，混凝土的透水性与水泥石和界面区中孔隙的大小、孔隙的连通程度有关。

1. 普通防水混凝土

普通防水混凝土通过调整配合比的方法，来改变混凝土内部孔隙的特征（形态和大小），堵塞漏水通路，从而使之不依赖其他附加防水措施，仅靠提高自身密实性达到防水的目的。

配制普通防水混凝土所用的水泥应泌水性小、水化热低，并具有一定的抗侵蚀性。普通防水混凝土的配合比设计，首先应满足抗渗性的要求，同时考虑抗压强度、施工和易性和经济性等方面的要求。必要时还应满足抗侵蚀性、抗冻性和其他特殊要求。其设计原理为：提高砂浆的不透水性，在粗集料周围形成足够数量和良好质量的砂浆包裹层，并使粗集料彼此隔离，有效阻隔沿粗集料相互连通的渗水孔网。

2. 外加剂防水混凝土

外加剂防水混凝土是通过掺加适宜品种和数量的外加剂，改善混凝土内部结构，隔断或堵塞混凝土中的各种孔隙、裂缝及渗水通道，以达到抗渗性要求的混凝土。常用外加剂有引气剂、防水剂、减水剂等。

3. 膨胀剂混凝土

普通水泥混凝土常因水泥石的收缩而开裂，不仅会破坏结构的整体性，形成渗漏途径，而且水和外界侵蚀性介质也会通过裂缝进入混凝土内部腐蚀钢筋。

为克服混凝土硬化收缩的缺点，可采用掺加膨胀剂配制防水混凝土，这种混凝土称为膨胀剂混凝土。膨胀剂混凝土在凝结硬化过程中能形成大量钙矾石，从而产生一定量的体积膨胀，一方面可增加混凝土的密实性，另一方面当膨胀变形受到来自外部的约束或钢筋的内部约束时，就会在混凝土中产生预压应力，混凝土的抗裂性和抗渗性得到增强。

4.5.7 纤维混凝土

纤维混凝土是以混凝土为基体，外掺各种纤维材料而成的复合材料。掺入纤维的目的是提高混凝土的抗拉强度和韧性，降低脆性。

工程上常用的纤维分为两类：一类为高弹性模量的纤维，包括玻璃纤维、钢纤维和碳纤维、PVA 纤维等；另一类为低弹性模量的纤维，如尼龙、聚丙烯、人造丝以及植物纤维等。高弹性模量纤维中钢纤维应用较多，低弹性模量纤维不能提高混凝土硬化后的抗拉强度，但能提高混凝土的抗冲击强度，所以其应用领域也逐渐扩大，其中聚丙烯纤维应用较多。

各类纤维中以钢纤维和 PVA 纤维对抑制混凝土裂缝的形成，提高混凝土抗拉和抗弯强度，增加韧性效果更好。

纤维的种类、含量、几何形状及其在混凝土中的分布情况，对于纤维混凝土的性能有着重要影响。例如，钢纤维混凝土的抗弯强度或抗拉强度随着纤维含量（体积含量）和纤维长径比的增大而增大。但增强效果并不随纤维含量成比例增长。通常，最佳纤维含量为 2%～3%。纤维长径比的影响则更为复杂，增大纤维的长径比能改善纤维和基体的界面黏结，提高抗弯和抗拉强度；但过大的长径比会显著影响纤维混凝土的和易性，严重时还会出现纤维弯折或成团，破坏拌和物的均匀性，使强度降低。一般情况下，钢纤维的长径比以 60～100 为宜。钢纤维的形状有平直状、波纹状和两头带钩等。变形的钢纤维与基体黏结好，比光面纤维能更有效地承担应力，利于提高纤维混凝土的强度。

混凝土掺入钢纤维后，抗压强度提高不大，但抗拉强度和抗弯强度可提高 1.5～2.5 倍，抗冲击强度可提高 5～10 倍，延性和韧性大幅度提高。从受压试件破坏的形式看，试件破坏时无碎块无崩裂，基本保持原来形状。

钢纤维混凝土是一种抗冲击和吸收变形能力强的韧性材料，目前已逐渐应用在飞机跑道、断面较薄的轻型结构和压力管道等。随着纤维混凝土的深入研究，纤维混凝土在建筑工程中将得到广泛应用。有关应用技术可参见《纤维混凝土应用技术规程》（JGJ/T 221—2010）。

4.5.8 聚合物混凝土

聚合物混凝土是指由有机聚合物、无机胶凝材料和骨料结合而成的混凝土，它体现了有机聚合物和无机胶凝材料的优点，并克服了水泥混凝土的一些缺点。聚合物混凝土一般可分为以下三种。

1. 聚合物水泥混凝土

聚合物水泥混凝土是以有机高分子材料和水泥共同作为胶凝材料而制得的混凝土。通常是在搅拌水泥混凝土的同时掺加一定量的有机高分子聚合物，水泥的水化和聚合物的固化同时进行，相互填充形成整体结构。但聚合物与水泥之间并不发生化学反应。

聚合物的掺入形态有胶乳、聚乙酸乙烯、苯乙烯、粉末和液体树脂等。工程上常用的有机聚合物有聚氯乙烯等。

与普通混凝土相比，聚合物水泥混凝土的抗拉和抗折强度高，延性好，黏结性和抗渗、抗冲击耐磨性能好，但耐热、耐火、耐候性较差。主要用于铺设无缝地面，也常用于修补混凝土路面和机场跑道面层、防水层等。

2. 树脂混凝土

树脂混凝土是指完全以液体树脂为胶结材料的混凝土。所用的骨料与普通混凝土相同。常用树脂有不饱和聚酯树脂、酚醛树脂和环氧树脂等。

树脂混凝土具有硬化快、强度高、耐磨、耐腐蚀等优点，但成本较高。主要用作工程修复材料（如修补路面、桥面等），或制作耐酸储槽、铁路轨枕、核废料容器和人造大理石等。

3. 聚合物浸渍混凝土

聚合物浸渍混凝土是将有机单体掺入混凝土中，然后用加热或放射线照射的方法使其聚合，使混凝土与聚合物形成一个整体。

有机单体可用甲基丙烯酸甲酯、苯乙烯、乙酸乙烯、乙烯、丙烯腈、聚醋-苯乙烯等，最常用的是甲基丙烯酸甲酯。此外，还要加入催化剂和交联剂等。

聚合物浸渍混凝土的制作工艺通常是在混凝土制品成型养护完毕后，先干燥至恒重并在真空罐内抽真空，然后使单体浸入混凝土中，浸渍后须在80℃湿热条件下养护或用放射线照射（γ射线、X射线等）使单体聚合。

在聚合物浸渍混凝土中，聚合物填充了混凝土的内部空隙，除了全部填充水泥浆中毛细孔外，很可能也进入了胶孔，形成连续的空间网络相互穿插，使聚合物和混凝土形成完整的结构。因此，这种混凝土具有高强度（抗压强度可达 200MPa 以上）、高防水性（几乎不吸水、不透水）以及高抗冻性、高抗冲击性、高耐蚀性和高耐磨性等特点。

4.5.9 干硬性混凝土

拌和物坍落度小于 10mm 的混凝土称为干硬性混凝土。干硬性混凝土的和易性根据维勃稠度值的大小来划分。

干硬性混凝土的特点是用水量少，从而使粗集料含量相对较大，粗集料颗粒周围的砂浆包裹层较薄，能更充分地发挥粗集料的骨架作用。因此，不仅可以节约水泥，而且在相同水灰比的条件下，可以提高混凝土密实性及强度。但干硬性混凝土抗拉强度与抗压强度的比值较低，脆性较显著。

干硬性混凝土由于可塑性小，必须采用强制式搅拌机搅拌，浇筑时应采用强力振捣器或加压振捣，否则将影响其强度及密实性。

干硬性混凝土主要应用于预制构件的生产，如钢筋混凝土管、钢筋混凝土柱和桩、钢筋混凝土板及电杆等。成型的方法多为振动法，即采用振动台或振动器将混凝土振捣密实，有时可采用振动加压法或辊碾法。对于圆形空心断面的预制品，如圆柱、管、桩等，则常采用离心浇筑法，即将混凝土拌和物放入高速旋转的钢模内，使其受离心力作用而密实成型。

混凝土预制构件的养护，常采用湿热处理的方法，即采用蒸汽养护或蒸压养护。蒸汽养护温度以 90℃左右为宜。蒸汽养护混凝土不仅可以加速混凝土硬化，而且可以提高混凝土的强度。蒸压养护的温度和压力分别在 175℃和 0.8MPa 左右。

为了避免混凝土在湿热处理过程中因温度急剧变化而发生裂缝，均须经过试验确定适宜的升温、恒温及降温过程。

采用湿热养护的预制构件，应优先选用掺混合材料的硅酸盐水泥，如矿渣水泥、粉煤灰水泥和火山灰水泥等。

4.5.10 碾压混凝土

将混凝土拌和物薄层摊铺，经振动碾碾压密实的混凝土，称为碾压混凝土。与普通混凝土相比，碾压混凝土具有水泥用量少、施工速度快、工程造价低、温度控制简单等特点，特别适用于坝工混凝土和道路混凝土。近年来，碾压混凝土在筑坝工程中得到了迅速发展。

根据胶凝材料用量（水泥和矿物掺合料）的多少。碾压混凝土分为超贫型、干贫型和大粉煤灰掺量型三种。超贫碾压混凝土的胶凝材料总量在 104kg/m^3 以下，其中粉煤灰或其他矿物掺合料的用量不超过胶凝材料总量的 30%，此类混凝土的水胶比比较大，在 0.9～1.5，因而强度低、孔隙率大，多用于小型水利工程和大坝围堰工程；干贫碾压混凝土的胶凝材料用量为 110～130 kg/ m^3，其中粉煤灰约占 25%～30%，水胶比为 0.7～0.9，多用于坝体内部；大粉煤灰掺量碾压混凝土的胶凝材料用量为 150～250kg/m^3，其中粉煤灰占 50%～75%，水胶比约为 0.5，此种混凝土水泥用量小，粉煤灰用量大，胶凝材料总量相对较大，有利于避免拌和物粗集料分离并使层间黏结良好，且放热量低，节约水泥，在工程中应用较多。

碾压混凝土拌和物的和易性，是指在运输和摊铺过程中不易发生骨料分离和泌水，在振动碾压过程中易于振实的性质。碾压混凝土为超干硬性混凝土，不能用传统的坍落度法来检验其和易性，维勃稠度法也不能给出满意测试结果。目前国内外多用 VC 值来表示。VC 值的选择应与振动碾的功率、施工现场的温度和湿度相适应，过大或过小都不利，根据已有经验，施工现场碾压混凝土拌和物的 VC 值一般为 10±5s。

碾压混凝土的配合比设计方法与普通混凝土基本相同，不同之处在于。

1）碾压混凝土通常采用 90d 或 180d 的抗压强度作为设计强度。

2）碾压混凝土的水胶比与强度之间的关系须通过试验确定。

3）碾压混凝土所用粗集料最大粒径以不大于 40mm 为宜，为避免骨料分离，常采用较大的砂率。施工前，应通过现场碾压试验确定合理砂率。

4）碾压混凝土的综合质量评定通常采用钻孔取样的方法。

4.5.11 高性能混凝土

随着现代工程结构的高度和跨度不断增加，使用的环境条件日益严酷，工程建设对混凝土性能的要求越来越高，为了适应土木工程的发展，人们研究和开发了高性能混凝土。

1. 高性能混凝土的定义

1990 年 5 月，美国国家标准与技术研究院（NIST）和美国混凝土协会（ACI）首次提出了高性能混凝土的概念。但是，到目前为止，各国对高性能混凝土提出的要求和含义不完全相同。

美国工程技术人员普遍认为：高性能混凝土是一种易于浇筑、捣实，不离析，能长期保持高强、韧性与体积稳定性，在严酷环境下使用寿命长的混凝土。美国混凝土学会认为，此种混凝土并不一定需要很高的混凝土抗压强度，但须达到 55MPa 以上，需要具有很高的抗化学腐蚀性或其他一些性能。

日本的工程技术人员则普遍认为，高性能混凝土是一种具有高填充能力的混凝土，在新拌阶段不需要振捣就能完善浇筑；在水化、硬化的早期阶段很少产生由于水化热或干缩等因素而形成的裂缝；在硬化后具有足够的强度和耐久性。

综合各国对高性能混凝土的要求，可以认为，高性能混凝土具有高抗渗性（高耐久性的关键性能）；高体积稳定性（低干缩、低徐变、低温度变形和高弹性模量）；适当的高抗压强度；良好的施工性（高流动性、高黏聚性、自密实性）。

我国《高性能混凝土应用技术规程》（CECS 207—2006）将高性能混凝土定义为：采用常规材料和工艺生产，具有混凝土结构所要求的各项力学性能，且具有高耐久性、高工作性和高体积稳定性的混凝土。

2. 高性能混凝土的技术路线

高性能混凝土是由高强混凝土发展而来的，但高性能混凝土对混凝土技术性能的要求比高强混凝土更多、更广泛，高性能混凝土的发展一般可分为三个阶段。

（1）振动加压成型的高强混凝土——工艺创新

在高效减水剂问世前，为获得高强混凝土，一般都是采用降低 *W/C*，强力振动加压成型。即将机械压力加到混凝土上，挤出混凝土中的空气与剩余水分，减少孔隙率。但该工艺不适合现场施工，难以推广，只在混凝土预制板、预制桩的生产中广泛采用，并与蒸压养护共同使用。

（2）掺高效减水剂配制高强混凝土——第五组分创新

20 世纪 50 年代末期出现的高效减水剂使高强混凝土进入一个新的发展阶段。代表性的有萘系、三聚氰胺系和改性木钙系高效减水剂，这三个系列均是目前普遍使用的高效减水剂。

采用普通工艺，掺用高效减水剂，降低水灰比，可获得高流动性、抗压强度为 60～100MPa 的高强混凝土，使高强混凝土获得广泛的发展和应用。但是，仅用高效减水剂配制的混凝土，具有坍落度损失较大的问题。

20 世纪 90 年代，研究开发了以聚羧酸盐减水剂为代表的高性能减水剂，较好地解决了混凝土的坍落度损失较大的问题，由于减水率大，还可进一步降低水胶比，并能减小收缩，已在高性能混凝土中得到广泛应用。

（3）采用矿物掺合料配制高性能混凝土——第六组分创新

20 世纪 80 年代，矿物掺合料异军突起，发展成为高性能混凝土的第六组分，它与第五组分相得益彰，成为配制高性能混凝土不可缺少的组分。目前，配置高性能混凝土的技术路线主要是在混凝土中同时掺入高效减水剂和矿物掺合料。

配制高性能混凝土的矿物掺合料，是具有高比表面积的微粉辅助胶凝材料。例如硅灰、磨细矿渣微粉、超细粉煤灰等，它是利用微粉填隙作用形成细观的紧密体系，并且改善界面结构，提高界面黏结强度。

3. 高性能混凝土的特性

（1）自密实性

高性能混凝土的用水量较低，流动性好，抗离析性高，从而具有较优异的填充性。因此，配比恰当的大流动性高性能混凝土有较好的自密实性。

（2）体积稳定性

高性能混凝土的体积稳定性较高，表现为具有高弹性模量、低收缩与徐变、低温度变形。普通强度混凝土的弹性模量为 20～25GPa，而高性能混凝土，其弹性模量可达

40～45GPa。采用高弹性模量、高强度的粗集料并降低混凝土中水泥浆体的含量，选用合理的配合比配制的高性能混凝土，90d 龄期的干缩值低于 0.04%。

（3）高强度

高性能混凝土的抗压强度已超过 200MPa。目前，28d 平均强度介于 100～120MPa 的高性能混凝土已在工程中应用。高性能混凝土抗拉强度与抗压强度较高强混凝土有明显增加。高性能混凝土的早期强度发展较慢，而后期强度的增长率却高于普通强度混凝土。

（4）水化热

由于高性能混凝土的水灰比较低，会较早地终止水化反应，水化热总量相应地降低。

（5）收缩和徐变

高性能混凝土的总收缩量与其强度成反比，强度越高总收缩量越小。但高性能混凝土的早期收缩率，随着早期强度的提高而增大。相对于湿度和环境温度，仍然是影响高性能混凝土收缩性能的两个主要因素。

高性能混凝土的徐变变形显著低于普通混凝土。高性能混凝土与普通强度混凝土相比，高性能混凝土的徐变总量（基本徐变与干燥徐变之和）有显著减少。在徐变总量中，干燥徐变值的减少更明显，基本徐变仅略有降低。而干燥徐变与基本徐变的比值则随着混凝土强度的提高而降低。

（6）耐久性

高性能混凝土除通常的抗冻性、抗渗性明显高于普通混凝土外，高性能混凝土的氯渗透率明显低于普通混凝土。高性能混凝土由于具有较高的密实性和抗渗性，因此，其抗化学腐蚀性能显著优于普通强度混凝土。

（7）耐火性

高性能混凝土在高温作用下，会产生爆裂、剥落。由于混凝土的高密实度使自由水不易很快地从毛细孔中排出，在受高温时其内部形成的蒸汽压力几乎可达到饱和蒸汽压力。在 300℃下，蒸汽压力可达到 8MPa，而在 350℃下，蒸汽压力高达 17MPa，这样的内部压力可使混凝土中产生 5MPa 的拉伸应力，使混凝土发生爆炸性剥蚀和脱落。因此，高性能混凝土的耐高温性能是一个值得重视的问题。为克服这一性能缺陷，可在高性能与高强混凝土中掺入有机纤维。在高温下，混凝土中的纤维能熔解、挥发，形成许多连通的孔隙，使高温作用产生的蒸汽压力得以释放，从而改善高性能混凝土的耐高温性能。

本章回顾与思考

1）混凝土的组成材料及作用：水泥、水、粗细集料、外加剂。

2）砂子的颗粒级配及粗细程度。

3）混凝土的外加剂和掺合料。

4）混凝土的主要技术性质：工作性能、强度（抗拉、抗压）、变形性能。

5）混凝土配合比设计（普通混凝土、粉煤灰混凝土）。

6）混凝土的质量控制。

7）了解特殊类型的混凝土。

工程案例

钢纤维混凝土（Steel Fiber Reinforced Concrete，SFRC）是在普通混凝土中掺入适量短钢纤维而形成的可浇筑、可喷射成型的一种新型复合材料。它是近年来发展起来的一种性能优良且应用广泛的复合材料。其中所掺的钢纤维是用钢质材料加工制成的短纤维，常用的有切断型钢纤维、剪切型钢纤维、铣削型钢纤维和熔抽型钢纤维等。钢纤维在混凝土中主要是限制混凝土裂缝的扩展，从而使其抗拉、抗弯、抗剪强度较普通混凝土有显著提高，其抗冲击、抗疲劳、裂后韧性和耐久性有较大改善，使原本属于脆性材料的混凝土变成具有一定塑性性能的复合材料。钢纤维混凝土作为一种新型复合材料，以其优良的抗拉、抗弯、阻裂、耐冲击、耐疲劳和高韧性等物理力学性能，目前已被广泛应用于建筑工程、水利工程、公路桥梁工程、公路路面和机场道面工程、铁路工程、管道工程、内河航道工程、防暴工程和维修加固工程等各个专业领域。

思考题

1）普通混凝土的组成材料有哪些，在混凝土硬化前后各起何作用？

2）何谓骨料级配？如何判断骨料级配是否良好？

3）何谓细度模数？如果级配相同，其细度模数是否相同？

4）粗细两种砂的筛分结果见表 4-33（砂样各 500g），这两种砂可否单独用于配制混凝土，或以什么比例混合才能使用？

表 4-33　细砂和粗砂的筛分结果

砂别	筛孔尺寸/mm						筛底
	5	2.5	1.25	0.63	0.315	0.16	
	分计筛余/g						
细砂	0	25	25	75	120	245	10
粗砂	50	150	150	75	50	25	0

5）混凝土中掺入减水剂的作用？

6）引气剂掺入混凝土中对混凝土性能有何影响？引气剂的掺量是如何控制的？

7）缓凝剂掺入混凝土中有何作用？掺量过大，会造成什么后果？

8）混凝土中掺入粉煤灰有何作用？对其质量有哪些要求？

9）何谓混凝土的和易性？如可判断和易性良好？

10）何谓混凝土的可泵性？可泵性可用什么指标来评定？

11）什么是合理砂率？采用合理砂率有何技术及经济意义？

12）混凝土的强度指标有哪些？如何测定？

13）何谓立方体抗压强度标准值？与混凝土强度等级有何关系？

14）解释名词：①自然养护；②蒸汽养护；③蒸压养护；④同条件养护；⑤标准条件养护。

15）混凝土在夏季与冬季施工中应采取什么措施才能保证混凝土的质量？

16）如何保证混凝土的耐久性？

17）普通混凝土（非泵送）、泵送混凝土和道路路面水泥混凝土，在配置时有何不同之处？

18）混凝土裂缝形成的原因及防治措施是什么？

19）何谓混凝土的徐变？徐变对混凝土的受力性能有何影响？如何减小徐变？

20）混凝土试件的大小对混凝土的抗压强度有何影响？

21）请将在混凝土实验作业中确定的实验配合比换算为施工配合比，假定工地砂含水率为2%，石子含水率为1%。

22）某工程设计要求混凝土强度等级为C25，工地一个月内按施工配合比施工，先后取样制备了30组试件（15cm×15cm×15cm立方体），测出每组（三个试件）28d抗压强度代表值（表4-34），请计算该批混凝土强度的平均值、标准差和保证率，并评定该工程的混凝土能否验收和生产质量水平。

表 4-34　抗压强度代表值

试件编号	1	2	3	4	5	6	7	8	9	10	11	12	13	14	15
28d 抗压强度	26.5	26.0	29.5	27.5	24.0	25.0	26.7	25.2	27.7	29.5	26.1	28.5	25.6	26.5	27.0
试件编号	16	17	18	19	20	21	22	23	24	25	26	27	28	29	30
28d 抗压强度	24.1	25.3	29.4	27.0	20	25.1	26.0	26.7	27.7	28.0	28.2	28.5	26.5	28.5	28.8

23）有一强度等级为C15的普通混凝土，其配合比为：矿渣水泥268kg/m^3，中砂757kg/m^3，碎石1235kg/m^3，水190kg/m^3。现欲在此混凝土中掺用粉煤灰以节约水泥，试计算粉煤灰混凝土的配合比（强度及和易性要求与原普通混凝土相同。其中粉煤灰为Ⅰ级，密度2.25g/cm^3；砂子的近似密度为2.58g/cm^3；矿渣水泥的密度为3.05g/m^3）。

第 5 章　砂　　浆

砂浆是由胶凝材料、细集料、掺加料以及水等为主要原料进行拌和、硬化后具有强度的工程材料，主要用于砌筑、抹面、修补和装饰工程，图 5-1 是建筑工人正在用砂浆进行抹面，图 5-2 是建筑工人正在用砂浆砌筑墙体。砂浆按其所用胶凝材料的不同，可分为水泥砂浆、石灰砂浆和混合砂浆等；按其用途可分为砌筑砂浆、抹面砂浆、装饰砂浆、防水砂浆以及耐酸防腐、保温、吸声等特种用途砂浆；按其生产形式可分成现场拌制砂浆和预拌砂浆，预拌砂浆按其干湿状态可分成湿拌砂浆和干混砂浆。

图 5-1　砂浆抹面

图 5-2　砂浆砌筑墙体

5.1　建筑砂浆的基本组成和性能

5.1.1　建筑砂浆基本组成

1. 胶凝材料

胶凝材料在砂浆中起着胶结作用，它是影响砂浆流动性、黏聚性和强度等技术性质的主要成分。常用的胶凝材料有水泥、石灰、石膏和有机胶凝材料等。

1）水泥。配制砂浆可采用普通硅酸盐水泥、矿渣硅酸盐水泥、火山灰质硅酸盐水泥等常用品种的水泥。水泥砂浆采用的水泥强度等级不宜大于 32.5，水泥混合砂浆采用的水泥强度等级不宜大于 42.5。为合理利用资源、节约材料，在配制砂浆时，应尽量选用中低强度等级的水泥。在配制不同用途的砂浆时，还可采用某些专用和特种水泥。

2）石灰。在配制石灰砂浆或混合砂浆时，砂浆中须使用石灰。砂浆中使用石灰的技术要求见第 3 章。为保证砂浆质量，应将石灰预先消化，并经“陈伏”，消除过火石灰的膨胀破坏作用后，再在砂浆中使用。在满足工程要求的前提下，也可使用工业废料，如电石灰膏等。

为配制修补砂浆或有特殊要求的砂浆，有时也采用有机胶结剂作为胶凝材料。

2. 细集料

细集料在砂浆中起着骨架和填充作用，对砂浆的流动性、黏聚性和强度等技术性能影响较大。性能良好的细集料可提高砂浆的和易性和强度，尤其对砂浆的收缩开裂有较好的抑制作用。

砂浆中使用的细集料，原则上应采用符合混凝土用砂技术要求的优质河砂。由于砂浆层较薄，对砂子的最大粒径应有所限制。用于砌筑毛石砌体的砂浆，砂子的最大粒径应小于砂浆层的 1/5～1/4。用于砌筑砖砌体的砂浆，砂子的最大粒径不得大于砂浆厚度的 1/5～1/4。用于光滑的抹面和勾缝的砂浆，则应采用细砂。用于装饰的砂浆，还可采用彩砂、石渣等。

砂子中的含泥量对砂浆的和易性、强度、变形性和耐久性均有影响。砂子中含有少量泥，可改善砂浆的黏聚性和保水性，故砂浆用砂的含泥量可比混凝土略高。对强度等级为 M2.5 以上的砌筑砂浆，含泥量应小于 5%，对强度等级为 M2.5 的砂浆，砂的含泥量应小于 10%。

当细集料采用人工砂、山砂、特细砂和炉渣时，应根据经验和试验，确定其技术指标要求。

3. 掺加料和外加剂

（1）掺加料

在砂浆中，掺加料是为改善砂浆和易性而加入的无机材料或有机材料，如石灰膏、粉煤灰、沸石粉、可再分散胶粉和纤维等。

在砂浆中掺加粉煤灰、沸石粉等矿物掺合料可改善砂浆的和易性，提高强度，节约水泥和石灰。用于砂浆中的粉煤灰、沸石粉等应符合《用于水泥和混凝土中的粉煤灰》（GB/T 1596—2005）等标准规范的要求。

可再分散胶粉通常为白色粉末，是由高分子聚合物乳液经喷雾干燥，以及后续处理而成的粉状热塑性树脂，主要用于干粉砂浆中，以增加内聚力、黏聚力与柔韧性。

为了改善砂浆韧性，提高抗裂性，还常在砂浆中加入纤维，如纸筋、麻刀、木纤维、合成纤维等。

（2）外加剂

为改善砂浆的和易性及其他性能，还可在砂浆中掺入外加剂，如减水剂、保水增稠剂、增塑剂、早强剂、防水剂等。砂浆中掺用外加剂时，不但要考虑外加剂对砂浆本身性能的影响，还要根据砂浆的用途，考虑外加剂对砂浆使用功能的影响，并通过试验确定外加剂的品种和掺量。例如，砌筑砂浆中使用的外加剂，不但要检验外加剂对砂浆性能的影响，还要检验外加剂对砌体性能的影响。

4. 拌和水

砂浆拌和用水的技术要求与混凝土拌和用水的技术要求相同。应选用洁净、无杂质的可饮用水来拌制砂浆。为节约用水，经化验分析或试拌验证合格的工业废水也可用于拌制砂浆。

5.1.2 建筑砂浆的基本性能

1. 砂浆拌和物的表观密度

砂浆拌和物的表观密度指砂浆拌和物捣实后的单位体积质量，用以确定每立方米砂浆拌和物中各组成材料的实际用量。对于砌筑砂浆，标准规定拌和物的表观密度：水泥砂浆不应小于 1900kg/m^3，水泥混合砂浆不应小于 1800kg/m^3。

2. 新拌砂浆的和易性

新拌砂浆应具有良好的和易性，以便施工操作，在运输和施工过程中也不致于分层、离析。新拌砂浆的和易性包括流动性和保水性两方面。

（1）流动性

流动性指砂浆在重力或外力作用下流动的性能。砂浆流动性用“稠度值”表示，通常用砂浆稠度测定仪测定。稠度值大的砂浆表示流动性较好。

砂浆的流动性和许多因素有关，胶凝材料的种类和用量、用水量、砂的质量以及砂浆的搅拌时间、放置时间、环境的温度、湿度等均影响其流动性。

（2）保水性

保水性是指新拌砂浆保持水分不泌出流失的能力。它也反映了砂浆中各组分材料不易分离的性质。影响砂浆保水性的主要因素有：胶凝材料的种类及用量、掺加料的种类及用量、砂的质量及外加剂的品种和掺量等。

砂浆的保水性可用保水率和分层度来检验和评定。砂浆的分层度可用分层度测定仪测定，以分层度表示。分层度越小，保水性越好，但过小又容易产生干缩裂缝。分层度大于 30mm 的砂浆，保水性差，容易离析，不便于保证施工质量；分层度接近于 0 的砂浆，其保水性太强，在砂浆硬化过程中容易发生收缩开裂。

3. 硬化砂浆的性能

（1）砂浆立方体抗压强度和强度等级

砂浆的强度等级是以 70.7mm×70.7mm×70.7mm 的立方体试块，按标准养护条件养护至 28d 的抗压强度而确定的。砂浆的强度等级分为 M2.5、M5、M7.5、M10、M15、M20 六个等级。

影响砂浆抗压强度的因素很多，很难用简单的公式表达砂浆的抗压强度与其组成之间的关系。因此，在实际工程中，对于具体的组成材料，大多根据经验和通过试配，经试验确定砂浆的配合比。

用于不吸水底面（如密实的石材）的砂浆抗压强度，与混凝土相似，主要取决于水泥强度和水灰比，其关系式如下。

$$f_{m,0} = A \times f_{ce}\left(\frac{C}{W} - B\right) \tag{5.1}$$

式中：$f_{m,0}$——砂浆 28d 抗压强度，N/mm^2 或 MPa；

f_{ce}——水泥 28d 实测抗压强度，N/ mm^2 或 MPa；

A，B——系数，可根据试验资料统计确定；

C/W——灰水比。

用于吸水底面（如砖或其他多孔材料）的砂浆，即使用水量不同，但因底面吸水且砂浆具有一定的保水性，经底面吸水后，所保留在砂浆中的水分几乎是相同的，因此砂浆的抗压强度主要取决于水泥强度及水泥用量，而与砌筑前砂浆中的水灰比基本无关，其关系式如下。

$$f_{m,0} = A \times f_{ce} \times Q_c / 1000 + B \tag{5.2}$$

式中：$f_{m,0}$——砂浆 28d 抗压强度，N/mm^2 或 MPa；

f_{ce}——水泥 28d 实测抗压强度，N/ mm^2 或 MPa；

A，B——系数，可根据试验资料统计确定；

Q_c——水泥用量，kg。

砌筑砂浆的配合比可根据式（5.1）和式（5.2），并结合经验估算，并经试拌检测各项性能后确定。

（2）砂浆黏结力

砂浆应与基底材料有良好的黏结力，一般地说，砂浆黏结力随其抗压强度增大而提高。此外黏结力还与基底表面的粗糙程度、洁净程度、润湿情况及施工养护条件等因素有关。在充分润湿、粗糙、清洁的表面上使用且养护良好的条件下，砂浆与表面黏结较好。

（3）耐久性

砂浆应有良好的耐久性，包括抗渗、抗冻、抗侵蚀性。其影响因素与混凝土大致相同，但因砂浆一般不振捣，所以施工质量对其影响尤为明显。有抗冻要求的砂浆按规定，经冻融试验后，质量损失率不得大于 5%，抗压强度损失率不得大于 25%。

（4）砂浆的变形

砂浆应有较小的收缩变形，砂浆在承受荷载或在温度条件变化时容易变形，如果变形过大或者不均匀，都会降低砌体的质量，引起沉降或裂缝。若使用轻集料拌制砂浆或掺加料掺量太多，也会引起砂浆收缩变形过大，抹面砂浆则会出现收缩裂缝。

5.2 建筑砂浆

这里按建筑砂浆用途分类，介绍各种常用的建筑砂浆。

5.2.1 砌筑砂浆

将砖、石及砌块黏结成为砌体的砂浆，称为砌筑砂浆。它起着黏结砖、石及砌块，构成砌体，传递荷载，协调变形的作用。因此，砌筑砂浆是砌体的重要组成部分。

土木工程中，要求砌筑砂浆具有如下性质。

1）新拌砂浆应具有良好的和易性。新拌砂浆应容易在砖、石及砌体表面上铺砌成均匀的薄层，以利于砌筑施工和砌筑材料的黏结。

2）硬化砂浆应具有一定的强度、良好的黏结力等力学性质。一定的强度可保证砌体强度等结构性能。良好的黏结力有利于砌块与砂浆之间的黏结。

3）硬化砂浆应具有良好的耐久性。耐久性良好的砂浆有利于保证其自身不发生破坏，并对砌体结构的耐久性有重要影响。

砌筑砂浆的技术性能要求和选用如下所述。

（1）砌筑砂浆的和易性

1）流动性。砂浆流动性的选择要考虑砌体材料的种类、施工时的气候条件和施工方法等情况。可参考表5-1选择砂浆的流动性（稠度值）。

表5-1　砂浆流动性参考表　　稠度值单位：mm

砌体种类	干燥气候或多孔吸水材料	寒冷气候或密实材料	抹灰工程	机械施工	手工操作
砖砌体	80～100	60～80	准备层	80～90	110～120
普通毛石砌体	60～70	40～50	底层	70～80	70～80
振捣毛石砌体	20～30	10～20	面层	70～80	90～100
炉渣混凝土砌块	70～90	50～70	灰浆面层	—	90～120

2）保水性。新拌砂浆在存放、运输和使用过程中，都应有良好的保水性，这样才能保证在砌体中形成均匀致密的砂浆缝，以保证砌体的质量。如果使用保水性不良的砂浆，在施工过程中，砂浆很容易出现泌水和分层离析现象，使流动性变差，不易铺成均匀的砂浆层，使砌体的砂浆饱满度降低。同时，保水性不良的砂浆在砌筑时，水分容易被砖、石等砌体材料很快吸收，影响胶凝材料的正常硬化。不但降低砂浆本身的强度，而且使砂浆与砌体材料的黏结不牢，最终降低砌体的质量。砌筑砂浆的分层度一般应为10～20mm。

（2）砌筑砂浆强度等级的选择

砌筑砂浆的强度等级应根据规范规定或设计要求确定。一般的砖混多层住宅、办公楼、教学楼及多层商店，采用 M5～M10 的砂浆；平房宿舍、商店常采用 M2.5～M5 砂浆；食堂、仓库、锅炉房、变电站、地下室、工业厂房及烟囱等常采用 M2.5～M10 砂浆；检查井、雨水井、化粪池等可用 M5 砂浆；特别重要的砌体，可采用 M15～M20 砂浆；高层混凝土空心砌块建筑，应采用 M20 及以上强度等级的砂浆。

（3）砌筑砂浆的耐久性

当受冻融作用影响时，对砌筑砂浆还应有抗冻性要求。具有冻融循环次数要求的砌筑砂浆，经冻融试验后，质量损失率不得大于 5%，抗压强度损失率不得大于 25%。

5.2.2 抹面砂浆

凡涂抹在土木工程的建（构）筑物或构件表面的砂浆，统称为抹面砂浆。根据抹面砂浆功能的不同，抹面砂浆可以分为普通抹面砂浆、装饰砂浆、防水砂浆和具有某些特殊功能的抹面砂浆（如绝热砂浆、耐酸砂浆、防射线砂浆、吸声砂浆等）。抹面砂浆既要求具有良好的工作性，以易于抹成均匀平整的薄层，又便于施工。也应有较高的黏结力，保证砂浆与底面牢固黏结。有时，还要求变形较小，以防止其开裂脱落。

抹面砂浆的组成材料与砌筑砂浆基本相同。但为了防止砂浆开裂，有时须加入一些纤维材料，如纸筋、麻刀、有机纤维等；为了强化某些功能，还需加入特殊骨料，如陶砂、膨胀珍珠岩等。

1. 普通抹面砂浆

普通抹面砂浆具有保护建（构）筑物及装饰建筑物和建筑环境的效果。抹面砂浆一般分两层或三层施工。由于各层的功能不同，每层所选的砂浆性质也应不一样。底层抹灰的作用是使砂浆与底面能牢固的黏结。因此，要求砂浆具有良好的工作性和黏结力，并具有较好的保水性，以防止水分被底面材料吸收而影响砂浆的黏结力。中层抹灰主要是为了找平，有时可省去不用。面层抹灰要达到平整美观的效果，要求砂浆细腻抗裂。

用于砖墙的底层抹灰，多用石灰砂浆或石灰灰浆；用于板条墙或板条顶棚的底层抹灰，多用麻刀石灰灰浆；混凝土墙面、柱面，梁的侧面、底面及顶棚表面等的底层抹灰，多用混合砂浆。中层抹灰多用混合砂浆或石灰砂浆。面层抹灰多用混合砂浆、麻刀石灰灰浆、纸筋石灰灰浆。

在容易碰撞或潮湿的地方，应采用水泥砂浆，如地面、墙裙、踢脚板、雨篷、窗台以及水池、水井、地沟、厕所等处。要求砂浆具有较高的强度、耐水性和耐久性。工程上一般多用 1∶2.5 的水泥砂浆。

在加气混凝土砌块墙面上做抹面砂浆时，应采取特殊的抹灰施工方法，如在墙面上预先刮抹树脂胶、喷水润湿或在砂浆层中夹一层预先固定好的钢丝网层，以免日久发生砂浆剥离脱落现象。在轻集料混凝土空心砌体墙面上做抹面砂浆时，应注意砂浆和轻集料混凝土空心砌块的弹性模量尽量一致。否则，极易在抹面砂浆和砌块界面上开裂。普通抹面砂浆的参考配合比列于表 5-2。

表 5-2 普通抹面砂浆的参考配合比

材料	体积配合比	材料	体积配合比
水泥：砂	（1：3）～（1：2）	石灰：石膏：砂	（1：0.4：2）～（1：2：4）
石灰：砂	（1：4）～（1：2）	石灰：黏土：砂	（1：1：4）～（1：1：8）
水泥：石灰：砂	（1：1：6）～（1：2：9）	石灰膏：麻刀	（100：1.3）～（100：2.5）

2. 装饰砂浆

粉刷在建筑内外表面，具有美化装饰、改善功能、保护建筑物的抹面砂浆称为装饰砂浆。装饰砂浆施工时，底层和中层的抹面砂浆与普通抹面砂浆基本相同。所不同的是装饰砂浆的面层，要求选用具有一定颜色的胶凝材料、骨料以及采用特殊的施工操作工艺，使表面呈现出不同的色彩、质地、花纹和图案等装饰效果。

装饰砂浆所采用的胶凝材料除普通水泥、矿渣水泥等外，还可应用白水泥、彩色水泥，或在常用水泥中掺加耐碱矿物颜料，配制成彩色水泥砂浆；装饰砂浆采用的骨料除普通河砂外，还可使用色彩鲜艳的花岗岩、大理石等色石及细渣，有时也采用玻璃或陶瓷碎粒。

外墙面的装饰砂浆主要有如下工艺做法。

1）拉毛。先用水泥砂浆做底层，再用水泥石灰砂浆做面层。在砂浆尚未凝结之前，用抹刀将表面拍拉成凹凸不平的形状。

2）水刷石。用颗粒细小（约 5mm）的石渣拌成的砂浆做面层，在水泥终凝前，喷水冲刷表面，使石渣外露而不脱落，具有一定的质感，且经久耐用，不须维护。

3）干黏石。在水泥砂浆面层的表面，黏结粒径 5mm 以下的白色或彩色石渣、小石子、彩色玻璃、陶瓷碎粒等。要求石渣黏结均匀，牢固。干黏石的装饰效果与水刷石相近，且石子表面更洁净艳丽；避免了喷水冲洗的湿作业，施工效率高，而且节约材料和水。干黏石在预制外墙板的生产中，有较多应用。

4）斩假石。又称为剁假石、斧剁石。砂浆的配置与水刷石基本一致。砂浆抹面硬化后，用斧刃将表面剁毛并露出石渣。斩假石的装饰效果与粗面花岗石相似。

5）假面砖。将硬化的普通砂浆表面用刀斧锤凿，刻划出线条；或者在初凝后的普通砂浆表面用木条、钢片压划出线条；亦可用涂料画出线条，将墙面装饰成仿砖砌体、仿瓷砖贴面、仿石材贴面等艺术效果。

6）水磨石。用普通水泥、白水泥、彩色水泥或普通水泥加耐碱颜料拌和各种色彩的大理石石渣做面层，硬化后用机械反复磨平抛光表面而成。水磨石多用于地面、水池等工程部位。可事先设计图案色彩，磨平抛光后更具有艺术效果。水磨石还可制成预制件或预制块，作楼梯踏步、窗台板、柱面、墙裙、踢脚板、地面板等构件。

室内外的地面、墙面、台面、柱面等，也可用水磨石进行装饰。

装饰砂浆还可采用喷涂、弹涂、辊压等工艺方法，做成丰富多彩、形式多样的装饰面层。装饰砂浆操作方便，施工效率高。与其他墙面、地面装饰相比，成本低、耐久性好。

3. 防水砂浆

制作砂浆防水层（又称为刚性防水）所采用的砂浆，叫作防水砂浆。砂浆防水层仅适用于不受震动和具有一定刚度的混凝土及砖石砌体工程。

防水砂浆可以采用普通水泥砂浆，也可以在水泥砂浆中掺入防水剂和掺和料来提高砂浆的抗渗能力。防水剂有氯盐型防水剂和非氯盐型防水剂，在钢筋混凝土工程中，应尽量采用非氯盐型防水剂，以防止由于氯离子的引入，造成钢筋锈蚀。

防水砂浆的配合比一般采用水泥：砂=1：（2.5～3），水灰比为 0.5～0.55。水泥应采用 42.5 级的普通硅酸盐水泥，砂子应采用级配良好的中砂。

防水砂浆对施工操作技术要求很高。制备防水砂浆应先将水泥和砂干拌均匀，再加入水和防水剂溶液搅拌均匀。粉刷前，先在润湿清洁的底面上抹一层低水灰比的纯水泥浆（有时也用聚合物水泥浆），然后抹一层防水砂浆，在初凝前，用木抹子压实一遍，第二、三、四层都以同样的方法进行操作，最后一层要压光。粉刷时，每层厚度约为 5mm，共粉刷 4～5 层，共约 20～30mm 厚。粉刷完后，必须加强养护，防止开裂。

5.2.3 其他特种砂浆

1. 绝热砂浆

采用水泥、石灰、石膏等胶凝材料，与膨胀珍珠岩、膨胀蛭石、陶粒、陶砂或聚苯乙烯泡沫颗粒等轻质多孔材料，按一定比例配制的砂浆称为绝热砂浆。绝热砂浆质轻，且具有良好的绝热保温性能。其热导率约为 0.07～0.10W / (m·K)，可用于屋面隔热层、隔热墙壁、冷库以及工业窑炉、供热管道隔热层等处。如在绝热砂浆中掺入或在其表面喷涂憎水剂，则这种砂浆的保温隔热效果会更好。

2. 耐酸砂浆

以水玻璃与氟硅酸钠为胶凝材料，加入石英岩、花岗岩、铸石等耐酸粉料和细集料拌制并硬化而成的砂浆。水玻璃硬化后具有很好的耐酸性能。耐酸砂浆可用于耐酸底面、耐酸容器基座及与酸接触的结构部位。在某些有酸雨腐蚀的地区，建筑物外墙装修，也可应用耐酸砂浆，以提高建筑物的耐酸雨腐蚀性能。

3. 防射线砂浆

在水泥砂浆中掺入重晶石粉、重晶石砂，可配制有防 X 射线和 γ 射线能力的砂浆。其配合比约为水泥：重晶石粉：重晶石砂=1：0.25：（4～5）。如在水泥中掺入硼砂、硼化物等可配制具有防中子射线的砂浆。厚重、气密、不易开裂的砂浆也可阻止地基土壤或岩石里的氡（具有放射性的惰性气体）向室内的迁移或流动。

4. 膨胀砂浆

在水泥砂浆中加入膨胀剂，或使用膨胀水泥，可配制膨胀砂浆。膨胀砂浆具有一定的膨胀特性，可补偿水泥砂浆的收缩，防止干缩开裂。膨胀砂浆可在修补工程和装配式大板工程中应用，其膨胀作用可填充缝隙，以达到黏结密封的目的。

5. 自流平砂浆

自流平砂浆是指在自重作用下能流平的砂浆，地坪和地面常采用自流平砂浆。自流平砂浆施工方便、质量可靠，其关键技术是：①掺用合适的外加剂；②严格控制砂的级配和颗粒形态；③选择具有合适级配的水泥或其他胶凝材料。良好的自流平砂浆可使地坪平整光洁，强度高，耐磨性好，无开裂现象。

6. 吸声砂浆

吸声砂浆是指具有吸声功能的砂浆。一般绝热砂浆都具有多孔结构，因而也都具有吸声的功能。工程中常以水泥∶石灰膏∶砂∶锯末=1∶1∶3∶5（体积比）配制吸声砂浆。或在石灰、石膏砂浆中加入玻璃棉、矿棉、有机纤维或棉类物质。吸声砂浆常用于厅堂墙壁和顶棚的吸声。

7. 地面砂浆

地面砂浆是用于室外地面或室内楼（地）面的砂浆，作为地面或楼面的表面层，起保护作用，使地坪或楼面坚固耐久。在使用中，地面砂浆要经受各种摩擦、冲击和侵蚀作用，因此，要求地面砂浆应具有足够的强度和耐磨、耐蚀、防水、防滑和易于清扫等特点。地面砂浆宜采用硅酸盐水泥或普通硅酸盐水泥，砂应采用洁净的中砂，可采用含泥量不大于 3%的中砂，经筛选后使用。砂浆配合比以水泥∶砂=1∶2 为宜，水灰比以调整稠度值控制，砂筑的稠度值应不大于 35mm。地面砂浆的表面性能不仅与组成材料和配合比有关，还与施工工艺和养护密切相关，使用时应特别注意。

5.3 预拌砂浆

预拌砂浆是指由专业生产厂生产的湿拌砂浆或干混砂浆。湿拌砂浆是水泥、细集料、矿物掺合料、外加剂、添加剂和水，按一定比例配合，在搅拌站经计量、拌制后，运至使用地点，并在规定时间内使用的拌和物。干混砂浆是水泥、干燥骨料或粉料、添加剂以及根据性能确定的其他组分，按一定比例，在专业生产厂经计量、混合而成的混合物，在使用地点按规定比例加水或配套组分拌和使用。预拌砂浆具有品种丰富、质量稳定、性能优良、易存易用、施工文明、省工省料、节能环保等优点，是我国推广使用的砂浆。

5.3.1 湿拌砂浆

湿拌砂浆是由搅拌站经计量、拌制后，运到工地并在规定时间使用的砂浆。与现场拌砂浆相比，湿拌砂浆质量稳定，使用湿拌砂浆可提高工效，有利于文明施工。根据《预拌砂浆》（GB/T 25181—2010），湿拌砂浆按用途分为湿拌砌筑砂浆、湿拌抹灰砂浆、湿拌地面砂浆和湿拌防水砂浆等；湿拌砂浆还可按强度等级、抗渗等级、稠度和凝结时间分类。

湿拌砂浆的技术性能应满足相应的用途要求。对于湿拌砌筑砂浆，采用湿拌砌筑砂浆的砌体力学性能应符合《砌体结构设计规范》（GB 50003—2011）的规定，砂浆拌和物的表观密度不应小于 1800kg/m^3。不同强度等级湿拌砂浆的 28d 抗压强度应符合表 5-3 的规定；湿拌砂浆的保水率、14d 拉伸黏结强度、28d 收缩率和抗冻性应满足表 5-4 的要求。对于湿拌防水砂浆，28d 抗渗压力应符合表 5-5 的规定。湿拌砂浆稠度应满足施工要求，搅拌站供应的湿拌砂浆稠度实测值与合同规定的稠度值之差，对于稠度值为 50mm、70mm、90mm 的砂浆应不大于 10mm；对于稠度值为 110mm 的砂浆应为 -10～5mm。

表 5-3　湿拌砂浆抗压强度　　单位：MPa

强度等级	M5	M7.5	M10	M15	M20	M25	M30
28d 抗压强度	≥5.0	≥7.5	≥10.0	≥15.0	≥20.0	≥25.0	≥30.0

表 5-4　湿拌砂浆性能指标　　单位：MPa

项目		湿拌砌筑砂浆	湿拌抹灰砂浆	湿拌地面砂浆	湿拌防水砂浆
保水率/%		≥88	≥88	≥88	≥88
14d 拉伸黏结强度/MPa		—	M5≥0.15	—	≥0.20
28d 收缩率/%		—	M5≥0.20	—	≤0.15
抗冻性*	强度损失率/%	≤25			
	质量损失率/%	≤5			

* 有抗冻性要求时，应进行抗冻性试验。

表 5-5　湿拌砂浆抗渗压力　　单位：MPa

抗渗等级	P6	P8	P10
28d 抗渗压力	≥0.6	≥0.8	≥1.0

5.3.2　干混砂浆

干混砂浆由专业生产厂将砂浆原材料中的固体组分计量混合后，在使用地点按规定比例加水或配套组分拌和使用。干混砂浆按用途分为干混砌筑砂浆、干混抹灰砂浆、干混地面砂浆、干混普通防水砂浆、干混陶瓷砖黏结砂浆、干混界面砂浆、干混保温板黏结砂浆、干混保温板抹面砂浆、干混聚合物水泥防水砂浆、干混自流平砂浆、干混耐磨地坪砂浆和干混饰面砂浆等。干混砌筑砂浆、干混抹灰砂浆、干混地面砂浆和干混普通防水砂浆还可按强度等级和抗渗等级分类。

不同品种的干混砂浆的技术性能应符合相关的规定。对于干混砌筑砂浆，采用干混砌筑砂浆的砌体力学性能应符合《砌体结构设计规范》（GB 50003—2011）的规定，干混普通砌筑砂浆拌和物的表观密度应不小于1800kg/m^3。干混砌筑砂浆、干混抹灰砂浆、干混地面砂浆、干混普通防水砂浆的抗压强度应符合表5-3的规定，干混普通防水砂浆的抗渗压力应符合表5-5的规定。干混砌筑砂浆、干混抹灰砂浆、干混地面砂浆、干混普通防水砂浆的保水率、凝结时间、拉伸黏结强度、收缩率、抗冻性等性能应符合表5-6的要求。

表5-6 干混砂浆性能指标

项目		干混砌筑砂浆		干混抹灰砂浆		干混地面砂浆	干混普通防水砂浆
		普通砌筑砂浆	薄层砌筑砂浆*	普通抹灰砂浆	薄层抹灰砂浆*		
保水率/%		≥88	≥99	≥88	≥99	≥88	≥88
凝结时间/h		3～9	—	3～9	—	3～9	3～9
2h稠度损失率/%		≤30	—	≤30	—	≤30	≤30
14d拉伸黏结强度/MPa		—	—	≤M5：≥0.15 >M5：≥0.20	≥0.30	—	≥0.20
28d收缩率/%		—	—	≤0.20	≤0.20	—	≤0.15
抗冻性**	强度损失率/%	≤25					
	质量损失率/%	≤5					

* 干混薄层砌筑砂浆宜用于灰缝厚度不大于5mm的砌筑；干混薄层抹灰砂浆宜用于砂浆层厚度不大于5mm的抹灰。

** 有抗冻性要求时，应进行抗冻性试验。

干混陶瓷砖黏结砂浆、干混界面砂浆、干混保温板黏结砂浆和干混保温板抹面砂浆的拉伸黏结强度、压折比、可操作时间等性能应符合表5-7的规定。

表5-7 各种干混砂浆性能指标

干混陶瓷砖黏结砂浆性能指标			
项目		性能指标	
		I（室内）	E（室外）
拉伸黏结强度/MPa	常温状态	≥0.5	≥0.5
	晾置时间，20min	≥0.5	≥0.5
	耐水	≥0.5	≥0.5
	耐冻融	—	≥0.5
	耐热	—	≥0.5
压折比		—	≤0.3

续表

干混界面砂浆性能指标

项目		性能指标			
		C（混凝土界面）	AC（加气混凝土界面）	EPS（模塑聚苯板界面）	XPS（挤塑聚苯板界面）
拉伸黏结强度/MPa	常温常态，14d	≥0.5	≥0.3	≥0.10	≥0.20
	耐水				
	耐热				
	耐冻融				
晾置时间/min		—	≥10	—	—

干混保温板黏结砂浆性能指标

项目		EPS（模塑聚苯板）	XPS（挤塑聚苯板）
拉伸黏结强度/MPa（与水泥砂浆）	常温常态	≥0.60	≥0.60
	耐水	≥0.40	≥0.40
拉伸黏结强度/MPa（与保温板）	耐热	≥0.10	≥0.20
	耐冻融		
可操作时间/h		1.5～4.0	

干混保温板抹面砂浆性能指标

项目		EPS（模塑聚苯板）	XPS（挤塑聚苯板）
拉伸黏结强度/MPa（与保温板）	常温常态	≥0.10	≥0.20
	耐水		
	耐冻融		
柔韧性*	抗冲击（J）	≥3.0	
	压折比	≤3.0	
可操作时间/h		1.5～4.0	
24h 吸水量 /（g/m^2）		≤500	

* 对于外墙外保温采用钢丝网做法时，柔韧性可只检测压折比。

干混砂浆的粉状产品应均匀、无结块。双组分产品中的夜料组分经搅拌后应呈均匀状态、无沉淀；粉料组分应均匀、无结块。

5.4　砌筑砂浆的配合比设计

根据《砌筑砂浆配合比设计规程》（JGJ/T 98—2010），混合砂浆和水泥砂浆配合比计算步骤如下。

（1）混合砂浆配合比确定

1）砂浆试配强度的确定。为保证砂浆具有 95%的强度保证率，试配强度可由式（5.3）计算。

$$f_{m,0} = f_{m,k} - t\sigma = f_2 + 1.645\sigma_0 \tag{5.3}$$

式中：$f_{m,0}$——砂浆的试配强度，N/ mm^2 或 MPa；

$f_{m,k}$——砂浆的设计强度标准值，N/mm^2 或 MPa；

f_2——砂浆抗压强度平均值，N/mm^2 或 MPa；

t——概率度，当强度保证率为95%时，t=−1.645；

σ_0——砂浆现场强度标准差，N/mm^2 或 MPa。砂浆现场强度标准差应通过有关资料统计得出，如无统计资料时，可按表 5-8 取用。

表 5-8 砂浆强度标准差 σ_0 选用值 单位：MPa

施工水平 砂浆强度等级	M2.5	M5	M7.5	M10	M15	M20
优良	0.50	1.00	1.50	2.00	3.00	4.00
一般	0.62	1.25	1.88	2.50	3.75	5.00
较差	0.75	1.50	2.25	3.00	4.50	6.00

2）水泥用量的计算。砂浆中的水泥用量按式（5.4）计算确定。

$$Q_c = \frac{1000(f_{m,0} - B)}{A \cdot f_{ce}} \tag{5.4}$$

式中：Q_c——每立方米砂浆的水泥用量，kg；

$f_{m,0}$——砂浆的试配强度，MPa；

f_{ce}——水泥的实测强度，MPa；

A，B——砂浆的特征系数，其中 A=3.03，B=−15.09。

在无水泥的实测强度值时，可按式（5.5）计算。

$$f_{ce} = \gamma_c f_{ce,k} \tag{5.5}$$

式中：$f_{ce,k}$——水泥强度等级对应的强度值，MPa；

γ_c——水泥强度等级值的富余系数，由实际统计资料确定，无统计资料时 γ_c 取 1.0。

3）掺加料的确定。砂浆中的掺加料可按式（5.6）计算

$$Q_D = Q_A - Q_c \tag{5.6}$$

式中：Q_D——每立方米砂浆的掺加料用量，kg；

Q_c——每立方米砂浆的水泥用量，kg；

Q_A——每立方米砂浆中胶凝材料的总量，kg，一般为 300～350kg。

4）砂用量和用水量的确定。砂浆中的砂用量取干燥状态砂的堆积密度值作为计算值（kg）。砂浆的用水量，根据砂浆稠度等要求可选用 240～310kg。

（2）水泥砂浆配合比确定

水泥砂浆各材料用量可按表 5-9 选用。

表 5-9　每立方米水泥砂浆材料用量

强度等级	每立方米砂浆水泥用量 /kg	每立方米砂子用量 /kg	每立方米砂浆用水量 /kg
M2.5～M5	200～230	$1m^3$ 砂子的堆积密度值	270～330
M7.5～M10	220～280		
M15	280～340		
M20	340～400		

水泥用量应根据水泥的强度等级和施工水平合理选择，一般当水泥的强度等级较高（>32.5）或施工水平较高时，水泥用量选低值。用水量应根据砂的粗细程度、砂浆稠度和气候条件选择，当砂较粗、稠度较小或气候较潮湿时，用水量选低值。

（3）砂浆配合比的试配、调整与确定

砂浆在经计算或选取初步配合比后，应采用实际工程使用的材料进行试配，测定拌和物的稠度和分层度，当和易性不满足要求时，应调整至符合要求，将其确定为试配时砂浆的基准配合比；并采用稠度和分层度符合要求，水泥用量比基准配合比增加及减少10%的另两个配合比，按《建筑砂浆基本性能试验方法标准》（JGJ 70—2009）的规定拌和和成型试件，养护至规定的龄期，测定砂浆的强度，从中选定符合试配强度要求，且水泥用量较小的配合比作为砂浆配合比。

本章回顾与思考

1）砂浆是由胶凝材料、细集料、掺加料以及水等为主要原料进行拌和、硬化后具有强度的工程材料。

2）砂浆中各组分的作用。

3）新拌砂浆的性能和硬化砂浆的性能。

4）湿拌砂浆和干混砂浆的概念。

5）砌筑砂浆的配合比设计过程。

6）案例：保温砂浆的应用。

盐城某住宅小区是以小高层为主的高档住宅小区，总建筑面积 25 万 m^2，框架剪力墙结构，地下一层，地上十六层，墙体保温体系设计构造如下：a．外墙涂料；b．防裂抗渗砂浆 4mm；c．涂塑耐碱玻璃纤维网格；d．防裂抗渗砂浆 4mm；e．聚苯颗粒保温浆料 25mm（北立面 35mm）；f．界面剂；g．基层墙体。RE 复合墙体保温材料使用方便，只须加水搅拌均匀后直接使用，不须添加任何外加剂及辅助材料，具有导热系数良好、抗压及剪切强度高、线收缩率小的性能。材料进场后，经见证取样试验，检测结果为：抗压强度 0.9MPa，导热系数（25℃）为 0.068W/（m^2·K），松散密度为 391kg/m^3，检测结果符合要求。经使用，面层砂浆裂缝现象较少，工程实体外墙保温节能效果明显。

思考题

1）建筑砂浆有哪些基本性质？

2）砂浆的和易性的含义？各用什么方法检测？各用什么指标表示？

3）某工地夏秋季须配制 M7.5 的水泥石灰混合砂浆砌筑砖墙，采用 32.5 级普通水泥，中砂（含水率小于 0.5%），砂的堆积密度为 1460kg/m^3，试求砂浆的配合比是多少。

第6章 砌筑材料

砌体结构是人类最古老的建筑结构形式之一，在历史的长河中，先人给我们留下了许多建筑艺术瑰宝，如图6-1所示的古罗马斗兽场，是由石材砌筑而成，气势恢宏。随着建筑技术的不断发展，砌体结构仍然有很强的生命力，图6-2是由砖砌筑而成的现代建筑，庄重又不失活力。砌筑材料是土木工程中最重要的材料之一。我国传统的砌筑材料有砖和石材，砖和石材的大量开采需要耗用大量的农用土地，从而破坏生态环境，而且砖、石自重大，体积小，生产效率低，影响建筑业的工业化发展速度。因此，因地制宜地利用地方性资源和工业废料发展轻质、高强、多功能、大尺寸的新型砌筑材料，是土木工程可持续发展的一项重要内容。

图6-1 古罗马斗兽场

图6-2 砖砌体建筑

6.1 砌墙砖

砖是最传统的砌体材料，虽然当前出现了各种新型墙体材料，但由于砖的价格便宜，且又能满足一定的建筑功能要求，因此，砌墙砖仍是当前主要的墙体材料之一。目前工程中所用的砌墙砖按生产工艺分为两类：一类是通过焙烧工艺制得的；一类是通过蒸养或蒸压工艺制得的，称为蒸养砖或蒸压砖，也称免烧砖。砌墙砖的形式有实心砖、多孔砖和空心砖。

6.1.1 烧结砖

目前在墙体材料中使用最多的是烧结普通砖、烧结多孔砖和烧结空心砖。按生产原料烧结普通砖又分为黏土砖、页岩砖、煤矸石砖和粉煤灰砖等几种。

1. 烧结普通砖

（1）生产工艺

烧结普通砖的生产工艺流程主要有：采土，配料调制，制坯，干燥，焙烧，成品。其中焙烧是生产全过程中最重要的环节。砖坯在焙烧过程中，应控制好烧成温度，以免出现欠火砖或过火砖。欠火砖烧成温度过低，色浅，声哑，空隙率大，强度低，耐久性差。过火砖烧成温度过高，砖色较深、声清脆，有弯曲等变形，砖的尺寸极不规整。

砖坯在氧化环境中焙烧，则制得红砖。若砖坯在氧化环境中烧成后，再经浇水闷窑，使窑内形成还原环境，使砖内的红色高价氧化铁（Fe_2O_3）还原成青色的低价氧化铁（FeO），则制得青砖。

近年来，我国还普遍采用了内燃烧法烧砖。将煤渣、粉煤灰等可燃工业废渣以适当比例掺入制坯黏土原料中作为内燃料，当砖坯焙烧到一定温度时，内燃料在坯体内也进行燃烧，这样烧成的砖叫作内燃砖。这样，不但可节省大量燃煤，节约黏土5%～10%，而且砖的强度可以提高20%左右，表观密度减小，导热系数降低。

（2）主要技术性质

根据《烧结普通砖》（GB 5101—2003）的规定，烧结普通砖的主要技术要求包括尺寸、外观质量、强度等级、抗风化性能、泛霜和石灰爆裂，并规定产品中不允许有欠火砖、酥砖和螺旋纹砖。根据抗压强度分为MU30、MU25、MU20、MU15、MU10五个强度等级。强度、抗风化性能合格的砖，根据尺寸偏差、外观质量、泛霜和石灰爆裂等分为优等品（A）、一等品（B）和合格品（C）三个质量等级。

砖的检验方法按照《砌墙砖试验方法》（GB/T 2542—2012）规定进行。

烧结普通砖的主要技术性能指标如下。

1）外形尺寸。烧结普通砖为矩形体，其标准尺寸为240mm×115mm×53mm。考虑10mm厚的砌筑灰缝，则4块砖长，8块砖宽或16块砖厚均为1m，$1m^3$砌体须用砖512块。尺寸允许偏差应符合《烧结普通砖》（GB 5101—2003）的规定。

2）外观质量。烧结普通砖的优等品颜色应基本一致，合格品颜色无要求。外观质量包括两条面高度差、弯曲程度、杂质凸出高度、缺棱掉角、裂纹长度和完整面等要求。

3）强度等级。烧结普通砖强度等级是通过取10块砖试样进行抗压强度试验，根据抗压强度平均值和强度标准值来划分的（表6-1）。

表6-1 烧结普通砖强度等级划分规定 单位：MPa

强度等级	抗压强度平均值 $f\geqslant$	变异系数≤0.21	变异系数δ>0.21
		强度标准值 $f_k\geqslant$	单块最小抗压强度值 $f_{min}\geqslant$
MU30	30.0	22.0	25.0
MU25	25.0	18.0	22.0
MU20	20.0	14.0	16.0
MU15	15.0	10.0	12.0
MU10	10.0	6.5	7.5

烧结普通砖的抗压强度标准值按式（6.1）和式（6.2）计算。

$$f_{\mathrm{k}} = \overline{f} - 1.8S \tag{6.1}$$

$$S = \sqrt{\frac{1}{9}\sum_{i=1}^{10}(f_i - \overline{f})^2} \tag{6.2}$$

式中：f_{k}——烧结普通砖抗压强度标准值，MPa；

$\overline{f}$——10 块砖样的抗压强度算术平均值，MPa；

S——10 块砖样的抗压强度标准差，MPa；

f_i——单块砖样的抗压强度测定值，MPa。

4）泛霜。当砖的原料中含有硫、镁等可溶性盐类时，砖在使用过程中，这些盐类会随着砖内水分蒸发而在砖表面产生盐析现象，一般为白色粉末，常在砖表面形成絮团状斑点，严重点会起粉、掉角或脱皮。通常，轻微泛霜就能对清水砖墙建筑外观产生较大影响。中等程度泛霜的砖用于建筑中的潮湿部位时，7～8 年后因盐析结晶膨胀将使砖砌体表面产生粉化剥落，在干燥环境中使用 10 年以后也将开始剥落。严重泛霜对建筑结构的破坏性则更大。《烧结普通砖》（GB 5101—2003）规定，优等品砖应无泛霜现象，一等品砖不得出现中等泛霜，合格品砖不得严重泛霜。

5）石灰爆裂。当原料土中夹杂有石灰石时，石灰石被烧成生石灰，留在砖中。生石灰吸水熟化时产生体积膨胀，导致砖发生胀裂破坏。石灰爆裂对砖砌体影响较大，轻者影响外观，重者将使砖砌体强度降低直至破坏。《烧结普通砖》（GB 5101—2003）规定，优等品不允许出现破坏尺寸大于 2mm 的爆裂区城，一等品砖不允许出现最大破坏尺寸大于 10mm 的爆裂区域，合格品不允许出现破坏尺寸大于 15mm 的爆裂区域。

6）抗风化性能。抗风化性能是烧结普通砖重要的耐久性之一，对砖的抗风化性要求根据各地区风化程度的不同而定。烧结普通砖的抗风化性能通常以其抗冻性、吸水率及饱和系数等指标判别。用于严重风化区中的黑龙江、吉林、辽宁、内蒙古、新疆等省区的烧结普通砖，其抗冻性能必须符合 GB 5101—2003 规定。用于其他地区的烧结普通砖，如果 5h 沸煮吸水率及饱和系数符合 GB 5101—2003 规定，可以不做冻融试验。

（3）烧结普通砖的应用

烧结普通砖具有较高的强度，又因多孔结构而具有良好的绝热性、透气性和稳定性。黏土砖还具有良好的耐久性。加之原料广泛、生产工艺简单，因而它是应用历史最久、使用范围最广的建筑材料之一。

烧结普通砖在建筑工程中主要用于墙体材料，其中优等品可用于清水墙建筑，一等品和合格品用于混水墙建筑。中等泛霜的砖不得用于潮湿部位。烧结普通砖也可用于砌筑柱、拱、窑炉、烟囱、沟道及基础等（此外还可用作预制振动砖墙板、复合墙体等），在砌体中配制适当的钢筋或钢丝网，可代替钢筋混凝土柱、梁等。

在普通砖砌体中，砖砌体的强度不仅取决于砖的强度，而且受砌筑砂浆性质的影响很大。砖的吸水率大，砌筑前若不浇水湿润，砌筑时将大量吸收水泥砂浆中的水分，使水泥不能正常水化和硬化，导致砖砌体强度下降。因此，在砌筑砖砌体时，必须预先将砖润湿，方可使用。

2. 烧结多孔砖和烧结空心砖

根据《砖和砌块名词术语》[JC/T 790—1985（96）] 的定义，常用于承重部位、孔洞率等于或大于 15%，孔的尺寸小而数量多的砖称为多孔砖；常用于非承重部位，空洞率等于或大于 35%，孔的尺寸大而数量少的砖称空心砖。

（1）烧结多孔砖与空心砖的特点

烧结多孔砖和空心砖的原料及生产工艺与烧结普通砖基本相同，但对原料的可塑性要求较高。多孔砖为大面有孔洞的砖，孔多而小，使用时孔洞垂直于承压面，表观密度为 1400kg/m^3 左右。烧结空心砖为端面有孔洞的砖，孔大而少，表观密度为 800～1100kg/m^3，使用时孔洞平行于承压面。

与烧结普通砖相比，生产多孔砖和空心砖，可节省黏土 20%～30%，节约燃料 10%～20%，且砖坯焙烧均匀，烧成率高。采用多孔砖成空心砖砌筑墙体，可减轻自重 1/3 左右，提高工效约 40%，同时还能改善墙体的热工性能。因此，发达国家早已十分重视发展多孔或空心黏土制品。目前，欧美等国家生产的多孔砖和空心砖已占其砖产量的 80%～90%，并且发展了高强空心砖、微孔砖等。近年来，为了节约土地资源和减少能源消耗，我国多孔砖和空心砖发展也十分迅速，国家和各地方政府的有关部门都制定了限制生产和使用实心砖的政策，鼓励生产和使用多孔砖及空心砖。

（2）主要技术要求

根据《烧结多孔砖和多孔砌块》（GB 13544—2011）及《烧结空心砖和空心砌块》（GB 13545—2014）的规定，其具体技术要求如下。

1）形状与规格尺寸。烧结多孔砖和烧结空心砖均为直角六面体，它们的形状分别如图 6-3 和图 6-4 所示。

图 6-3 烧结多孔砖

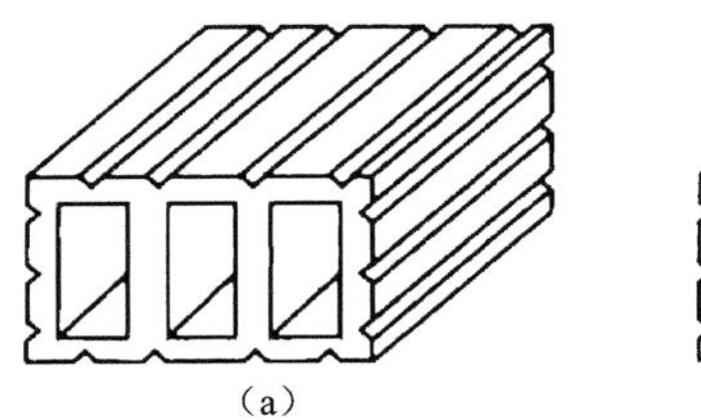
(a)

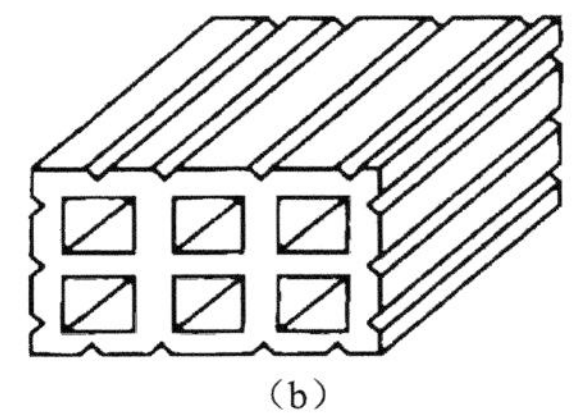
(b)

图 6-4　烧结空心砖

其孔洞尺寸应符合表 6-2 的规定。

表 6-2　烧结多孔砖孔洞尺寸　　单位：mm

圆孔直径	非圆孔内切圆直径	手抓孔
≤22	≤15	（30～40）×（75～85）

另外，按标准《烧结空心砖和空心砌块》（GB/T 13545—2014）规定，烧结空心砖和空心砌块的外型为直角六面体，其长度、宽度、高度应符合下列要求：

长度规格尺寸（mm）：390，290，240，190，180（175），140；

宽度规格尺寸（mm）：190，180（175），140，115；

高度规格尺寸（mm）：180（175），140，115，90。

2）强度等级及质量等级。烧结多孔砖根据其抗压强度分为 MU30、MU25、MU20、MU15 和 MU10 五个强度等级，强度和抗风化性能合格的砖，根据尺寸偏差、外观质量及耐久性等又分为优等品（A）、一等品（B）和合格品（C）三个产品等级。各强度等级的具体指标要求见表 6-3。

表 6-3　烧结多孔砖强度等级

强度等级	抗压强度平均值 f ≥	变异系数 ≤ 0.21	变异系数 δ >0.21
		强度标准值 f_k ≥	单块最小抗压强度值 f_{min} ≥
MU30	30.0	22.0	25.0
MU25	25.0	18.0	22.0
MU20	20.0	14.0	16.0
MU15	15.0	10.0	12.0
MU10	10.0	6.5	7.5

烧结空心砖根据其大面和条面的抗压强度值分为 MU10、MU7.5、MU5、MU3.5、MU2.5 五个强度等级，同时又按其表观密度分为 800、900、1000、1100 四个密度级别。每个密度级别的产品根据其孔洞及孔排列数、尺寸偏差、外观质量、强度等级和耐久性等分为优等品（A）、一等品（B）和合格品（C）三个质量等级。各质量等级对应的强度等级及具体指标要求见表 6-4。

表 6-4 烧结空心砖和空心砌块强度等级

强度等级	抗压强度/MPa			密度等级范围/ kg/m^3 ≤
	抗压强度平均值 $\bar{f}$ ≥	变异系数 $\delta \leqslant 0.21$	变异系数 $\delta \leqslant 0.21$	
		强度标准值 f_k ≥	单块最小抗压强度值 f_{min} ≥	
MU10	10.0	7.0	8.0	1100
MU7.5	7.5	5.0	5.8	
MU5	5.0	3.5	4.0	
MU3.5	3.5	2.5	2.8	
MU2.5	2.5	1.6	1.8	800

3）耐久性。烧结多孔砖耐久性要求主要包括：泛霜、石灰爆裂和抗风化性能。各质量等级砖的泛霜、石灰爆裂和抗风化性能要求与烧结普通砖相同。

烧结多孔砖和烧结空心砖的技术要求，如尺寸允许偏差、外观质量、强度和耐久性等均按《砌墙砖试验方法》（GB/T 2542—2012）规定进行检测。

（3）烧结多孔砖和空心砖的应用

烧结多孔砖强度较高，主要用于砌筑六层以下的承重墙体。空心砖自重轻，强度较低，多用作非承重墙，如多层建筑内隔墙、框架结构的填充墙等。

6.1.2 蒸养（压）砖

蒸养（压）砖属于硅酸盐制品，是以石灰和含硅原料（砂、粉煤灰、炉渣、矿渣、煤矸石等）加水拌和，经成型、蒸养（压）而制成的。目前使用的主要有粉煤灰砖、灰砂砖和炉渣砖，其规格尺寸与烧结普通砖相同。

1. *粉煤灰砖*

粉煤灰砖是以粉煤灰和石灰为主要原料，掺入适量的石膏和炉渣，加水混合制成坯料，经陈化、轮碾、加压成型，再经常压或高压蒸养而制成的一种墙体材料。

2. *灰砂砖*

灰砂砖是用石灰和天然砂，经混合搅拌、陈化、轮碾、加压成型、蒸养而制得的墙体材料。根据《蒸压灰砂砖》（GB 11945—1999）规定，按抗压强度和抗折强度分为MU25、MU20、MU15和MU10四个强度等级。根据尺寸偏差和外观质量分为优等品（A）、一等品（B）和合格品（C）三个质量等级。

6.1.3 混凝土路面砖

混凝土路面砖通常采用彩色混凝土制作，分为人行道砖和车行道砖两种，按其形状又分为普通型砖和异型砖两种。路面砖也有本色砖。普通型铺地砖有方形、六角形等多种，它们的表面可做成各种图案花纹，故又称花阶砖。异型路面砖铺设后，砖与砖之间相互产生连锁作用，故又称连锁砖。连锁砖的排列方式有多种，不同的排列形成不同图案的路面。采用彩色路面砖铺筑，可铺成丰富多彩具有美丽图案的路面和永久性的交通管理标志，具有美化城市的作用。

根据《混凝土路面砖》(GB 28635—2012)，常用路面砖的规格尺寸列于表 6-5。

表 6-5　《混凝土路面砖》的规格尺寸　　单位：mm

边长	100，150，200，250，300，400，500
厚度	50，60，80，100，120

应该指出，彩色混凝土在使用中表面会出现“白霜”，其原因是混凝土中的氢氧化钙及少量硫酸钠，随混凝土内水分蒸发而迁向表面，并在混凝土表面结晶沉淀，之后又与空气中二氧化碳作用而变为白色的碳酸钙和碳酸钠晶体，这就是“白霜”。“白霜”遮盖了混凝土的色彩，严重降低了装饰效果。防止“白霜”常用的措施是：混凝土采用低水灰比，机械搅拌和振动成型提高密实度，采用蒸汽养护也可有效防止初期“白霜”的形成；硬化混凝土表面，喷涂有机硅系憎水剂、丙烯酸系树脂等表面处理剂；尽量避免使用深色的彩色混凝土。

6.2 砌　块

砌块是近年来迅速发展起来的一种砌筑材料，可用于砌筑墙体，还可用于砌筑挡土墙、高速公路音障及其他砌块构成物。我国目前使用的砌块品种很多，其分类方法也不同。按砌块特征分类，可分为实心砌块和空心砌块两种。凡平行于砌块承重面的面积小于毛截面的 75%者属于空心砌块，等于或大于 75%者属于实心砌块，空心砌块的空心率一般为 30%～50%。按生产砌块的原材料不同分类，可分为混凝土砌块和硅酸盐砌块。

6.2.1 普通混凝土小型空心砌块

混凝土砌块是由水泥、矿物掺合料、水、砂、石，按一定比例配合，经搅拌、成型和养护而成。砌块的主规格为 390mm×190mm×190mm，配以 3～4 种辅助规格，即可组成墙用砌块基本系列。按使用木砌筑墙体的结构物和受力情况，分为承重结构物用砌块（代号：Lo）和非承重结构物用砌块（代号：N）。

1. 主要技术性质

1）砌块的强度。混凝土砌块的强度用砌块受压面的毛截面面积除以破坏荷载求得，砌块的强度等级分为 MU3.5、MU5、MU7.5、MU10、MU15 和 MU20 六个等级。

2）砌块的密度。混凝土砌块的密度取决于原材料、混凝土配合比、砌块的规格尺寸、孔型和孔结构、生产工艺等。普通混凝土砌块的密度一般为 1100～1500kg/m^3，轻混凝土砌块的密度一般为 700～1000kg/m^3。

3）砌块的吸水率和软化系数。一般而言，混凝土砌块的吸水率和软化系数取决于原材料的种类、配合比、砌块的密实度和生产工艺等。用普通砂、石作骨料的砌块，吸水率低，软化系数较高；用轻集料生产的砌块，吸水率高，而软化系数低。砌块密实度高，则吸水率低，而软化系数高；反之，则吸水率高，软化系数低。通常L型普通混凝土砌块的吸水率不大于10%，N类砌块的吸水率不大于14%，软化系数为0.85～0.95。

4）砌块的收缩。与烧结砖相比较，砌块砌筑的墙体较易产生裂缝，其原因是多方面的，就墙体材料本身而言，原因有两个：一是由于砌块失去水分而产生收缩；二是由于砂浆失去水分而收缩。砌块的收缩值取决于所采用的骨料种类、混凝土配合比、养护方法和使用环境的相对湿度。普通混凝土砌块和轻集料混凝土砌块在相对湿度相同的条件下，轻集料混凝土砌块的收缩值较大；采用蒸压养护工艺生产的砌块比采用蒸汽养护的砌块收缩值要小。

在国外，为控制砌体的收缩值，在不同相对湿度地区对砌块的含水量（以最大吸水率为基准）都有严格的规定，这主要是为了控制砌块建筑的墙体裂缝。由于我国混凝土砌块的生产与应用的历史较短，虽然对混凝土砌块已制定出一些质量标准，但还不够严密，特别是对砌块的吸水率和收缩率都没有明确的规定。因此，在砌块建筑中，如在建筑措施上处理不当，则往往容易在墙体上出现一些裂缝。我国目前L型普通混凝土砌块的收缩值为应不大于0.45mm/m，V类砌块的线性干燥收缩值应不大于0.65mm/m，煤渣砌块的收缩值以34mm/m。

5）砌块的导热系数。混凝土砌块的导热系数随混凝土材料的不同而有差异。在相同的孔结构、规格尺寸和工艺条件下，以卵石、碎石和砂为集料生产的混凝土砌块，其导热系数要大于以煤渣、火山渣、浮石、煤矸石、陶粒等为集料的混凝土砌块。在相同的材料、壁厚、肋厚和工艺条件下，由于孔结构不同（如单排孔、双排孔或三排孔砌块），单排孔砌块的导热系数要大于多排孔砌块。

2. *混凝土砌块的应用*

混凝土砌块是由可塑的混凝土加工而成，其形状、大小可随设计要求不同而改变，因此它既是一种墙体材料，又是一种多用途的新型建筑材料。混凝土砌块的强度可通过混凝土的配合比和改变砌块的孔洞而在较大幅度内得到调整，因此，可用作承重墙体和非承重的填充墙体。混凝土砌块自重较实心黏土砖轻，砌块有空洞便于浇注配筋芯柱，能提高建筑物的延性，抗震性能较黏土砖好。此外，混凝土砌块的绝热、隔声、防火、耐久性等大体与黏土砖相同，能满足一般建筑要求。

铺地砌块是混凝土砌块中的另一类主要产品，它是由硬性混凝土制成，包括面层和基层，因此可采用二次布料振动压实成型。它的外形一般为工字形、六边形及其他多边形。其特点是块形变化多、色彩丰富、铺砌简便、更换方便、经久耐用，能在多种地面和路面工程中应用。

混凝土砌块还可用于挡土墙工程，这些砌块可采用密实砌块或空心砌块，外表面可用砌块原形，也可将外露面加工成各种有装饰效果的表面。此外混凝土砌块还在道路护坡、堤岸护坡等工程中使用。

6.2.2 加气混凝土砌块

加气混凝土砌块是用钙质材料（如水泥、石灰）、硅质材料（粉煤灰、石英砂、粒化高炉矿渣等）和加气剂作为原料，经混合搅拌、浇注发泡、坯体静停与切割后，再经蒸压养护而成。

加气混凝土砌块具有表观密度小、保温性能好及可加工等优点，一般在建筑物中主要用作非承重墙体的隔墙。另外，由于加气混凝土内部含有许多独立的封闭气孔，切断了部分毛细孔的通道，而且在水的结冰过程中起着压力缓冲作用，所以具有较高的抗冻性。

6.2.3 石膏砌块

生产石膏砌块的主要原材料为天热石膏或化工石膏。为了减小表观密度和降低导热性，可掺入适量的锯末、膨胀珍珠岩、陶粒等轻质多孔填充材料。在石膏中掺入防水剂可提高其耐水性。石膏砌块质轻、绝热吸气、不燃、可锯可钉、生产工艺简单、成本低。石膏砌块多用作内隔墙，是一种低碳、环保和健康的材料。

6.3 砌筑用石材

天然石材是最古老的建筑材料之一，世界上许多著名的古建筑，如埃及的金字塔、我国河北省的赵州桥都是由天然石材建造而成。近几十年来，由于钢筋混凝土和新型砌筑材料的应用和发展，虽然在很大程度上代替了天然石材，但由于天然石材在地壳表面分布广，蕴藏丰富，便于就地取材，加之石材具有相当高的强度、良好的耐磨性和耐久性，因此，石材在土木工程中仍得到了广泛的应用。

6.3.1 石材的分类

天然石材是采自地壳表层的岩石。根据生成条件，天然石材按地质分类法可分为火成岩、沉积岩和变质岩三大类。

1. 火成岩

火成岩又称岩浆岩，是由地壳内部熔融岩浆上升冷却而成的岩石。根据冷却条件的不同，又可分为深成岩、喷出岩和火山岩三类。

1）深成岩。深成岩是岩浆在地壳深处，受上部覆盖层的压力作用，缓慢且均匀地冷却而成的岩石。深成岩的特点是晶粒较粗，呈致密块状结构。因此，深成岩的表观密度大、强度高、吸水率小、抗冻性好。工程上常用的深成岩有花岗岩、正长岩、闪长岩和辉长岩。

2）喷出岩。喷出岩为熔融的岩浆喷出地壳表面，迅速冷却而成的岩石。由于岩浆喷出地表时压力骤减且迅速冷却，结晶条件差，多呈隐晶质或玻璃体结构。如喷出岩凝固成很厚的岩层，其结构接近深成岩。当喷出岩凝固成比较薄的岩层时，常呈多孔构造。工程上常用的喷出岩有玄武岩、安山岩和流纹岩。

3）火山岩。火山岩是火山爆发时岩浆喷到空中，急速冷却后形成的岩石。火山岩为玻璃体结构且呈多孔构造，如火山灰、火山砂、浮石和凝灰岩。火山砂和火山灰常用作为水泥的混合材料。

2. 沉积岩

地表岩石经长期风化后，成为碎屑颗粒状或粉尘状，经风或水的搬运，通过沉积和再造作用而形成的岩石称为沉积岩。沉积岩大都呈层状构造，表观密度小，孔隙率大，吸水率大，强度低，耐久性差，而且各层间的成分、构造、颜色及厚度都有差异。沉积岩可分为机械沉积岩、化学沉积岩和生物沉积岩。

1）机械沉积岩。机械沉积岩是各种岩石风化后，经过流水、风力或冰川作用的搬运及逐渐沉积，在覆盖层的压力下或由自然胶结物胶结而成，如页岩、砂岩和砾岩等。

2）化学沉积岩。化学沉积岩是岩石中的矿物溶解在水中，经沉淀沉积而成，如白云岩及部分石灰岩等。

3）生物沉积岩。生物沉积岩是由各种有机体残骸经沉积而成的岩石，如石灰岩、硅藻土等。

3. 变质岩

岩石由于强烈的地质活动，在高温和高压下，矿物再结晶或生成新矿物，使原来岩石的矿物成分及构造发生显著变化而成为一种新的岩石，称为变质岩。

一般沉积岩形成变质岩后，其建筑性能有所提高，例如石灰岩和白云岩变质后成为大理岩，砂岩变质后成为石英岩，都比原来的岩石坚固耐久。相反，原为深成岩经变质后产生片状构造，建筑性能反而恶化。例如花岗岩变质成为片麻岩后，易分层剥落，耐久性差。整个地表岩石分布情况为：沉积岩占 75%，火成岩和变质岩占 25%。

6.3.2 石材的技术性质

1. 表观密度

石材的表观密度与矿物组成及孔隙率有关。致密的石材如花岗岩和大理岩等，其表观密度约为 2500～3100kg/m^3。孔隙率较大的石材，如火山凝灰岩、浮石等，其表观密度较小，约为 500～1700kg/m^3。天然石材根据表观密度可分为轻质石材和重质石材。表观密度小于 1800kg/m^3 的为轻质石材，一般用作墙体材料；表观密度大于 1800kg/m^3 的为重质石材，可作为建筑物的基础、贴面、地面、房屋外墙、桥梁和水工构筑物等。

2. 吸水性

石材的吸水性主要与其孔隙率和孔隙特征有关。孔隙特征相同的石材，孔隙率愈大，吸水率也愈高。表观密度大的石材，孔隙率小，吸水率也小。例如花岗岩吸水率通常小于 0.5%，而多孔贝类石灰岩吸水率可高达 15%。石材吸水后强度降低，抗冻性变差，导热性增加，耐水性和耐久性下降。

3. 耐水性

石材的耐水性以软化系数来表示。根据软化系数的大小，石材的耐水性分为高、中、低三等，软化系数大于 0.9 的石材为高耐水性石材，软化系数为 0.70～0.90 的石材属于中耐水性石材，软化系数为 0.60～0.70 的石材属于低耐水性石材。岩石软化系数小于 0.6 时，不允许用于重要建筑物中。

4. 抗冻性

抗冻性是指石材抵抗冻融破坏的能力，是衡量石材耐久性的一个重要指标。石材的抗冻性与吸水率大小有密切关系，一般吸水率大的石材，抗冻性能较差。另外，抗冻性还与石材吸水饱和程度、冻结温度和冻融次数有关。石材在水饱和状态下，经规定次数的冻融循环后，若无贯穿裂缝且重量损失不超过 5%，强度损失不超过 25%时，则为抗冻性合格。

5. 耐火性

石材的耐火性取决于其化学成分及矿物组成。由于各种造岩矿物热膨胀系数不同，受热后体积变化不一致，将产生内应力而导致石材崩裂破坏。含有石英和其他矿物结晶的石材，如花岗岩等，当温度在 700℃以上时，由于石英受热膨胀，强度会迅速下降。另外，在高温下，造岩矿物会产生分解或晶型转变。如含有石膏的石材，在 100℃以上时即开始破坏。

6. 抗压强度

天然石材的抗压强度取决于岩石的矿物组成、结构、构造特征、胶结物质的种类及均匀性等。例如花岗岩的主要造岩矿物是石英、长石、云母和少量暗色矿物，若石英含量高，则强度高；若云母含量低，则强度低。

石材是非均质和各向异性的材料，而且是典型的脆性材料，其抗压强度高，抗拉强度比抗压强度低得多，约为抗压强度的 1/20～1/10。测定岩石抗压强度的试件尺寸为 70mm×70mm×70mm 的立方体。按吸水饱和状态下的抗压极限强度平均值，天然石材的强度等级分为 MU100、MU80、MU60、MU50、MU40、MU30、MU20、MU15、MU10 九个等级。

7. 硬度

天然石材的硬度以莫氏或肖氏硬度表示，它主要取决于组成岩石的矿物硬度与构造。凡由致密、坚硬的矿物所组成的岩石，其硬度较高；结晶质结构硬度高于玻璃质结构；构造紧密的岩石硬度也较高。岩石的硬度与抗压强度有很好的相关性，一般抗压强度高的其硬度也大。岩石的硬度越大，其耐磨性和抗刻划性能越好，但表面加工越困难。

8. 耐磨性

石材耐磨性是指石材在使用条件下抵抗摩擦、边缘剪切以及撞击等复杂作用而不被磨损（耗）的性质。石材耐磨性包括耐磨损性和耐磨耗性两个方面。耐磨损性以磨损度表示，它是石材受摩擦作用，其单位摩擦面积的质量损失的大小。耐磨耗性以磨耗度表示，它是石材同时受摩擦与冲击作用，其单位质量产生的质量损失的大小。

石材的耐磨性与岩石组成矿物的硬度及岩石的结构和构造有一定的关系。一般而言，岩石强度高，构造致密，则耐磨性也较好。用于土木工程中的石材，应具有较好的耐磨性。

6.3.3 石材的应用

1. 毛石

毛石是指岩石以开采所得、未经加工的形状不规则的石块。毛石有乱毛石和平毛石两种。乱毛石各个面的形状不规则，平毛石虽然形状也不规则，但大致有两个平行的面，土木工程用毛石一般要求中部厚度不小于 15cm，长度为 30～40cm，抗压强度应大于 10MPa，软化系数不小于 0.80。毛石主要用于砌筑建筑物基础、勒脚、墙身、挡土墙、堤岸及护坡，还可以用来配制片石混凝土。致密坚硬的沉积岩可用于一般的房屋建筑，而重要的工程应采用强度高、抗风化性能好的岩浆岩。

2. 料石

料石是指以人工斩凿或机械加工而成，形状比较规则的六面体块石，通常按加工平整程度分为毛料石、粗料石、半细料石和细料石四种。毛料石是表面不经加工或稍加修整的料石；粗料石是表面加工成凹凸深度不大于 20mm 的料石；半细料石是表面加工成凹凸深度不大于 10mm 的料石；细料石是表面加工成凹凸深度不大于 2mm 的料石。

料石一般由致密的砂岩、石灰岩、花岗岩加工而成，制成条石、方石及楔形的拱石。毛料石形状规则，大致方正，正面的高度不小于 20cm，长度与宽度不小于高度，抗压强度不得低于 30MPa。粗料石形体方正，其正面经锤凿加工，要求正表面的凹凸相差不大于 20mm。半细料石和细料石是用作镶面的石料。规格、尺寸与粗料石相同，而凿琢加工要求则比粗料石更高更严，半细料石正表面的凹凸相差不大于 10mm。而细料石则相差不大于 2mm。

料石主要用于建筑物的墙身、地坪踏步、纪念碑等部位，半细料石和细料石主要用作镶面材料。

3. 石板

石板是用致密的岩石凿平或锯成的一定厚度的岩石板材。作为饰面用的板材，一般采用大理岩和花岗岩加工制作。饰面板材要求耐磨、耐久、无裂缝或水纹，色彩丰富，外表美观。花岗岩板材主要用于建筑工程室外装修、装饰；大理石板材经研磨抛光成镜面，主要用于室内装饰。粗磨板材（表面平滑无光）主要用于建筑物外墙面、柱面、台阶及勒脚等部位；磨光板材（表面光滑如镜）主要用于室内外墙面、柱面。

4. 广场地坪、路面、庭院小径用石材

广场地坪、路面、庭院小径用石材主要有石板、方石、条石、拳石、卵石等，这些岩石要求坚实耐磨、抗冻和抗冲击性好。当用平毛石、拳石、卵石铺筑地坪或小径时，可以利用石材的色彩和外形镶拼成各种图案。

本章回顾与思考

1）目前工程中所用的砌墙砖按生产工艺分为两类，一类是通过焙烧工艺制得的烧结砖，另一类是通过蒸养或蒸压工艺制得的，称为蒸养砖或蒸压砖。

2）目前在墙体材料中使用最多的是烧结普通砖、烧结多孔砖和烧结空心砖。

3）烧结砖的生产工艺、特点、技术性质。

4）蒸养（压）砖属于硅酸盐制品，是以石灰和含硅原料（砂、粉煤灰、炉渣、矿渣、煤矸石等）加水拌和，经成型、蒸养（压）而制成的。目前使用的主要有粉煤灰砖、灰砂砖和炉渣砖。

5）按砌块特征分类，可分为实心砌块和空心砌块两种。

6）混凝土砌块是由水泥、水、砂、石，按一定比例配合，经搅拌、成型和养护而成。

7）加气混凝土砌块是用钙质材料（如水泥、石灰）、硅质材料（粉煤灰、石英砂、粒化高炉矿渣等）和加气剂作为原料，经混合搅拌、浇注发泡、坯体静停与切割后，再经蒸压养护而成。

8）天然石材是采自地壳表层的岩石天然石材根据生成条件，按地质分类法可分为火成岩、沉积岩和变质岩三大类。

9）石材的技术性质及应用。

工程案例

某工程地下一层、地上 33 层，地上建筑面积 28020m^2、地下 4971m^2，为框剪结构，基础类型为桩筏式基础。建筑单体室内地坪标高 ±0.000 相当于黄海高程 5.550。地下室层高 5.41m，一层层高 3.9m，标准层层高 2.9m。砌体工程概况为：地面以下或防潮层以下砌体采用 MU15 蒸压灰砂砖砌筑，采用 M7.5 水泥砂浆。地面以上外填充墙采用 MU5 混凝土小型空心砖（双排孔）砌筑，采用 Mb5 专用砂浆。地面以上内填充墙采用蒸压加气混凝土砌块，Mb5 专用砂浆。所使用钢筋种类分别为 HPB235、HRB335、HRB400。

思考题

1）砌墙砖有哪几种？它们各有什么特性？

2）什么是砖的泛霜和石灰爆裂？它们对建筑有何影响？

3）如何判定普通烧结砖的抗风化性能？

4）试比较混凝土空心砌块与蒸压加气混凝土砌块的差别。它们的试用范围有何不同？

5）按成岩条件天然岩石分为哪几类？它们各具有什么特点？

第 7 章　沥青及沥青混合料

沥青是一种有机胶凝材料，是由高分子碳氢化合物及其非金属（氧、硫、氮）的衍生物组成的固体或半固体混合物，呈暗褐色至黑色，几乎不溶于水，可溶于苯或二硫化碳等溶剂，是自然界中天然存在或从原油、煤经蒸馏后得到的残渣。

沥青按产源可分为地沥青（包括天然沥青、石油沥青）和焦油沥青（包括煤沥青、页岩沥青）。常用的主要是石油沥青，另外还使用少量的煤沥青。

沥青具有良好的防水性能及其他优越的物理力学性能，广泛应用于具有防水、防潮要求的工程及公路桥梁等工程。

7.1 沥青材料

7.1.1 石油沥青

石油沥青是石油（原油）经蒸馏等提炼出各种轻质油（如汽油、煤油、柴油等）及润滑油以后的残留物，或进一步加工所得的产品。石油沥青的性质与石油的属性密切相关。

1. *石油沥青的组成与结构*

（1）石油沥青的组分

石油沥青是由多种碳氢化合物及其非金属的衍生物组成的混合物。其元素组成主要是碳（占总质量的 80%～85%）、氢（占总质量的 10%～15%）和少量的氧、硫、氮等非金属元素。因为沥青的化学组成复杂，对组成进行分析很困难，同时化学组成还不能反映沥青物理性质的差异。因此一般不做沥青的化学分析，只从使用角度，将沥青中化学成分及性质极为接近，并且与物理力学性质有一定关系的成分，划分为若干个组，这些组即称为组分。

一般将石油沥青划分为油分、树脂和地沥青质三个组分，这三个组分可利用沥青在不同有机溶剂中的选择性溶解分离出来。沥青的许多性质是由三大组分的相对含量决定的，三组分的主要特征和作用见表 7-1。

表 7-1　石油沥青的主要成分特征和作用

组分	碳氢比	性质与状态	含量/%	作用
油分	0.5～0.7	浅色液体，可溶于大部分溶剂，密度约为 0.91～0.93g/cm^3	40～60	使沥青具有流动性
树脂	0.7～0.8	深色黏稠半固体，温度敏感性强，密度 1.0g/cm^{3}以上	15～30	使沥青具有黏性和塑性，还可增加黏附性
地沥青质	0.8～1.9	深色固体颗粒，加热不熔，不溶于溶剂	10～30	增加沥青黏性、稳定性

（2）石油沥青的胶体结构

在石油沥青中，油分和树脂可以互相溶解，树脂能浸润地沥青质，在地沥青质的超细颗粒表面形成树脂薄膜。所以石油沥青的结构是以地沥青质为核心，周围吸附部分树脂和油分，构成胶团，无数胶团分散在油分中而形成胶体结构。在这个分散体系中，分散相为吸附部分树脂的地沥青质，分散介质为溶有树脂的油分。在胶体结构中，从地沥青质到油分是均匀且逐步递变的，并无明显界面。

石油沥青中各化学组分含量变化时，会形成不同类型的胶体结构，通常根据沥青的流变特征，其胶体结构可分为以下三类。

1）溶胶型结构。当油分和低相对分子质量树脂足够多时，胶团外膜层较厚，胶团间没有吸引力或吸引力小，胶团之间相对运动较自由，这种胶体结构的沥青称为溶胶型石油沥青。溶胶型石油沥青的特点是流动性和塑性较好，开裂后自行愈合能力较强，而对温度的敏感性强，即对温度的稳定性较差，温度过高会流淌。

2）凝胶型结构。当油分和树脂含量较少时，胶团外膜较薄，胶团靠近聚集，相互吸引力增大，胶团间相互移动比较困难。这种胶体结构的石油沥青称为凝胶型石油沥青。凝胶型石油沥青的特点是弹性和黏性较高，温度敏感性较小，开裂后自行愈合能力较差，流动性和塑性较低。

3）溶胶-凝胶型结构。当沥青各组分的比例恰当，而胶团间又靠得较近时，相互间有一定的吸引力，形成一种介于溶胶型和凝胶型二者之间的结构，称为溶胶-凝胶型结构。溶胶-凝胶型结构石油沥青的性质也介于溶胶型和凝胶型二者之间。

溶胶型结构、溶胶-凝胶型结构及凝胶型结构的石油沥青示意图如图 7-1 所示。

2. 石油沥青的技术性质

石油沥青作为胶凝材料常用于建筑防水和道路工程，沥青是憎水性材料，几乎完全不溶于水，所以具有良好的防水性。为了保证工程质量，正确选择材料和指导施工，必须了解和掌握沥青的各种技术性质。

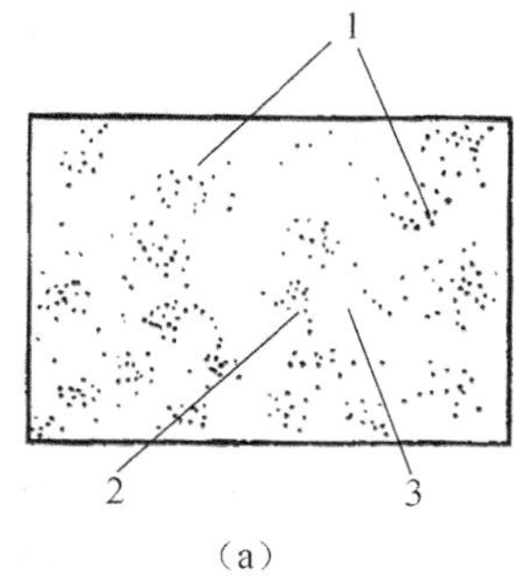

（a）

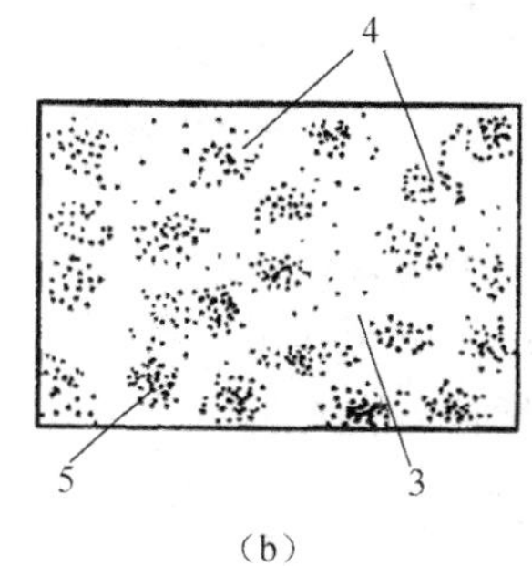

（b）

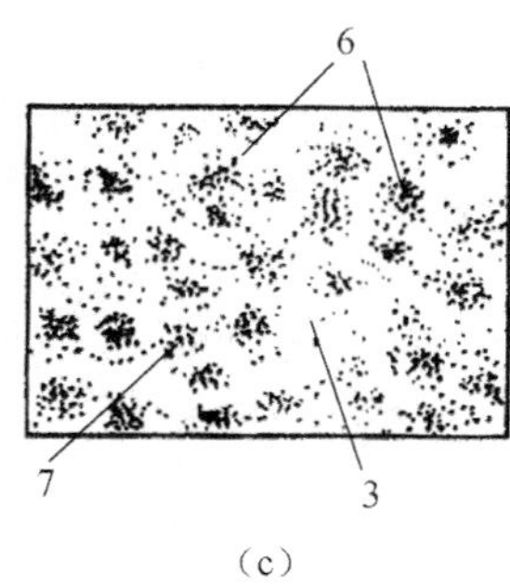

（c）

图 7-1　石油沥青的胶体结构类型示意图

1．溶胶中的胶粒；2．质点颗粒；3．分散介质油质；
4．吸附层；5．地沥青质；6．凝胶颗粒；7．结合的分散介质油质

（1）黏滞性（黏性）

石油沥青的黏滞性是指沥青材料在外力作用下沥青粒子产生相互位移时抵抗变形的性能，是反映材料内部阻碍其相对流动的一种特性，以绝对黏度表示，是沥青性质的重要指标之一。

沥青的黏滞性大小与组分及温度有关。地沥青质含量较高，同时又有适量树脂，而油分含量较少时，则黏滞性较大。在一定温度范围内，当温度升高时，则黏滞性随之降低，反之则随之增大。石油沥青的黏滞性用针入度表示。针入度通常是在温度为 25℃时，以负重 100g 的标准针，经 5s 沉入沥青试样中的深度，每深 1/10mm，定位 1℃。

（2）塑性

塑性是指石油沥青在外力作用时产生变形而不破坏，除去外力后，则仍保持变形后形状的性质。它是沥青性质的重要指标之一。

石油沥青的塑性与其组分有关。石油沥青中树脂含量较多，且其他组分含量又适当时，则塑性较大。影响沥青塑性的因素有温度和沥青膜层厚度，温度升高，则塑性增大，膜层愈厚则塑性愈高。反之，膜层越薄，则塑性越差，当膜层薄至 1μm，塑性近于消失，即接近于弹性。在常温下，塑性较好的沥青在产生裂缝时，也可能由于特有的黏塑性而自行愈合。故塑性还反映了沥青开裂后的自愈能力。沥青之所以能制造出性能良好的柔性防水材料，很大程度上取决于沥青的塑性。沥青的塑性对冲击振动荷载有一定吸收能力，并能减少摩擦时的噪声，故沥青是一种优良的道路路面材料。

石油沥青的塑性用延度（伸长度）表示。延度愈大，塑性愈好。

沥青延度是把沥青试样制成 ∞ 字形标准试模（中间最小截面积 $1cm^2$）在规定速度（5cm/min）和规定温度（25℃）下拉断时的伸长，以 cm（厘米）为单位表示。

（3）温度敏感性

温度敏感性是指石油沥青的黏滞性和塑性随温度升降而变化的性能，是沥青的又一重要指标。在工程使用上的沥青，要求有较好的温度稳定性，否则容易发生沥青材料夏季流淌或冬季变脆甚至开裂等现象。

通常用软化点表示石油沥青的温度稳定性。软化点为沥青受热由固态转变为具有一定流动态时的温度。软化点越高，表明沥青的耐热性越好，即温度稳定性越好。软化点太低的沥青，夏季易熔化发软；而软化点太高的沥青，则不易冬季施工，因其易发生脆裂现象。

任何一种沥青材料，当温度达到软化点时，其黏度皆相同。针入度是在规定温度下沥青的条件黏度，而软化点则是沥青达到规定条件黏度时的温度。所以，软化点既是反映沥青材料温度稳定性的一个指标，也是沥青黏度的一种量度。

以上所论及的针入度、延伸度、软化点是评价黏稠沥青路用性能最常用的经验指标，也是划分沥青牌号的重要依据。此外还有溶解度、蒸发损失、蒸发后针入度比、含蜡量、闪点和水分等，这些都是全面评价石油沥青性能的重要依据。

3. *石油沥青的技术标准及选用*

石油沥青按用途分为建筑石油沥青、道路石油沥青和普通石油沥青三种。在土木工程中使用的主要是建筑石油沥青和道路石油沥青。

（1）建筑石油沥青

建筑石油沥青按针入度不同分为 10 号、30 号和 40 号三个牌号，建筑石油沥青的技术性能应符合《建筑石油沥青》（GB/T 494—2010）的规定（表 7-2）。

表 7-2　道路石油沥青和建筑石油沥青技术标准

质量指标	牌号					建筑石油沥青（GB/T 494—2010）		
	200 号	180 号	140 号	100 号	60 号	40 号	30 号	10 号
针入度/25℃，100g，5s，1/10mm	200～300	150～200	110～150	80～110	50～80	36～50	26～35	10～25
延度/25℃（cm），≥	20	100	100	90	70	3.5	2.5	1.5
软化点/℃	30～48	35～48	38～51	42～52	45～58	60	75	95
溶解度/%，≥	99					99		
蒸发损失/%，≤	1.3	1.3	1.3	1.2	1.0	1.0		
针入度比/%，≥	—	—	—	—	—	65		
闪点（开口）/℃不低于	180	200	230			260		

建筑石油沥青针入度较小（黏性较大），软化点较高（耐热性较好），但延伸度较小（塑性较小），主要用作制造油纸、油毡、防水涂料和沥青嵌缝膏。它们绝大部分用于屋面及地下防水、沟槽防水防腐蚀及管道防腐等工程。在屋面防水工程中使用时制成的沥青胶膜较厚，增大了对温度的敏感性。同时黑色沥青表面又是好的吸热体，一般同一地区的沥青屋面的表面温度比其他材料的都高。据高温季节测试，沥青屋面达到的表面温度比当地最高气温高 25～30℃；为避免夏季流淌，一般屋面用沥青材料的软化点还应比本地区屋面最高温度高 20℃以上。在地下防水工程中，沥青所经历的温度变化不大，为了使沥青防水层有较长的使用年限，宜选用牌号较高的沥青材料。

（2）道路石油沥青

按道路的交通量，道路石油沥青分为重交通道路石油沥青和中、轻交通道路石油沥青，重交通道路石油沥青主要用于高速公路、一级公路路面、机场道路及重要的城市道路路面等工程。因此，重交通道路石油沥青对针入度、软化点及延度等指标提出了更高要求。按《重交通道路石油沥青》(GB/T 15180—2010)，重交通道路石油沥青分为 AH-30、AH-50、AH-70、AH-90、AH-110 和 AH-130 六个标号，各标号的技术要求见表 7-3。

表 7-3 重交通道路石油沥青技术标准

质量指标	重交通道路石油沥青					
	AH-130	AH-110	AH-90	AH-70	AH-50	AH-30
针入度/25℃，100g，5s，1/10mm	120～140	100～120	80～100	60～80	40～60	20～40
延度/15℃（cm），≥	100	100	100	100	80	
软化点/℃	38～51	40～53	42～55	44～57	45～58	50～65
溶解度/%，≥	99.0					
含蜡量/%，≤	3					
蒸发损失/%，≤	1.3	1.2	1.0	0.8	0.6	0.5
针入度比/%	45	48	50	55	58	60

中、轻交通道路石油沥青主要用于中、低等级道路，城市非主干道和车间地面等工程，并常用其配置沥青混凝土、沥青混合料和沥青砂浆使用，还可以作为密封材料、胶黏剂和涂料等。按石油化工行业标准《道路石油沥青》（NB/SH/T 0522—2010），中、轻交通道路石油沥青分为五个牌号，牌号越大，黏性越小（针入度越大），塑性越好（延度越大），温度敏感性越大（软化点越低）。

（3）沥青的掺配

某一牌号的石油沥青往往不能满足工程技术要求，因此须用不同牌号沥青进行掺配。

在进行掺配时，为了不使掺配后的沥青胶体结构破坏，应选用表面张力相近和化学性质相似的沥青。实验证明同产源的沥青容易保证掺配后的沥青胶体结构的均匀性。所谓同产源是指同属于石油沥青，或同属煤沥青（或煤焦油）。

两种沥青掺配的比例可用式（7.1）和式（7.2）估算。

$$Q_1 = \frac{T_2 - T}{T_2 - T_1} \times 100\% \tag{7.1}$$

$$Q_2 = 100 - Q_1 \tag{7.2}$$

式中：Q_1——低软化点沥青用量，%；

Q_2——高软化点沥青用量，%；

T——掺配后的沥青软化点，℃；

T_1——沥青低软化点，℃；

T_2——沥青高软化点，℃。

例如：某工程需要用软化点为 85℃的石油沥青，现有 10 号及 60 号两种，应如何掺配以满足工程需要？

由实验测得，10 号石油沥青软化点为 95℃；60 号石油沥青软化点为 45℃。

估算掺配用量：

$$60\text{ 号石油沥青用量（\%）} = \frac{95℃ - 85℃}{95℃ - 45℃} \times 100\% = 20\%$$

$$10\text{ 号石油沥青用量（\%）} = 100\% - 20\% = 80\%$$

根据估算的掺配比例和在其临近的比例（5%～10%）进行适配（混合熬制均匀），测定掺配后沥青的软化点，然后绘制“掺配比-软化点”曲线，即可从曲线上确定所要求的掺配比例。同样的可采用针入度指标按上述方法进行估算及适配。

石油沥青过于黏稠需要进行稀释，通常可以采用石油产品系统的轻质油类，如汽油、煤油和柴油等。

7.1.2 煤焦油简介

煤焦油是由煤干馏得到的煤焦油，再经蒸馏加工制成的沥青。在烟煤炼焦或制造煤气时，将干馏挥发物质冷凝，得到煤焦油，再将煤焦油继续蒸馏获得轻油、中油、重油和蒽油，所剩的残渣即为煤沥青。

煤油在密闭设备中加热干馏，此时烟煤中挥发物质气化逸出，冷却后仍为气体的可做煤气，冷凝下来的液体除去胺及苯后，即为煤焦油。因为干馏温度不同，生产出来的煤焦油品质也不同。炼焦及制煤气是干馏，温度约 800～1300℃，这样得到的为高温煤焦油；当低温（600℃以下）干馏时，得到的为低温煤焦油。高温煤焦油含碳量较多，密度较大，含有多量的芳香族碳氢化合物，工程性质较好。低温煤焦油含碳少，密度较小，含芳香族碳氢化合物少，主要含蜡族和环烷族及不饱和碳氢化合物，还含较多的酚类，工程性质较差。故多用高温煤焦油制作焦油类建筑防水材料或煤沥青，或作为改性材料。

煤沥青是将煤焦油再进行蒸馏，蒸去水分和所有的轻油和部分中油、重油后得到的残渣，各种油的分馏温度为：在 170℃以下时，轻油；170～270℃时，中油；270～300℃时，重油。油的残渣太硬还可以加入蒽油调整其性质，使生产的煤沥青便于使用。

7.1.3 改性石油沥青

随着现代土木工程的发展，对沥青的综合性能提出了更高的要求，石油沥青的性能已不能满足要求。例如，对于现代高等级沥青路面，需承受交通密度大、车辆轴载重、荷载作用间歇时间短等考验，容易造成沥青路面产生严重的车辙和裂缝病害，使用寿命大为缩短。为解决这一问题，必须对使用的沥青进行改性，以满足既能抵抗高温变形、又能避免低温裂缝的要求。

为改善沥青低温和高温时的性能，常在沥青中加入其他材料，主要有橡胶、树脂、纤维等改性剂，以满足工程对沥青基材料更高的性能要求。

（1）橡胶改性沥青

橡胶类改性剂主要有天然橡胶乳液、丁苯橡胶、氯丁橡胶、聚丁二烯橡胶、嵌段共聚物（苯乙烯-丁二烯-苯乙烯，即 SBS）及再生橡胶（如废旧橡胶）。橡胶改性沥青的特点是低温变形能力提高，韧性增大，高温黏度增大。目前国际上 40%左右的改性沥青都采用了 SBS。

（2）树脂类改性沥青

树脂类改性剂主要有聚乙烯（PE）、聚丙烯（PP）、聚氯乙烯等热塑性树脂。由于它们的价格较为便宜，所以很早就被用来改善沥青。聚乙烯和聚丙烯改性沥青的性能，主要是提高沥青的黏度，改善高温期稳定性，同时增大沥青的韧性。

（3）纤维类改性沥青

纤维类改性沥青主要有石棉、聚丙烯纤维、聚酯纤维、纤维素纤维等。纤维类物质加入沥青中，可明显地提高沥青的高温稳定性，同时可增加低温抗拉强度。但纤维类改性沥青对纤维的掺配工艺要求很高。

7.2　沥青混合料

沥青混合料是一种黏-弹-塑性材料，它不仅具有良好的力学性能，而且具有一定的高温稳定性和低温柔性，修筑路面不须设置接缝，行车较舒适。施工方便、速度快，能及时开放交通，并可再生利用。因此是高等级道路修筑中的一种主要路面材料。

7.2.1　沥青混合料的组成结构

沥青混合料是由粗集料、细集料、矿粉和沥青组成的，这些材料的性质和相对比例的不同就决定了混合料的内部结构。根据沥青混合料各组分间的相互嵌挤形式可将其分为三类典型的结构。

1. 悬浮密实结构

当采用连续密级配矿质混合料与沥青组成的沥青混合料时，矿料由大到小形成连续级配的密实混合料，由于粗集料的数量较少，细集料的数量较多，较大颗粒被小一档颗粒挤开，使粗集料以悬浮状态存在于细集料之间［图 7-2（a)］，这种结构的沥青混合料虽然密实度和强度较高，但稳定性较差。

2. 骨架空隙结构

当采用连续开级配矿质混合料与沥青组成的沥青混合料时，粗集料较多，彼此紧密相接，细集料的数量较少，不足以充分填充空隙，形成骨架空隙结构［图 7-2（b)］。沥青碎石混合料多属此类型。这种结构的沥青混合料，粗集料能充分形成骨架，骨料之间的嵌挤力和内摩阻力起重要作用。因此，这种沥青混合料受沥青材料性质的变化影响较小，因而热稳定性较好，但沥青与矿料的黏结力较小、空隙率大、耐久性较差。

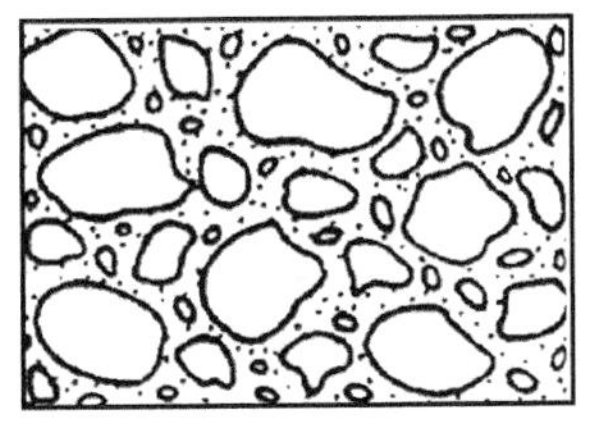
(a) 悬浮密实结构

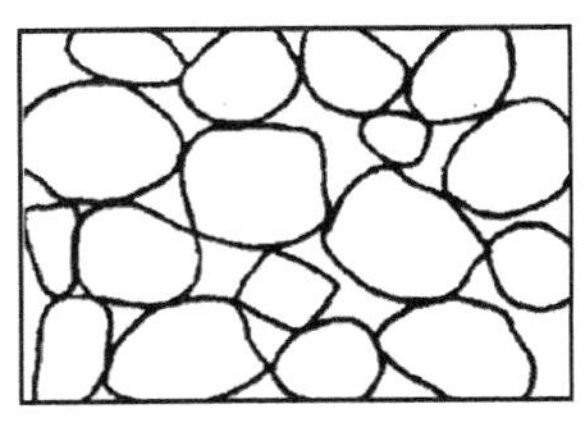
(b) 骨架空隙结构

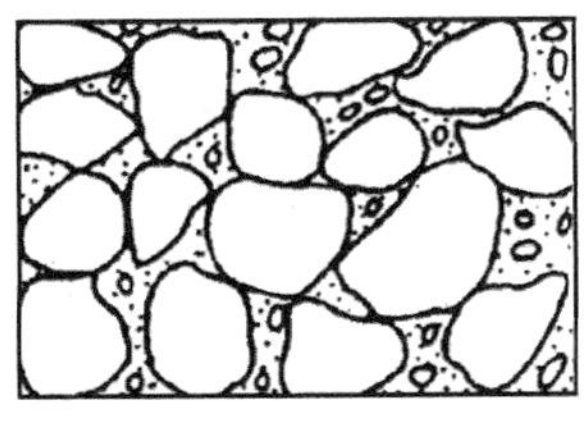
(c) 骨架密实结构

图 7-2 沥青混合料组成结构示意图

3. 骨架密实结构

采用间断型级配矿质混合料与沥青组成的沥青混合料时，是综合以上两种结构优点的一种结构。它既有一定数量的粗集料形成骨架，又根据粗集料空隙的多少加入细集料，形成较高的密实度［图 7-2（c）］。这种结构的沥青混合料的密实度、强度和稳定性都较好，是一种较理想的结构类型。

7.2.2 沥青混合料的技术性质

1. 高温稳定性

高温稳定性是指沥青混合料在高温条件下，长时间受到车辆反复碾压作用，不产生车辙、波浪和油包等病害，保证沥青路面平整的性能；或在高温条件下及外力荷载长期作用下不发生流淌和严重变形的性质。

沥青混合料的高温稳定性，通常采用高温强度与稳定性作为主要技术指标。常用的测试评定方法有：马歇尔试验法、无侧限抗压强度试验法、史密斯三轴试验法等。

马歇尔试验法比较简便，既可以用于混合料的配合比设计，也便于工地现场质量检验，因而得到了广泛应用，我国国家标准也采用了这一方法，但该方法仅适用于热拌沥青混合料。尽管马歇尔试验简单，但不能正确地反映沥青混合料的抗车辙能力，因此，在《沥青路面施工及验收规范》（GB 50092—1996）中规定：对用于高速公路、一级公路和城市快速路等沥青路面的上面层和中面层的沥青混凝土混合料，在进行配合比设计时，应通过车辙试验对抗车辙能力进行检验。

2. 低温抗裂性

低温抗裂性是指在冬季环境等较低的温度下，沥青混合料路面抵抗低温收缩，并防止开裂的能力。低温开裂的原因主要是由于温度下降造成的体积收缩量超过了沥青混合料路面在此温度下的变形能力，导致路面收缩应力过大而产生的收缩开裂。

低湿抗裂性既是影响沥青路面抗开裂能力的因素之一，也是沥青的主要性质，采用低温柔性分子的改性沥青或在沥青中掺加某些纤维可以显著改善沥青混合料的低温抗裂性。不良的矿质混合料级配可能导致路面的低温抗裂性下降。

工程实际中常根据试件的低温抗裂试验来间接评定沥青混合料的抗低温能力。工程实计中可以通过测定沥青混合料试件低温下的温度收缩系数，计算低温收缩时在路面中所出现的温度应力与沥青混合料的抗拉强度之比，来估算沥青路面的开裂温度。

3. 耐久性

沥青混合料在路面中经常经受自然因素的作用，路面要具有较长的使用年限，必须具有较好的耐久性。

沥青混合料的耐久性与组成材料的性质和配合比有密切关系。首先，沥青在大气因素作用下，组分会产生转化，油分减少，沥青质增加，使沥青的塑性逐渐减小，脆性增加，路面的使用品质下降。其次，以耐久性考虑，沥青混合料应有较高的密实度和较小的空隙率，但是，空隙率过小，将影响沥青混合料的高温稳定性。因此，在我国的有关规范中，对空隙率与饱和度均提出了要求。目前，沥青混合料耐久性常用浸水马歇尔试验或真空饱水马歇尔试验评价。

4. 抗滑性

随着现代交通车速不断提高，对沥青路面的抗滑性提出了更高的要求。沥青路面的抗滑性能与集料的表面结构（粗糙度）、级配组成、沥青用量等因素有关，为保证抗滑性能，面层集料应选用质地坚硬具有棱角的碎石，通常采用玄武岩。采取适当增大集料粒径、减少沥青用量及控制沥青的含蜡量等措施，均可提高路面的抗滑性。

5. 施工和易性

沥青混合料应具备良好的施工和易性，使混合料易于拌和、摊铺和碾压施工。影响施工和易性的因素很多，如气温、施工机械条件及混合料性质等。

从混合料的材料性质看，影响施工和易性的是混合料的级配和沥青用量。如粗、细集料的颗粒大小相差过大，缺乏中间尺寸的颗粒，混合料容易分层层积；如细集料太少，沥青层不容易均匀地留在粗颗粒表面；如细集料过多，则使拌和困难。如沥青用量过少，或矿粉用量过多时，混合料容易出现疏松，不易压实；如沥青用量过多，或矿粉质量不好，则混合料容易黏结成块，不易摊铺。

7.3　沥青混合料的配合比设计

沥青混合料配合比设计的任务是依据工程的设计要求，确定粗集料、细集料、填料和沥青相互配合的最佳比例关系，使之既满足沥青混合料的技术要求，又具有经济性。沥青混凝土是最常见和最主要的沥青混合料，其配合比设计一般考察两个参数，即矿物集料和沥青用量。

7.3.1　沥青混合料组成材料的技术要求

沥青混合料的技术性质随着混合料组成材料的性质、配合比和制备工艺等因素的差异而改变。因此制备沥青混合料时，应严格控制其组成材料的质量。

1. 沥青材料

不同型号的沥青材料具有不同的技术指标，适用于不同等级、不同类型的路面。在选择沥青的时候，宜按照公路等级、气候条件、交通条件、路面类型及在结构层中的层位及受力特点、施工方法等结合当地的使用经验，并经技术论证后确定。

对高速公路、一级公路，夏季温度高、高温持续时间长，重载交通、山区及丘陵区上坡路段，服务区、停车场等行车速度慢的路段，尤其是汽车荷载剪应力大的路段，宜采用稠度大、黏度大的沥青，也可以提高高温气候区的温度水平选用沥青等级；寒冷地区或交通量小的公路、旅游公路宜选用稠度小、低温延度大的沥青；对温度日温差、年温差大的地区宜选用针入度指数大的沥青。当高温要求与低温要求发生矛盾时应优先考虑满足高温性能的要求。

2. 粗集料

沥青混合料的粗集料要求洁净、干燥、无风化、无杂质，并且具有足够的强度和耐磨性，一般选用高强、碱性的岩石轧制成接近于立方体、表面粗糙、具有棱角的颗粒。

沥青混合料对粗集料的级配不单独提出要求，只要求它与细集料、矿粉组成的矿质混合料能符合相应的沥青混合料的矿料级配范围。一种粗集料不能满足要求时，可用两种以上、不同级配的粗集料掺和使用。

3. 细集料

沥青混合料的细集料可根据当地条件及混合料级配要求选用天然砂或人工砂，在缺少砂的地区，也可用石屑代替。细集料同样应洁净，黏土含量不大于3%。

4. 矿粉

矿粉宜采用石灰岩或岩浆岩中的强基性岩石磨制而成，也可以由石灰、水泥、粉煤灰代替，但这些物质的用量不宜超过矿料总量的 2%。其中粉煤灰的用量不宜超过填料总量的 50%，粉煤灰的烧失量应小于 12%，塑性指数应小于 4%，其余质量要求与矿粉相同。高速公路、一级公路的沥青面层不宜采用粉煤灰。在工程中，还可以利用拌和机中的粉尘回收来作矿粉使用，其量不得超过填料总量的 50%，并且要求粉尘干燥，掺有粉尘的填料的塑性指数不得大于 4%。

7.3.2 沥青混合料配合比设计

沥青混凝土配合比设计通常按下列两步进行，首先选择矿质混合料的配合比例，使矿质混合料的级配符合规范的要求，即石料、砂、矿粉应有适当的配合比例。然后确定矿料与沥青的用量比例，即最佳沥青用量。在混合料中，沥青用量波动 0.5%的范围可使沥青混合料的热稳定性等技术性质变化很大。在确定矿料间配合比例后，通过稳定度、流值、空隙率、饱和度等试验数值选择出最佳沥青用量。

1. 选择矿质混合料配合比例

根据沥青混合料使用的公路等级、路面类型、结构层次、气候条件及其他要求，选择沥青混合料的类型，并参照《公路沥青路面施工技术规范》（JTG F40—2004）要求，作为沥青混合料的设计级配（表 7-3）；测定矿料的密度、吸水率、筛分情况和沥青的密度。采用图解法或数解法求出已知级配的粗集料、细集料和矿粉之间的比例关系。

2. 确定沥青最佳用量

采用马歇尔试验法来确定沥青最佳用量，按所设计的矿料配合比配制五组矿质混合料。每组按规范推荐或工程经验确定的沥青用量范围及规定的时间加入适量沥青，拌和均匀制成马歇尔试件，进行试验测出试件的密实度、稳定度和流值等，并确定出最佳沥青用量。

【例题】某路线修筑沥青混凝土高速公路路面层，试计算矿质混合料的级配，用马歇尔试验法确定最佳沥青用量。

[设计原始资料]

1）路面结构：高速公路沥青混凝土面层。

2）气候条件：属于温和地区。

3）路面形式：三层式沥青混凝土路面上面层。

4）混合料制备条件及施工设备：工厂拌和、摊铺机铺筑、压路机碾压。

5）材料的技术性能。

沥青材料：沥青采用进口优质沥青，符合 AH-70 指标，其技术指标见表 7-4。

表 7-4　沥青技术指标

15℃时密度/（g/cm^3）	针入度/0.1mm 25℃，100g，5s	延度/cm 5cm/min 15℃	软化度/℃
1.033	74.3	>100	46.0

矿质材料主要有粗集料、细集料和矿粉等。

粗集料：采用玄武岩，1 号料 19.0～13.2mm，密度 2.918g/cm^3，2 号料 3.2～4.75mm，密度 2.864g/cm^3，技术指标见表 7-5。

表 7-5　粗集料技术指标

压碎值/%	磨耗值/% （洛杉矶法）	针片状颗粒含量/%	磨光值（PSV）	吸水率
14.7	17.6	10.5	45.0	1.0

细集料：石屑采用玄武岩，其密度为 2.81g/cm^3，砂子视密度为 2.63g/cm^3。

矿粉：视密度为 2.67g/cm^3，含水量为 0.8%。

矿质集料的级配情况见表 7-6。

表 7-6　矿质集料筛分结果

原材料	通过下列筛孔（mm）的质量分数/%										
	19.0	16.0	13.2	9.5	4.75	2.38	1.18	0.6	0.3	0.15	0.075
1 号碎石	100	90.3	42.2	5.0	1.4	0.3	0	—	—	—	—
2 号碎石	—	—	100	88.7	29.0	6.8	3.0	2.2	2.6	0	—
石屑	—	—	—	100	99.2	78.5	38.1	29.8	20.0	18.1	8.7
砂	—	—	—	100	98.6	94.2	76.5	52.8	29.3	5.8	0.5
矿粉	—	—	—	—	—	—	—	100	99.2	95.9	80.0

［设计要求］

1）确定各种矿质集料的用量比例。

2）用马歇尔试验确定最佳沥青用量。

【解】

1）矿质混合料级配组成的确定。由原始资料可知，沥青混合料用于高速公路三层式沥青混凝土上面层。依据有关标准，沥青混合料可采用 AC-16。参照表 7-5 要求，其中 AC-16 沥青混凝土的矿质混合料级配范围见表 7-7。

表 7-7　矿质混合料要求级配范围

级配类型	通过下列筛孔（mm）的质量分数/%										
	19.0	16.0	13.2	9.5	4.75	2.35	1.18	0.6	0.3	0.15	0.075
AC-16	100	90～100	78～92	62～80	34～62	20～48	13～36	9～26	7～18	5～14	4～8

2）根据矿质集料的筛分结果及《沥青路面施工及验收规范》（GB 50092—1996）的有关规定，采用图解法或试算（电算）法求出矿质集料的比例关系，并进行调整，使合成级配尽量接近要求级配范围中值。经调整后的矿料合成级配计算列于表 7-8。

表 7-8　矿质混合料合成级配计算表

设计混合料配合比/%	通过下列筛孔（mm）的质量分数/%										
	19.0	16.0	13.2	9.5	4.75	2.36	1.18	0.6	0.3	0.15	0.075
1 号碎石，30	30	27.1	12.7	1.5	0.4	0.1	0	—	—	—	—
2 号碎石，25	25	25	25	22.2	7.3	1.7	0.8	0.6	0.4	0	0
石屑，22	22	22	22	22	21.8	17.3	8.4	6.6	4.4	4.0	1.9
砂，17	17	17	17	17	16.8	16.0	13.0	9.0	5.0	1.0	0.1

续表

设计混合料配合比/%	通过下列筛孔（mm）的质量分数/%										
	19.0	16.0	13.2	9.5	4.75	2.36	1.18	0.6	0.3	0.15	0.075
矿粉，6	6	6	6	6	6	6	6	6	6	5.8	4.8
合成级配	100	97.1	82.7	68.7	52.3	41.1	28.2	22.2	15.8	10.8	6.8
要求级配	100	90～100	78～92	62～80	34～62	20～48	13～36	9～26	7～18	5～14	4～8
级配中值	100	95	85	71	48	34	24.5	17.5	12.5	9.5	6

由此可得出矿质混合料的组成为：1 号碎石 30%；2 号碎石 25%。

3．沥青最佳用量的确定

1）按表 7-8 计算所得的矿质集料级配和经验的沥青用量范围，中粒式沥青混凝土（AC-16）的沥青用量为 4.0%～6.0%，配制 5 组马歇尔试件。试件拌制温度为 140℃，试件成型温度为 130℃，击实次数为两面各夯击 75 次，成型试件经 24h 后测定其各项指标。

2）取实测指标中相应于密度最大值的沥青用量 a_1，相应于稳定度最大值的沥青用量为 a_2，相应于规定空隙率范围中值的沥青用量 a_3，相应于规定沥青饱和度范围中值的沥青用量 a_4，以四者平均值作为最佳沥青用量的初始值。

从实测指标中可看出 a_1=5.4%，a_2=4.9%，a_3=4.9%，a_4=5.5%，则

$$\mathrm{OAC}_1 = (a_1+a_2+a_3+a_4)/4=5.18\%$$

根据《沥青路面施工及验收规范》（GB 50092—1996），对高速公路用 AC-16 型沥青混合料，稳定度>7.5kN，流值在 20～40（0.1mm），空隙率 3%～6%，饱和度 70%～85%，分别确定各关系曲线上沥青用量的范围，取其共同部分，可得

$$\mathrm{OAC}_0=5.05\% \quad \mathrm{OAC}=5.70$$

$$\mathrm{OAC}_2== (\mathrm{OAC}_0 + \mathrm{OAC})/2=5.38\%$$

考虑到高速公路所处的气候条件属温和地区，为防止车辙，则 OAC 的取值在 OAC_1 与 OAC_2 的范围内决定，结合工程经验取 OAC=5.2%。

3）按最佳沥青用量 5.2%，制作马歇尔试件，进行浸水马歇尔试验，测得的试验结果为：密度 2.457g/cm^3，空隙率 3.8%，饱和度 72.0 %。马歇尔稳定度 9.6kN，浸水马歇尔稳定度 6.8kN，残留稳定度 81%，符合规定要求（>75%）。

4）按最佳沥青用量 5.2%制作车辙试验试件，测定其动稳定度，其结果大于 800 次/mm，符合规定要求。

通过上述试验和计算，最后确定沥青用量为 5.2%。

沥青混合料矿料级配范围见表 7-9。

表 7-9　沥青混合料矿料级配范围

材料种类	级配类型		通过下列筛孔（方孔筛，mm）的质量百分比/%														
			53.0	37.5	31.5	26.5	19.0	16.0	13.2	9.5	4.75	2.36	1.18	0.6	0.3	0.15	0.075
密级配沥青混凝土	粗粒式	AC-25	—	—	100	90～100	75～90	65～83	57～76	45～65	24～52	16～42	12～33	8～24	5～17	4～13	3～7
	中粒式	AC-20	—	—	—	100	90～100	78～92	62～80	50～72	26～56	16～44	8～24	5～17	4～13	3～7	3～7
		AC-16	—	—	—	—	100	90～100	78～92	62～80	34～62	20～48	13～36	9～26	7～18	5～14	4～8
	细粒式	AC-13	—	—	—	—	—	100	90～100	65～85	38～68	24～50	15～38	10～28	7～20	5～15	4～8
		AC-10	—	—	—	—	—	—	100	90～100	45～75	30～58	20～44	13～32	9～23	6～16	4～8
	砂粒式	AC-5	—	—	—	—	—	—	—	100	90～100	55～75	35～55	20～40	12～28	7～18	5～10
沥青玛蹄脂碎石	中粒式	SMA-20	—	—	—	100	90～100	72～92	62～82	45～55	18～30	13～22	12～20	10～16	9～14	8～13	8～12
		SMA-16	—	—	—	—	100	90～100	65～85	45～65	20～32	15～24	14～22	12～18	10～15	9～14	8～12
	细粒式	SMA-13	—	—	—	—	—	100	90～100	50～75	20～34	15～26	14～24	12～20	10～16	9～15	8～12
		SMA-10	—	—	—	—	—	—	100	90～100	28～60	20～32	14～26	12～22	10～18	9～16	8～13
开级配排水式磨耗层	中粒式	OGFC-16	—	—	—	—	100	90～100	70～90	45～70	12～30	10～22	6～18	4～15	3～12	3～8	2～6
		OGFC-13	—	—	—	—	—	100	90～100	60～80	12～30	10～22	6～18	4～15	3～12	3～8	2～6
	细粒式	0GFC-10	—	—	—	—	—	—	100	90～100	50～70	10～22	6～18	4～15	3～12	3～8	2～6
密级配沥青稳定碎石	特粗式	ATB-40	100	90～100	75～92	65～85	49～71	43～63	37～57	30～50	20～40	15～32	10～25	8～18	5～14	3～10	2～6
		ATB-30	—	100	90～100	70～90	52～72	44～66	39～60	31～51	20～40	15～32	10～25	8～18	5～14	3～10	2～6
	粗粒式	ATB-25	—	—	100	90～100	60～80	48～68	42～62	32～52	20～40	15～32	10～25	8～18	5～14	3～10	2～6
半开级配沥青碎石	中粒式	AM-20	—	—	—	100	90～100	60～85	50～75	40～65	15～40	5～22	2～16	1～12	0～10	0～8	0～5
		AM-16	—	—	—	—	100	90～100	60～85	45～68	18～40	6～25	3～18	1～14	0～10	0～8	0～5
	细粒式	AM-13	—	—	—	—	—	100	90～100	50～80	20～45	8～28	4～20	2～16	0～10	0～8	0～6
		AM-10	—	—	—	—	—	—	100	90～100	35～65	10～35	5～22	2～16	0～12	0～9	0～6
开级配沥青稳定碎石	特粗式	ATPB-40	100	70～100	65～90	55～85	43～75	32～70	20～65	12～50	0～3	0～3	0～3	0～3	0～3	0～3	0～3
		ATPB-30	—	100	80～100	70～95	53～85	36～80	26～75	14～60	0～3	0～3	0～3	0～3	0～3	0～3	0～3
	粗粒式	ATPB-25	—	—	100	80～100	60～100	45～90	30～82	16～70	0～3	0～3	0～3	0～3	0～3	0～3	0～3

本章回顾与思考

1. 石油沥青

石油沥青三组分：油分、树脂、地沥青质。

石油沥青的主要技术性质包括：黏滞性、塑性、温度敏感性等。

石油沥青按用途分为建筑石油沥青、道路石油沥青、防水防潮石油沥青和普通石油沥青。石油沥青的牌号主要根据针入度、延度和软化点等指标划分。

2. 沥青混合料

沥青混合料主要由沥青、粗集料、细集料、填充料组成。

按级配原则构成的沥青混合料，其结构组成可分为三类：悬浮密实结构、骨架空隙结构、骨架密实结构。

沥青混合料的抗剪强度的内因决定于沥青混合料的内摩擦角和黏聚力，其值越大，抗剪强度越大，其外因决定于温度等因素。

沥青混合料的技术性质包括：高温稳定性、低温抗裂性、耐久性、抗滑性、施工和易性。

热拌沥青混合料的配合比设计通过目标配合比设计、生产配合比设计及生产配合比验证三个阶段来确定。

工程案例

案例 1：华北某沥青路面所采用沥青的沥青质含量高达 33%，并有相当数量的由芳香度高的胶质形成的胶团。使用两年后，路面出现较多裂缝，且冬天裂缝产生越发明显。请分析原因。

提示：该工程所用沥青属凝胶型结构，其沥青质含量高，沥青质未能被胶质很好地胶溶分散，则胶团就会联结，形成三维网状结构。此类沥青的特点是弹性和黏性较好，温度敏感性小，但流动性和塑性较差，开裂后自行愈合的能力较差，低温变形能力差。故特别易于冬天形成较多的裂缝。

案例 2：华南某二级公路沥青混凝土路面使用一年后就出现较多网状裂缝，其中施工厚度较薄及下凹处裂缝更为明显。据了解当时对下卧层已作认真检查，已处理好软弱层，而所用的沥青延度较低。请分析原因。

提示：沥青混凝土路面网状裂缝有多种成因。其中路面结构夹有软弱层的因素从提供的情况亦可初步排除。沥青延度较低会使沥青混凝土抗裂性差，这是原因之一。而另一个更主要的原因是沥青厚度不足，层间黏结差，华南地区多雨，于下凹处积水，水分渗入亦加速裂缝形成。

思考题

1）从石油沥青的主要组分说明石油沥青三大指标与组分之间的关系。

2）如何改善石油沥青的稠度、黏结力、变形、耐热性等性质？并说明改善措施的原因。

3）试述石油沥青的结构，并据此说明石油沥青各组分的相对比例对其性能的影响。

第 8 章　合成高分子材料

图 8-1 是 2008 年北京奥运会的标志性建筑——水立方，外观看起来像是许多肥皂泡排列在一起，这是一种膜结构，外围采用 ETFE 膜（乙烯-四氟乙烯共聚物），是一种透明膜，质地轻巧，强度大，延展性好，耐火性、耐热性都很强。图 8-2 是塑料管材，这是一种名为聚乙烯的材料，具有强度高、耐磨、耐蚀、耐高温等特点，被广泛应用在各个领域，图中是用在排水工程中的市政管材。

图 8-1　水立方

图 8-2　市政管材

这两个例子中用到的建筑材料都是高分子材料，这是随着近代化工业的发展而逐渐出现的新型建材，跟传统土木工程材料相比，具有表观密度小、比强度高、耐腐蚀性强、保温、吸声、耐久性强等特点。因此，高分子材料在土木工程领域扮演着重要角色。高分子材料可分为天然高分子和合成高分子两类。天然高分子由生物体产生，如纤维素、蚕丝等。合成高分子是人工合成的高分子材料，如塑料、合成纤维等。本章主要介绍合成高分子材料。

8.1　高分子化合物的基本知识

8.1.1　基本概念

高分子化合物是由许多简单的结构单元重复连接而成，相对分子质量一般为 10^4～10^6，由于相对分子质量较大（10 000 以上），因此称为高分子化合物。例如聚乙烯，是由乙烯（$CH_2 = CH_2$）聚合而成，可表达为［$CH_2 = CH_2$］$_n$，相对分子质量可达 10 000～35 000，重复单元的数目 n 称为聚合度。

8.1.2 聚合物的分类

聚合物的种类繁多，可以从不同的角度进行分类。

1）根据聚合物受热表现出来的性质，分为热塑性聚合物和热固性聚合物。①热塑性聚合物是指可反复受热软化、冷却硬化的聚合物，如聚乙烯；②热固性聚合物是指经一次受热软化后，一定温度下发生化学反应而变硬，之后再受热也不软化，在强热作用下即分解破坏的聚合物，如环氧树脂。

2）按聚合物的性状不同，分为橡胶、纤维和塑料。橡胶是一类在比较低的应力下就可以达到很大可逆应变（伸长率达到 500%～1000%）的聚合物，如丁苯橡胶、顺丁橡胶、异戊橡胶、丁基橡胶和乙丙橡胶。纤维抗变形能力非常强，伸长率低于 10%～50%，如涤纶、锦纶、腈纶等。塑料是介于纤维与橡胶之间，具有多种机械性能的一大类聚合物。但在实际中，三者并没有严格的界限，如聚丙烯，既可作塑料，又可作纤维。

在实际工作中，人们还可以根据其他各种不同的要求对高分子化合物进行分类，分类方法并不对高分子化合物的研究与应用造成影响，在此不再赘述。

8.1.3 聚合物的性能特点

1. 力学性能

（1）高弹性和黏弹性

高分子材料最显著的力学特征就是高弹性和黏弹性。所谓高弹性，是指橡胶类材料在一个很小的外力作用下，即可以发生 100%～1000%的变形，并且变形是恢复的。这种材料弹性模量很低，约为 10^{-1}～10MPa，而金属的弹性模量约为 10^4～10^5MPa。黏弹性是指高分子材料同时具有弹性固体特性和黏性流体特性，具体的力学表现为蠕变和松弛。

（2）拉伸行为

不同高分子材料在轴向拉伸情况下测得的应力-应变曲线具有不同的形状，如图 8-3 所示。我们可以根据拉伸过程中的弹性模量大小，伸长率大小以及屈服情况的不同大致分为五类：硬而脆型，弹模大，伸长率小，抗拉强度高，不屈服即断裂，如酚醛树脂；硬而强型，弹模大，伸长率小，抗拉强度高，刚屈服即断裂，如硬质聚氯乙烯；硬而韧

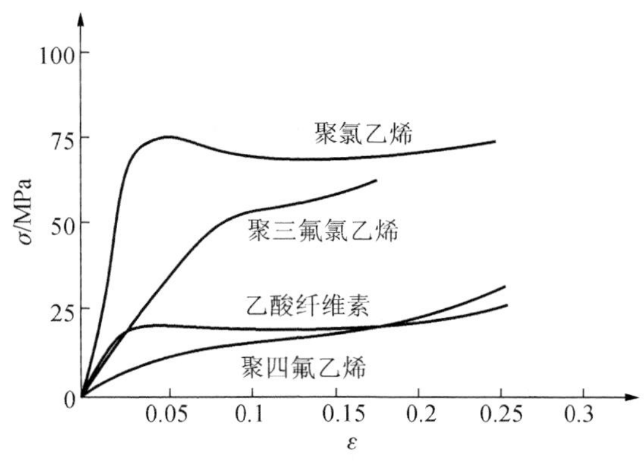

图 8-3 不同聚合物的拉伸应力-应变曲线

型，弹模大，伸长率大，抗拉强度高，有明显屈服平台，如聚酰胺；软而韧型，弹模小，伸长率大，屈服强度较小而抗拉强度可能较高，如橡胶；软而弱型，弹模小，伸长率小，抗拉强度也很小，如高分子软凝胶。但实际上，高分子的拉伸行为非常复杂，可能是上述几种类型的综合，并且拉伸行为受环境温度与测试条件的影响，不能一概而论。

（3）断裂韧性

当高分子材料的抗拉强度小于抗剪强度时，在外应力作用下，分子主链断裂，宏观表现为脆性断裂，如聚苯乙烯；而当抗拉强度大于抗剪强度时，外应力作用下，分子链出现相对滑移，宏观上表现为先屈服再断裂，如聚碳酸酯。

2. 耐热性能

高分子材料的耐热性比无机材料低很多。普通热塑性塑料的热变形温度仅为 60～120℃，耐热性最好的工程塑料是聚酰亚胺，其耐热温度可达 400℃。

3. 耐腐蚀性

与无机材料相比，聚合物的耐腐蚀性能比较好。几乎所有聚合物材料都能够耐稀释的酸和碱，不带极性基团的聚合物则能够耐比较浓的酸和碱，只有一些缩聚产物（如聚酰胺和聚酯）在强酸和强碱作用下会发生水解。聚合物材料的耐溶剂性能则随聚合物结构的不同而有很大不同，一般结晶型的耐溶剂性能好，只有在接近结晶熔点的温度下才能被溶剂溶解。

4. 耐老化性能

光、热、力、氧、臭氧以及其他化学介质在一定条件下将引起聚合物化学结构的破坏，使得聚合物材料强度降低，硬度下降，弹性变差等。聚合物的老化问题可以通过聚合物品种选择以及适当的配方和加工，并在使用中采取一定措施来加以解决。但实际中，这么多建筑塑料制品，如门窗、管材，其使用寿命完全可以与其他材料相比，其耐久性甚至高于传统材料。

5. 燃烧特性

大多数高分子材料都可以燃烧，其燃烧过程可以分为加热、热解、氧化和着火几个阶段。加热过程中，高分子材料分解产生可燃性气体，在空气中达到可燃浓度范围即着火。高分子材料的燃烧速率与活泼羟基游离基有关，可根据此原理，降低其浓度，达到阻燃的效果。许多高分子材料在燃烧时会产生有毒烟雾，如含氮聚合物燃烧产生氰化氢，氯代聚合物燃烧产生氯化氢。

8.2　合成高分子材料在土木工程中的应用

8.2.1　塑料

1. 塑料的概述

塑料的主要成分是合成树脂，即以树脂为基础，加入各种添加剂以改善性能，如填充剂、增塑剂、稳定剂、固化剂、润滑剂等。塑料的基本组成成分有以下几种。

（1）树脂

树脂是在常温下呈固态、半固态或流动态的有机物质，相对分子质量不固定。树脂占塑料的 40%～100%，决定了塑料的基本性能，一些塑料的名称也常用其原料树脂的名称来命名，如聚氯乙烯塑料、酚醛塑料等。

（2）填充剂

填充剂（填料）占塑料重量的 20%～50%，填料比树脂价格低廉，因此可以降低塑料的成本，同时填料的加入还可以改善塑料的性能。例如，玻璃纤维可以提高机械强度，石棉可增加耐热性等。

（3）增塑剂

增塑剂是另外一种重要添加剂，其作用是削弱聚合物分子间的作用力，降低软化温度和熔融温度，减小熔体黏度，增加流动性。因此，增塑剂的加入能够增加树脂的塑性和韧性，改善其加工性。

（4）稳定剂

稳定剂是用来改善聚合物稳定性的添加剂，包括热稳定剂和光稳定剂。热稳定剂改善聚合物热稳定性，常用的热稳定剂有硬脂酸盐、铅的化合物以及环氧化合物等。光稳定剂能够抑制或削弱光的降解作用、提高材料的耐光照性能，常用的有炭黑、二氧化钛、氧化锌、水杨酸脂类等。

（5）润滑剂

润滑剂可以防止塑料在成型过程中黏附在模具或其他设备上，常用的有硬脂酸及其盐类、有机硅等。

（6）固化剂

固化剂能够受热释放游离基来活化高分子链，使聚合物分子链之间产生横跨链，产生大分子交联，从而由线型结构转变为体型结构，使聚合物达到硬化效果，因此又称硬化剂或胶联剂。

此外还有发泡剂、抗静电剂、阻燃剂等。我们可以根据塑料的性能要求来选择相应的添加剂。

2. 塑料的分类

塑料的品种很多，分类方法也很多。

1）根据受热后所表现的性能不同来划分，一般分为热塑性塑料和热固性塑料两大类。

热塑性塑料是受热时软化或熔融，冷却后硬化，再加热时又可软化，冷却后又硬化。这一过程可反复多次进行。常用的热塑性塑料有聚乙烯、聚氯乙烯、聚丙烯、聚苯乙烯、聚甲醛、聚碳酸酯、聚酞胺、ABS 塑料等。

热固性塑料是受热时软化或熔融，随着进一步加热，硬化成不熔的塑制品。该过程不能反复进行。常用的热固性塑料有酚醛、环氧、不饱和聚酯等。

2）若按塑料的功能和用途分类，塑料可分为通用塑料、工程塑料和特种塑料。

通用塑料一般指产量大、用途广、价格低的塑料，包括六大品种：聚烯烃、聚氯乙烯、聚丙烯、聚苯乙烯、酚醛和氨基塑料。

工程塑料是指可以代替钢铁和有色金属制造机械零件和工程结构的塑料。这类塑料具有良好的强度、刚度、耐腐蚀性、耐磨性、自润滑性及尺寸稳定性等特点。主要包括聚酰胺、ABS（丙烯腈-丁二烯-苯乙烯共聚物）、聚碳酸酯塑料等。

特种塑料是指具有特殊性能和特殊用途的塑料，其产量少、价格高，主要包括有机硅、环氧、不饱和聚酯、有机玻璃、聚酰亚胺、有机氟塑料等。

随着技术的发展和人们对塑料需求的提高，上述三种塑料品种之间已设有明显的界限。

3. 塑料的主要性能

1）轻质高强。塑料的密度一般为 0.8～2.2g/cm^3，约为钢材的 1/8～1/4，为混凝土的 1/3～2/3，比强度（即强度与密度之比）接近甚至超过钢材，是混凝土的 5～15 倍。轻质高强的特点特别适于工程结构需要，如玻璃纤维和碳纤维增强塑料，是良好的工程结构材料。

2）易变形，易冷脆。塑料的弹性模量仅为钢材的 1/20～1/10，因此塑料容易变形，并且在常温下，塑料有比较明显的蠕变现象。另外，多数塑料耐低温性差，低温下变脆。

3）化学性稳定。大多数塑料对酸、碱、盐等的耐腐蚀性比较好，适合用作化工厂的门窗、地面等，塑料对环境水也有良好的抗腐蚀能力，吸水率低，可广泛应用于防水工程。

4）导热性低，绝缘性好。塑料的导热性小，导热系数一般只有 0.024～0.69W/(m·K)，是金属的 1/100，特别是泡沫塑料的导热性最小，与空气相当，常用于保温隔热工程。另外，塑料有良好的电绝缘性能。

5）耐热性差。塑料的耐热性一般不高，受热软化，普通热塑性塑料的热变形温度为 60～120℃，只有少量品种能在 200℃左右长期使用，塑料的热膨胀系数比金属大 3～10 倍，因此温度变形较大，变形受到约束时，热应力较大。塑料燃烧时产生大量有毒烟雾，会造成人员伤亡。

6）塑料还具有耐冲击性好；成型性、着色性好；加工成本低；较好的透明性和耐磨耗性；容易老化等特性。

综上所述，在建筑中使用塑料时，我们应扬长避短，充分发挥其优越性。

4. 建筑中常用的塑料制品

塑料在土木工程中既可用做功能材料，也可用做结构材料，同时塑料也可以加工成塑料壁纸、塑料地板、塑料地毯、塑料门窗和塑料管道等，本节主要介绍塑料门窗和塑料管材。

（1）塑料门窗

塑料门窗由硬质聚氯乙烯型材经切割、焊接、拼装、修整而成，具有美观耐用、安全、节能等优点，已有 60 余年的应用历史。在塑料门窗中，为了增加刚性，常在门窗框、窗扇的异型材空腹内，插入金属增强材料，故又称塑钢门窗。

塑料门窗除外观、规格尺寸和公差要满足有关要求外，塑料窗还要满足相应的力学性能、耐候性能、抗空气渗漏、抗雨水渗漏、抗风压性能及保温和隔声性能的要求，塑料门窗也应符合相应的物理力学性能要求。

（2）塑料管材

塑料管材是指采用塑料为原料，经挤出、注塑、焊接等工艺成型的管材和管件。塑料管材具有耐腐蚀、不生锈、不结垢、重轻、施工方便和供水效率高等优点。

常用的塑料管材包括硬质聚氯乙烯（UPVC或RPVC）管、聚乙烯（PE）管、聚丙烯（PP）管、ABS（丙烯腈-丁二烯-苯乙烯共聚物）管、聚丁烯（PB）管、玻璃钢（FRP）管以及铝塑等复合塑料管。

UPVC管是以聚氯乙烯树脂为原料，加入助剂，用双螺杆挤出机挤出成型，管件采用注射工艺成型。其特点是重量轻、耐腐蚀性好、电绝缘性好、导热性低，安装维修方便。UPVC管材强度较低，在10MPa以上，刚性较差，只有碳钢的1/62，使用温度在-15℃～65℃，热膨胀系数可达59×10^{-6}/℃$^{-1}$，因而安装过程中必须考虑温度补偿装置。该管适于给水、排水、灌溉、供气、排气、工矿业工艺管道、电线、电缆套管等。

PP管是以丙烯-乙烯共聚物为原料，加入稳定剂，经挤出成型而成。PP管具有坚硬、耐热、防腐、使用寿命长和价格低廉等特点，使用温度小于100℃。PP管多用作化学废液的排放管、盐水排放管，并且由于其材质轻、吸水性小以及耐土壤腐蚀，常用于农田灌溉、水处理及农村供水系统。

PE管以聚乙烯为主要原料，密度小、比强度高，耐低温性能和韧性好，而脆化温度可达-80℃。能抵抗车辆和机械振动、冻融作用及操作压力突然变化的破坏，而且管壁光清，介质流动阻力小，输送介质的能耗低，并不受输送介质中液态烃的化学腐蚀。中、高密度PE管材适用于城市燃气和天然气管道，低密度PE管适宜用作饮用水管、电缆导管、农业喷洒管道、泵站管道等。PE管还可应用于采矿业的供水、排水管和风管等。

PB管以聚丁烯材料为原料，具有独特的抗蠕变（冷变形）性能，耐磨和耐高温性强，能抗细菌、霉菌和藻类，其许用应力为8MPa，弹性模量为50MPa，使用温度在90℃以下，主要用于供水管、冷水管或热水管等。

8.2.2 土工合成材料

土工合成材料是近几十年发展起来的一种新型岩土工程材料，它以塑料、化纤、合成橡胶等为原料，制成各种类型的产品，置于土体内部、表面和各层土体之间，起着加强和保护土体的作用，目前已在水利、公路、铁路、工业与民用建筑、海港、采矿、军工等工程的各个领域得到广泛的应用。土工合成材料主要分成四大类，即土工织物、土工膜、特种土工合成材料和复合型土工材料，下面分别加以简述。

1. 土工织物

土工织物是以丙纶、涤纶或其他合成材料为原料，采用编织技术生产的透水性编织材料，成布状，俗称土工布。重量轻、整体连续性好、施工简便、抗拉强度高、耐腐蚀。

2. 土工膜

土工膜是指以塑料或合成橡胶为原料制成的，用于岩土工程中的不透水薄膜制品，渗透系数为 1×10^{-13}～1×10^{-11}cm/s，主要应用于液体或垃圾填埋设施的覆盖层或衬垫。作为液体或气体的一种隔离屏障，在水利上主要用于水库和堤坝的防渗。土工膜能有效防止污水渗入土壤和河流中，还可以用于山区丘陵地区的节水灌溉。

3. 特种土工合成材料

1）土工格栅，是以高密度聚乙烯或聚丙烯塑料（包括玻璃纤维）为原料加工形成，类似格栅状，具有较大的网孔，主要用于加筋土和软地基处理工程。土工格栅强度高、延伸率低、模量高、蠕变量小、强摩擦性、强抗腐蚀性和抗老化性。

2）土工网，是由连续的聚合物肋条以一定角度的连续网孔平行挤出而成，较大的孔径形成网状结构，主要应用在排水领域，可用作垫层加固软土地基、植草和复合排水材料的基材，在土中需要和外包无纺织物反滤层构成土工复合材料使用。

3）土工格室，是用聚合物通过挤出加工方法制成的蜂窝状和网格状的三维结构，运输和储存时缩叠起来，施工时张开并充填土、砂、砾石或混凝土，能有效地限制格室内的填料，构成具有高侧向约束和高刚度的三维结构。可用作垫层处理软土地基、铺设在坡面作坡面防护、建造支挡结构。

4）土工网垫，是以聚烯烃为主要原料，由很多粗硬呈卷曲状的单丝相互缠绕并在接点熔黏联结形成的三维透水网垫，质地疏松，孔隙率大，约为90%以上，可以保护表土，防止风蚀和雨冲。

5）土工模袋，是双层聚合化纤织物制成的或单独的袋状材料，可以代替模板用高压泵将混凝土或砂浆灌入模袋中形成板状，用于护坡等工程。模袋在工厂制造，灌注在现场进行。

6）土工泡沫塑料。泡沫塑料的原料为聚苯乙烯，模室法生产的是 EPS，挤出法生产的是 XPS（挤塑聚苯乙烯泡沫塑料），因泡沫塑料具有无数小孔，因此质量很轻，压缩性高，除用作隔声、隔热材料外，还可用于挡土墙或上埋式管道上面的填料，减小土压力。

4. 复合型土工合成材料

土工复合材料的基本原理就是将不同材料的最好特性组合起来，使特定的某个问题能以最优的方式解决，其提供的主要功能就是排水反滤、防渗、加筋、隔离、防护和减载等基本作用。

随着工程实际中新问题的不断出现，材料技术的不断发展，新型土工合成材料不断涌现，发展迅猛，将土工合成材料推向更广阔的应用空间。

8.2.3 胶黏剂

胶黏剂又称黏结剂，它是在两个物体表面形成薄膜，并将它们紧密黏结在一起。胶黏剂是一类具有优良黏合性能的材料，是现代建筑材料的一个重要组成部分。许多建筑制品的安装施工都涉及与基体材料的黏结问题，混凝土裂缝和破损的修补等也常用到胶黏剂。因此，黏结技术和黏结材料越来越受到人们的重视。

1. 基本组成

胶黏剂通常是以具有黏性或弹性的天然或合成高分子化合物为基本原料，加入固化剂、填料、增韧剂、稀释剂、防老剂等添加剂而组成的一种混合物。

基料通常是由一种或几种高分子化合物混合而成，通常为合成橡胶或合成树脂。常用的合成橡胶有氯丁橡胶、丁腈橡胶、丁苯橡胶、聚硫橡胶；合成树脂有环氧树脂、酚醛树脂、尿醛树脂、过氯乙烯树脂、有机硅树脂、聚氨酯树脂、聚酯树脂、聚乙酸乙烯酯树脂、聚酰亚胺树脂、聚乙烯醇缩醛树脂等。

固化剂能使胶黏剂形成网状或体型结构，增加胶层的内聚强度，从而使胶黏剂固化。

填料的加入可以：增加胶黏剂的弹性模量，降低线膨胀系数，减少固化收缩率，增加电导率、黏度、抗冲击性；提高使用温度、耐磨性、胶结强度；改善胶黏剂耐水、耐介质性和耐老化性等。但会增加胶黏剂的密度，增大黏度，不利于涂布施工，容易造成气孔等缺陷。

增韧剂可提高固化树脂的冲击韧性，改善胶黏剂的流动性、耐寒性与耐振性，但会降低弹性模量、抗蠕变性、耐热性。增韧剂可根据是否参与固化分为活性增韧剂和非活性增韧剂。

稀释剂可降低黏度，便于涂布施工，同时起到延长使用寿命的作用。非活性稀释剂不参与固化反应；活性稀释剂参与固化反应。

2. 胶结原理及影响因素

（1）胶结原理

对于胶结剂的胶结原理，许多科学工作者从不同的角度，进行深入研究，提出诸多假识。

机械理论认为，胶结是胶黏剂和被胶结物间的纯机械咬合或镶嵌作用。

物理吸附理论认为，黏结力来自于胶黏剂和被胶结物分子之间的相互作用力，即范德华力。

化学键理论认为，黏结力是胶黏剂和被胶结物表面之间形成化学键作用。化学键是分子内原子之间的作用力，它比分子之间的作用力要大一两个数量级，因此具有较高的胶结强度。

扩散理论认为，物质的分子始终处于运动之中，相互紧密接触的黏结剂与被胶结物表面的胶黏剂分子和被胶结物分子因相互扩散作用而形成牢固的黏结。

静电理论认为，由于胶黏剂和被胶结物具有不同的电子亲和力，当它们接触时就会在界面产生接触电势，形成双电层而产生胶结。

上述各种理论都仅仅反映了黏结现象的一个侧面，事实上，黏结力是由上述因素共同作用的结果，胶黏剂的不同，被黏物的不同，以及接触表面的粗糙程度不同，都将导致上述各因素对黏结力的贡献不同。

（2）黏结强度的影响因素

影响黏结强度的因素有很多，主要有胶黏剂的性质、被黏材料的性质、黏结工艺和使用时的环境条件等。

1）胶黏剂的性质。胶黏剂的性质包括黏度、相对分子质量、极性、空间结构和体积收缩等。

胶黏剂基料的相对分子质量低，黏度小，流动性好，易于渗透到被黏物表面的空隙中，因此黏附性好，但内聚力较低，黏结强度就低；相对分子质量高，黏度大，不利于浸润，则黏结强度也不能保证。必须选择相对分子质量适宜的基料。

基料聚合物的分子结构中，极性基团（如羟基、羧基等）的多少、极性的强弱，对胶黏剂的黏附性和内聚力也有影响，大多数被用作胶黏剂的聚合物都含有较多的极性基团。

聚合物的空间结构，即侧链的各类对黏结强度也有较大的影响。若侧链的空间位阻较大，妨碍分子链节运动，不利于吸附与浸润，则会降低黏结强度；若侧链足够长时，其本身已能起分子链的作用，侧链就会比大分子的中间链段更易扩散到被黏物内部，因此，长的侧链有利于提高胶黏剂的黏附性和黏结力。

2）被黏材料的性质。被黏材料的性质包括其组成和结构等。

胶黏剂与其被黏材料的性质相近时，则黏结强度高。极性胶黏剂适用于黏结极性材料，而非极性胶黏剂则适用于黏结非极性材料。

被黏材料表面的粗糙程序会影响黏结强度。但如果表面过于粗糙，则会导致黏结剂的浸润不完全，容易残留气泡，从而使黏结强度下降。一般的，有机胶黏剂的粗糙度以3.2～12.5μm为宜，无机胶黏剂以12.5μm为宜。

3）黏结工艺及环境条件的影响。黏结工艺主要包括：通过表面加工处理满足粗糙度的要求；通过净化处理并控制胶黏剂黏度以利于黏结表面的浸润；提高黏结表面温度，使分子热运动加强，黏结面积增大，有利于提高黏结强度；涂胶后放置一定的时间，有利于胶黏剂内部溶剂的挥发，黏度增大，可避免黏结后胶层中形成气泡，保证黏结质量；在不缺胶的情况下，黏结强度随黏结层厚度的减小而增加，大多数胶黏剂的厚度以0.05～0.10mm为宜，无机胶黏剂的厚度以0.1～0.2mm为宜。

黏结过程中的环境湿度也是保证黏结的关键。环境湿度大，并使用易挥发的溶剂，就会在挥发过程中吸热而使表面冷却，黏结表面易生成冷凝水，严重影响黏结质量。温度过高，会导致热应力和收缩应力大，降低黏结强度。一般的，黏结时环境温度宜为15～30℃，环境湿度宜为65%～70%。

需要指出的是，黏结剂对被黏表面的浸润越彻底，黏结强度就越高。这是因为，如果浸润不彻底，会导致接触不完全，上述的吸附、扩散作用也就无从谈起，甚至会产生应力集中，大大降低黏结强度。

3. 常用的建筑胶黏剂

（1）环氧树脂胶黏剂（EP）

以环氧树脂（凡是含有两个或两个以上环氧基团的高分子化合物统称为环氧树脂）

为主要成分，添加适量固化剂、增韧剂、填料、稀释剂、促进剂、偶联剂等组成的胶黏剂称为环氧树脂胶黏剂。环氧树脂品种很多，目前产量最大、应用最广的是双酚 A 型环氧树脂，亦称通用型或标准型环氧树脂。在环氧树脂分子结构中含有很多强极性基团，如环氧基、烃基等，具有很高的内聚力，使其与被胶结物间产生很强的黏结力。

（2）酚醛树脂胶黏剂

酚醛树脂胶黏剂以酚醛树脂为基料配制而成，具有优良的耐热性、耐老化性能、耐水性和耐溶剂性，也有很高的黏结强度，但脆性大，抗冲击性能差，因此很少应用。若加入橡胶或热塑性树脂，可制成韧性好、耐热温度高、强度大、性能优良的胶黏剂，即改性酚醛树脂胶黏剂。

比较常用的是酚醛-缩醛胶和酚醛-丁腈胶。酚醛-缩醛胶是指聚乙烯醇缩醛改性的酚醛树脂胶；酚醛-丁腈胶是由酚醛树脂和丁腈橡胶混炼后，溶于溶剂而成的质量分数为 20%～30%的胶液，有单组分、双组分和三组分等几种品种。酚醛-缩醛胶和酚醛-丁腈胶的胶结强度高，对钢和铝合金的黏结强度分别可达 30MPa 和 20 MPa 以上，是良好的结构胶黏剂，耐疲劳、耐老化性能好，耐低温性能好，可在-60℃下长期使用。酚醛-丁腈胶的耐热性高于酚醛-缩醛胶，前者的使用温度可达 250℃左右，而后者只能在 120℃使用，酚醛-丁腈胶的耐油性亦优于酚醛-缩醛胶。

（3）聚乙酸乙烯乳液胶

聚乙酸乙烯乳液胶，俗称白胶水，是以乳液状态存在的乳液型胶黏剂，由乙酸乙烯经乳液聚合而成，其分散介质为水，与溶液型胶相比具有无毒、无火灾危险、黏度小、价格低廉等优点，但其耐水性和抗蠕变能力较差，耐热性也不够好，只适用于 40℃以下。胶膜的机械强度较高，内聚力好，含有较多的极性基团，对极性物质的黏结力强，可用于胶结纤维素质材料，如木材、纤维制品、纸制品等多孔材料，也可用于胶结其他材料，如水泥混凝土制品、皮革等。

（4）橡胶胶黏剂

橡胶胶黏剂是将橡胶经混炼或混炼后溶于溶剂中而制成的。橡胶胶黏剂具有优异的柔韧性、耐蠕变、耐挠曲及耐冲击震动等特性，可适用不同线膨胀系数材料之间及动态状态下使用的部件或制品的黏结，如橡胶与纤维、木材、皮革、金属、塑料等的黏结。经过填充剂改性和硫化处理过的橡胶胶黏剂，可大大提高耐热性、耐久性和黏结强度，成本价格也得以降低。但由于橡胶分子中含有许多双键，导致橡胶不耐老化，必须在橡胶胶黏剂配方中加入一些防老剂，如对苯二胺等。

（5）丙烯酸酯胶黏剂。

丙烯酸酯胶黏剂分为热塑型和热固型两大类，热塑型丙烯酸酯胶黏剂的主要品种是聚甲基丙烯酸甲酯胶黏剂。热固型丙烯酸酯胶黏剂主要有第一代丙烯酸酯胶、第二代丙烯酸酯胶、α-氰基丙烯酸酯胶黏剂等。

α-氰基丙烯酸酯胶黏剂是单组分常温快速固化胶，又称瞬干胶，主要成分是 α-氰基丙烯酸酯，α-氰基丙烯酸酯分子中有氰基和羧基存在，在弱碱性催化剂或水分作用下，极易打开双键而聚合成高分子聚合物，由于空气中有一定水分，当胶黏剂涂到被胶结物表面后几分钟即初步固化，24h 后可达到较高的强度，因此使用方便、固化迅速。

目前，国内生产的 502 胶就是由α-氰基丙烯酸酯和少量稳定剂对苯二酚、二氧化硫，增塑剂邻苯二甲酸二辛酯配制而成。502 胶可黏合多种材料，如金属、塑料、木材、橡胶、玻璃等，但其价格较贵，耐热性差，使用湿度低于 70℃时脆性较大，另外不耐水、酸、碱和某些溶剂。

4. 胶黏剂的选用原则

胶黏剂的多品种性造成了使用性能上的差异，因此，选择胶黏剂时应根据具体的胶结对象、使用及工艺条件来正确选择，同时价格与供应情况也是需要考虑的因素之一，可考虑如下因素：

1）被黏物的性质和种类。不同的材料极性大小不同，在很大程度上会影响胶强度，因此，要根据不同的材料，选用不同的胶黏剂。

2）胶黏剂的性能。配方不同，功能也不同，包括状态、黏度、适用期、固化条件、黏结工艺、黏结强度、使用温度、收缩率、线膨胀系数、耐水性、耐介质性和耐老化性等。

3）黏结的目的和用途。就黏结而言，兼具连接、密封、固定、定位、修补、填充、导电等多种功效。在实际使用中，往往在某一方面用途占主导地位，所以应该根据具体情况来选用胶黏剂。

4）受力条件。受力构件的胶结应选用强度高、韧性好的胶黏剂，若用于工艺定位而受力不大时，则可选用通用型胶黏剂。

5）使用环境。一般要考虑湿度、介质、真空度、辐射及户外老化等。

6）成本及工艺上的可能性。满足功能需要的前提下，应尽可能选用成本低和使用方便的胶黏剂。

本章回顾与思考

1）高分子化合物由许多相同的、简单的结构单元通过共价键（或离子键）有规律地重复连接而成，相对分子质量一般为 10^4～10^6，由低分子单体合成聚合物的化学反应称为聚合反应，聚合反应可分为加聚反应和缩聚反应，简称加聚和缩聚。

2）根据聚合物在热作用下表现出来的性质不同，将高分子聚合物分为热塑性聚合物和热固性聚合物；按聚合物所表现的性状不同，分为塑料、合成橡胶和合成纤维。

3）聚合物的最大特点是高弹性和黏弹性，耐腐蚀性好，绝缘性好，耐热性差，耐老化性差。

4）塑料的主要成分是合成树脂，即以树脂为基础，加入各种添加剂以改善性能，如填充剂、增塑剂、稳定剂、固化剂、润滑剂等。塑料的性能包括：轻质高强、易变形、易冷脆、化学性稳定好、导热性低、绝缘性好、耐冲击性好、成型性、着色性好、加工成本低等特点。

5）土工合成材料主要分成四大类，即土工织物、土工膜、特种土工合成材料和复合型土工材料。

6）胶黏剂通常是以具有黏性或弹性的天然或合成高分子化合物为基本原料，加入固化剂、填料、增韧剂、稀释剂、防老剂等添加剂而组成的一种混合物。胶黏剂可分为无机胶黏剂与有机胶黏剂两大类，常用的有环氧树脂胶黏剂、酚醛树脂胶黏剂、聚乙酸乙烯乳液胶、橡胶胶黏剂、α-氰基丙烯酸酯胶黏剂等。

工程案例

1）ECC 材料（Engineered Cementitious Composites）将聚乙烯（PE）纤维、聚乙烯醇（PVA）纤维和聚丙烯（PP）纤维等聚合物纤维添加到特定的水泥基材中，显示出超高的韧性，具有良好的裂缝宽度控制能力，其极限拉伸应变可达 3%～7%，是普通混凝土的 200～500 倍，从高聚合物的性能特点入手分析这些高聚物为什么可以起到增韧的作用。

2）日常生活中，我们经常用塑料绳绑东西，使劲绑紧，可不久会发现，塑料绳很快好像变长了似的，变得很松垮，于是再使劲绑紧，可依然会发现，过了一会又变松了，这是为什么？

思考题

1）什么叫高分子聚合物？

2）高分子化合物有哪些基本性质？

3）塑料有哪些性能？

4）土木合成材料有哪些？

5）你能举出土木工程中常用的胶黏剂吗？

第 9 章　木　　材

木材作为人类传统建筑材料之一，在我国历史悠久，利用技术独到，至今仍保存有上千年的木结构建筑。在山西省五台县城西南 22km 的李家庄，现存中国最早的木结构建筑。山西南禅寺大殿（图 9-1）始建年代不详，在唐建中三年（公元 782 年）重建。中国现存最久远最高的木结构塔式建筑为山西应县木塔（图 9-2），又名佛宫寺释迦塔，建于辽清宁二年（公元 1056 年），位于现山西省朔州市应县城西北佛宫寺内。这些木结构建筑经过上千年风雨洗礼仍得以保存，体现了这一工程材料的强大生命力。在结构工程中，木材可用作结构物的梁、板、柱等，随着众多新型土木工程材料的出现，木材用于结构相应减少，但木材在工程中仍然占有重要地位。由于其具有美丽的天然花纹，给人以淳朴、古雅、亲切的质感，因此木材作为装饰与装修材料，有其独特的功能和价值，被广泛采用。

图 9-1　山西南禅寺大殿

图 9-2　山西应县木塔

木材应用广泛，优点众多：①轻质高强，导热、声、电的性能低；②弹性和塑性好、能承受冲击和振动；③便于加工、纹理美观、易于着色；④对干燥和水环境都有很好的耐久性。因此，木材与水泥、钢材并列为土木工程中的三大材料。但木材的一些缺点也限制了木材的应用，如质地不均匀、易燃、易腐、天然疵病较多，各向异性、易吸湿吸水容易导致形状、尺寸、强度等物理、力学性能变化；长期处于干湿交替环境中，会使其耐久性变差。经适当地加工处理，这些缺点可以得到相当程度地减轻。本章将对木材进行详细介绍。

9.1 木材的分类与构造

9.1.1 木材的分类

土木工程中所用木材主要来自树干部分，由于树木种类较多，根据树叶的外观形状可分为针叶树木和阔叶树木两大类。

针叶树又称软木材，树干直而高，纹理顺直，木质较软。故软木材较易加工，表观密度和胀缩变形较小，强度较高，耐腐蚀性较强，常用作承重结构材料，如杉木、红松、白松、黄花松等。阔叶树又称硬（杂）木材，叶宽大，树干通直部分较短，材质坚硬。硬木材一般较重，不易加工，胀缩变形较大，易翘曲、开裂，多用于内部装饰和家具，如榆木、水曲柳、柞木等。

9.1.2 木材的构造

不同的树种，其生活环境不同，因此木材的构造差异很大，而木材性质是由构造决定的。研究木材的构造通常可从宏观和微观两个层次进行。

1. 宏观构造

木材的宏观构造是指通过肉眼或借助放大镜从不同方向的三个切面（横切面、径切面和弦切面）观察到的构造特征，如图 9-3 所示。

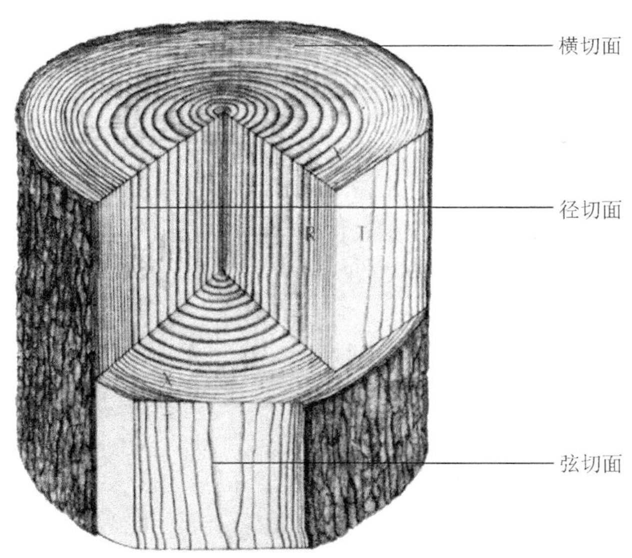

图 9-3　木材的三切面图

横切面是指与树干主轴垂直的切面，在这个面上可观察到树木的树皮、木质部、髓心、年轮（以髓心为中心的同心圈）以及木髓线（从髓心呈放射状分布的射线）。径切面是指通过树轴的纵切面，年轮在这个面上呈互相平行的带状。弦切面是指平行于树轴而不通过树轴的切面，年轮在这个面上呈“V”字形。

树皮是覆盖在树干表面的保护结构，起运输养料的作用，在建筑上用途不大。髓心是树木质最早生成的部分，纵贯树木干、枝的中心。质松软，强度低，易腐朽。木质部处于髓心和树皮之间，是木材的主体，在工程上是常用的部分。

一般树木，年轮一年生长一圈，在同一年轮内，春天生长的木质，其色浅，质松，强度低，称为春材（或早材）；夏秋季节生长的木质，色深，质坚，强度高，称为夏材（或晚材）。对于相同的树种，年轮越密越均匀，材质就越好；夏材部分越多，木材强度就越高。因此，常用夏材率来衡量木材质量，即在横切面上，沿半径方向一定长度中，夏材宽度总和所占的百分比。

2. 微观构造

微观构造是指能被显微镜观察到的木材组织。木材是由无数管状细胞紧密结合而成，如图 9-4 和图 9-5 所示，大多纵向排列，少数髓线横向排列。每一个细胞由细胞壁和细胞腔两部分构成，细胞壁由细胞纤维组成，细胞之间纵向联结较横向牢固。细纤维间具有极小的空隙，能吸附和渗透水分。若细胞壁厚，则腔小，这样木材密实，表观密度和强度大，但其胀缩变形也大，如夏材细胞。而春材细胞，细胞壁薄，腔大，故质地松软，强度低，但干缩率小。

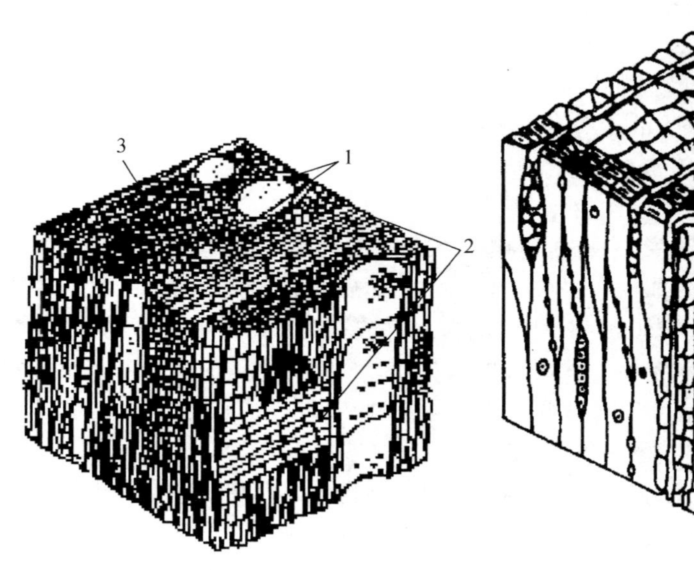

图 9-4 马尾松的显微结构

1—管胞；2—髓线；3—树脂道

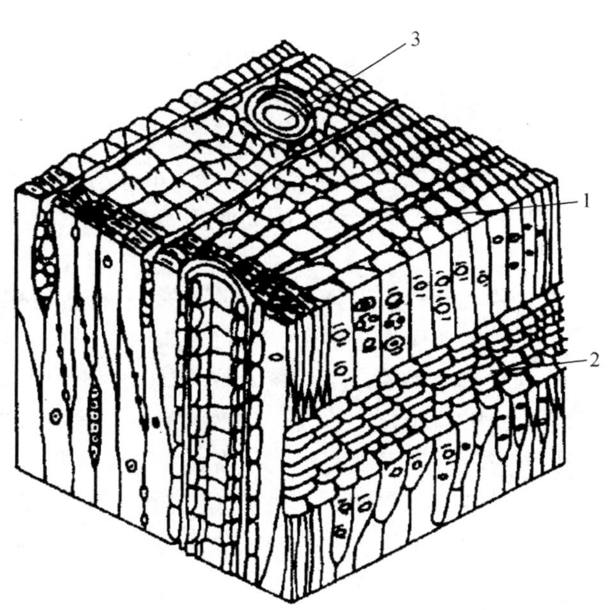

图 9-5 柞木的显微结构

1—管胞；2—髓线；3—木纤维

因作用不同，木材细胞可分为管胞、导管、木纤维、髓线等多种。管胞主要起支撑和输送养分的作用；木质素主要是黏结纤维素、半纤维素，构成坚韧的细胞壁，使木材具有强度和硬度。显微镜上，针叶树由管胞和髓线组成，如图 9-4 所示。阔叶树主要由导管、木纤维及髓线等组成，其髓线大而明显，结构复杂。导管是壁薄而腔大的细胞，大的管孔肉眼可见，如图 9-5 所示。阔叶树分为环孔材和散孔材两种，导管很大并成环状排列的，称环孔材，如栎木、榆木等。导管大小差不多，散乱分布且没有明显年轮，称散孔材，如桦木、椴木等。因此，导管有无与髓线粗细，是鉴别阔叶树和针叶树品质的重要特征。

9.2 木材的主要性能

9.2.1 物理物质

木材的物理性质有如下几个方面，因树种、产地、气候和树龄的不同而有明显差异。

1. 含水率与吸湿性

由于纤维素、半纤维素、木质素的分子均含有羟基（—OH 基），所以木材很容易从周围环境中吸收水分，其含水量随所处环境的湿度变化而不同。含水率是指木材中含水量与干燥木材重量的比率。

木材中所含的水可根据其存在形式分为三类。

1）自由水，存在于细胞腔和细胞间隙中的水。自由水的含量影响木材的表观密度、燃烧性和抗腐蚀性。木材干燥时，自由水首先蒸发。

2）吸附水，存在于细胞壁中的水分。细胞壁在木材受潮时首先吸水，木材强度和湿胀干缩的影响因素主要是吸附水含量的变化。

3）化合水，木材化学组成中的结合水。

进入木材的水分，首先附着在细胞壁内的细纤维间，成为吸附水，当吸附水饱和后，其余的水则成为自由水。木材干燥时，先失去自由水，随后才失去吸附水。当木材中的自由水完全为零，而吸附水尚未饱和时，木材的含水率被称为“纤维饱和点”。纤维饱和点随树种而异，一般在 25%～35%，平均为 30%左右。木材含水量的多少在一定程度上影响木材的表观密度、强度、耐久性、加工性、导热性和导电性等，尤其是纤维饱和点是影响木材物理力学性能发生变化的转折点。

干燥的木材从空气中吸收水分的性质，称为木材的吸湿性。而潮湿的木材也能在干燥的空气中失去水分。因此，木材的含水率将随周围空气的湿度变化而变化，当木材含水率与周围空气的湿度达到平衡时，此时的含水率称为平衡含水率。随周围大气的温度和相对湿度的变化，平衡含水率会相应发生变化。图 9-6 所示为木材在不同温度和湿度的环境条件下相应的平衡含水率。不同状况条件下，木材含水率不同，因此木材在使用过程中，为避免发生含水率的大幅度变化而引起干缩、开裂，宜在加工之前，将木材干燥至较低的含水率。

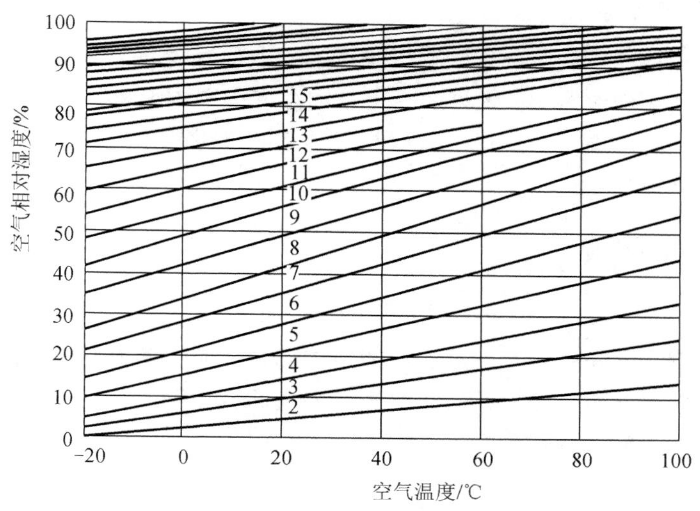

图 9-6 木材的平衡含水率

2. 湿胀干缩

当木材含水率高于纤维饱和点时，表明木材中有一定数量的自由水，此时如受到干燥或潮湿，只是自由水在改变，不影响木材的变形，仅表观密度发生变化。但低于纤维饱和点时，水分都吸附在细胞壁的纤维上，木材体积随吸附水的增加或减少。故而，木材在含水率低于纤维饱和点时，会使其长度和体积发生收缩，即干缩。而在纤维饱和点以内受到潮湿时，则长度和体积会膨胀，即湿胀。木材的湿胀干缩性会有差异，通常，表观密度大，夏材含量多，胀缩就较大。

由于构造不均匀，木材不同方向的干缩值也不相同，这种变化沿弦向最大，径向次之，纤维方向（顺纹方向）最小。木材干燥时，弦向干缩约为 5%～10%，径向干缩 3%～6%，纤维方向干缩 0.1%～0.35%，这主要是受髓线影响所致，距离髓心较远的一面，其横向更接近典型的弦向，因而收缩较大，使板材背离髓心翘曲。由此可知，木材干燥后，将改变其截面形状和大小，这一现象限制了其实际的应用。

干缩使木结构构件连接处产生缝隙而致接合松弛，湿胀则造成凸起，或者使装修部件发生破坏。为了避免木材的湿胀干缩对木材使用的严重影响，最有效的办法是根据图 9-6 将木材预先干燥至平衡含水率后再使用。

3. 密度与表观密度

不同树种木材的密度相差不大，一般为 1.48～1.58g/cm^3。根据木材孔隙率、含水量以及其他一些因素的影响，其表观密度也有所差异。通常一般有气干表观密度、绝干表观密度和饱水表观密度之分。木材的湿胀干缩率随表观密度的变化而变化。根据表观密度的大小，可评价木材的物理性质，可以甄别木材的品种，并评估木材的工艺性能。

4. 其他物理性质

木材的导热性能主要是由表观密度决定的，表观密度增大，导热系统随即增大，而且顺纹方向的大于横纹方向。木材的含水量和温度会影响木材的电阻，干木材在含水量提高或温度升高时，电阻会降低。木材具有较好的吸声性能，故常用软木板、木丝板、穿孔板等作为吸声材料。

9.2.2 木材的力学性质

1. 木材的强度

木材的纤维构造特点决定了其各种力学性能具有明显的方向性，在顺纹方向（作用力与木材纵向纤维平行的方向），木材的抗拉和抗压强度都比横纹方向（作用力与木材纵向纤维垂直的方向）高得多。

（1）抗压强度

木材用于受压构件非常广泛，由于构造的不均匀性，抗压强度可分为顺纹受压和横纹受压。顺纹受压破坏是木材细胞壁丧失稳定性的结果，并非纤维的断裂，木材的疵病对其影响较小，工程中常见的柱、桩、斜撑及桁架等承重构件均是顺纹受压。木材横纹受压是细胞壁开始弹性变形，这种变形与外力成正比，当超过比例极限时，细胞壁失去稳定，细胞腔被压扁，随即产生大量变形。木材的横纹抗压强度以使用中所限制的变形量来决定，通常取其比例极限作为横纹抗压强度极限指标。木材横纹抗压强度通常只有顺纹抗压强度的 10%～20%。

（2）抗拉强度

木材的顺纹抗拉强度是木材各种力学强度中最高的，顺纹抗拉强度为其抗压强度的 2～3 倍。木材单纤维的抗拉强度可达 80～200MPa，但木材在使用中不可能是单纤维受力，木材的疵病（木节、斜纹、裂缝等）会使木材实际能承受的作用力远远低于单纤维受力，例如当树节断面等于受拉试件断面的 1/4 时，其抗拉强度约为无树节试件抗拉强度的 27%。由于木材纤维横向连接弱，使得横纹抗拉强度仅为顺纹抗拉强度的 1/40～1/10。

（3）抗弯强度

木材受弯曲荷载时内部应力十分复杂，上部是顺纹受压，下部为顺纹受拉，在水平面中还有剪切力作用。木材受弯破坏时，通常是受压区首先达到强度极限，形成不明显的裂纹，这时并不产生破坏作用，随着外力增大，裂纹渐渐在受压区扩展，产生大量塑性变形，当受拉区内纤维达到强度极限时，因纤维本身的断裂及纤维间连接的破坏而最后破坏。

木材的抗弯强度很高，为顺纹抗压强度的 1.5～2 倍。因此，在土木工程中常用作受弯构件，如用于桁架、梁、桥梁、地板等，但木节、斜纹等对木材的抗弯强度影响很大，特别是当它们分布在受拉区时尤为显著。

（4）剪切强度

如图 9-7 所示，木材根据剪切作用力与木材纤维方向的不同，可将剪切分为顺纹剪切（a）、横纹剪切（b）和横纹切断（c）三种。

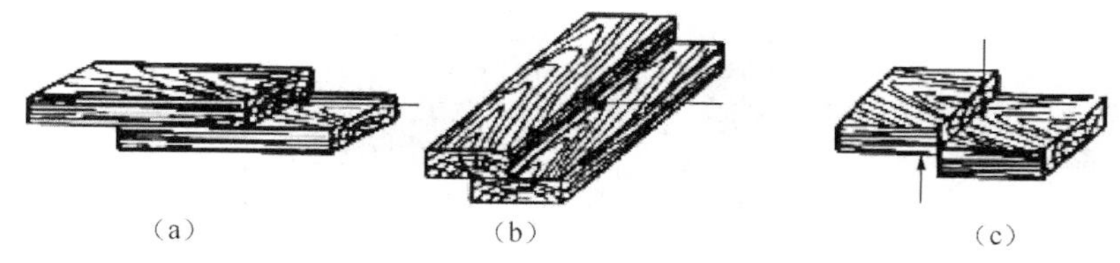

图 9-7　木材的剪切

顺纹剪切时［图 9-7（a）］，剪力与纤维方向平行，木材的绝大部分纤维本身并没有被破坏，而只是破坏剪切面中纤维间的连接，因此顺纹抗剪强度很小，一般为同一方向抗压强度（顺纹抗压强度）的 15%～30%；横纹剪切时［图 9-7（b）］，剪力方向与纤维方向垂直，而剪切面与纤维方向平行，破坏剪切面中纤维的横向连接，因此木材的横纹剪切强度比顺纹剪切强度还低；横纹切断时［图 9-7（c）］，剪力方向与剪切面均与木材纤维方向垂直，这种剪切破坏是将木材纤维切断，因此，横纹切断强度较大，一般为顺纹剪切强度的 4～5 倍。

为了便于比较，现将木材各种强度间数值大小关系列于表 9-1 中。

表 9-1　木材各种强度的大小关系

抗压		抗拉		抗弯	抗剪	
顺纹	横纹	顺纹	横纹		顺纹	横纹切断
1	1/10～1/3	2～3	1/20～1/3	3/2～2	1/7～1/3	1/2～1

我国土木工程中常用树种木材的主要物理和力学性质见表 9-2。

表 9-2　常用树种木材的主要物理性能

树种名称	产地	气干表观密度/（g/cm^3）	干缩系数		顺纹抗压强/MPa	顺纹抗拉强/MPa	抗弯强度/MPa	顺纹抗剪强度/MPa	
			径向	弦向				径面	弦面
针叶树									
杉木	湖南	0.317	0.123	0.277	33.8	77.2	63.8	4.2	4.9
	四川	0.416	0.136	0.286	39.1	93.5	68.4	6.0	5.0
红松	东北	0.440	0.122	0.321	32.8	98.1	65.3	6.3	6.9
马尾松	安徽	0.533	0.140	0.270	419	99.0	80.7	7.3	7.1
落叶松	东北	0.641	0.168	0.398	55.7	129.9	109.4	8.5	6.8
鱼鳞云杉	东北	0.451	0.171	0.349	42.4	100.9	75.1	6.2	6.5
冷杉	四川	0.433	0.174	0.341	38.8	97.3	70.0	5.0	5.5

续表

树种名称	产地	气干表观密度/（g/cm^3）	干缩系数		顺纹抗压强/MPa	顺纹抗拉强/MPa	抗弯强度/MPa	顺纹抗剪强度/MPa	
			径向	弦向				径面	弦面
阔叶树									
柞栎	东北	0.766	0.199	0.316	55.6	155.4	124.0	11.8	12.9
麻栎	安徽	0.930	0.210	0.389	52.1	155.4	128.0	15.9	18.0
水曲柳	东北	0.686	0.197	0.353	52.5	138.1	118.6	11.3	10.5
榔榆	浙江	0.818	—	—	49.1	149.4	103.6	16.4	18.4

2. 影响木材强度的主要因素

木材的强度受多因素的影响，除本身构造组织因素外，还与以下因素有关。

（1）含水量

木材的含水率对其强度有很大影响，当细胞壁中水分增多时，木纤维相互间的连接力减小，使细胞壁软化。含水率高于纤维饱和点时，自由水的变化不会影响木材强度。在低于纤维饱和点时，吸附水减少，细胞壁趋于紧致，木材强度增大，反之，强度减小。木材含水率的多少影响最多的是抗弯和顺纹抗压，其次是顺纹抗剪，而对顺纹抗拉基本没有影响，如图 9-8 所示。

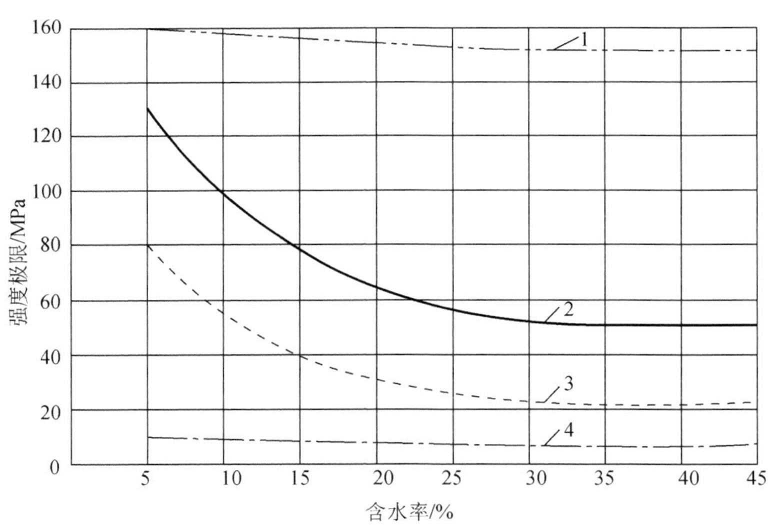

图 9-8 含水量对木材强度的影响

1—顺纹受拉；2—弯曲；3—顺纹受压；4—顺纹受剪

为了进行比较，《木材物理力学性能试验方法》（GB/T 1928—2009）中规定木材以含水率为 12%时的强度为标准值，其他含水率的强度，可按下式换算。

$$\sigma_{12} = \sigma_W[1+\alpha（W-12）] \tag{9.1}$$

式中：σ_{12}——含水率为12%时的木材强度；

σ_{w}——含水率为w%的木材强度；

w——试验时木材含水率；

α——校正系数，随荷载种类和力作用方式而异。

顺纹抗压：α=0.05

径向或弦向横纹局部抗压：α=0.045

顺纹抗拉：阔叶树 α=0.015

针叶树 α=0 即 $\sigma_{w}=\sigma_{12}$

抗弯：α=0.04

弦面或径面顺纹抗剪：α=0.03

式（9.1）适用于含水率在9%～15%时的强度换算。

（2）负荷时间

木材抵抗长期作用力的能力低于抵抗短期作用力的能力。木材在外力长期作用下，应用水平在低于强度极限时即发生破坏，这是由于木材在外力作用下产生等速蠕滑，经过较长时间后，急剧产生大量连续变形的结果。木材在长期作用力下不引起破坏的最大强度，叫作持久强度。木材的持久强度远远小于短期作用力下的极限强度，一般仅为极限强度的50%～60%。任何木结构都处于某一种负荷的长期作用下，因此，在设计木结构时，应注意负荷时间的长短对木材强度的影响。

（3）温度

环境温度升高会使木材中的胶结物质呈现软化状态，此时其强度和弹性均降低。温度升至50℃时，由于木质部分分解，强度大为降低，温度升至150℃时，木质部分分解加速而且碳化，达到275℃时木材开始燃烧。通常在长期受热环境中，如温度可能超过50℃时，则不应采用木结构。当温度降至冰点以下时，木材中的水分结冰，强度增大，但木材变得较脆，且一旦解冻，各项强度都将比未解冻时的强度低。

（4）疵病

木材疵病是指在生长、采伐、保存过程中产生的内部和外部的缺陷。木材存在这些或多或少的疵病。

木节可分活节、死节、松软节、腐朽节等几种。木节使木材顺纹抗拉强度显著降低，但对顺纹抗压影响较小；在横纹抗压和剪切时，木节会增加其强度。

在木纤维与树轴成一定夹角时，形成斜纹。斜纹会极大降低其顺纹抗拉强度，对抗弯强度也有较大影响，对顺纹抗压强度影响较小。

裂纹、腐朽、虫害等疵病，会造成木材构造的不连续或破坏其组织，严重影响木材的力学性质，有时甚至能使木材完全失去使用价值。

3. 木材的韧性

木材有较好的韧性，使其木结构具有良好的抗震性。木材的韧性受本身密度、温度等因素影响，木材的密度与冲击韧性成正比；高温降低木材韧性。而低温则会使湿木材韧性降低；任何缺陷的存在都会严重降低木材的冲击韧性。

4. 木材的硬度和耐磨性

木材的硬度和耐磨性主要取决于细胞组织的紧密度。木材横截面的硬度和耐磨性都较径切面和弦切面高，木髓线发达的木材其弦切面的硬度和耐磨性均比径切面高。

9.2.3 化学性质

木材的主要化学成分是一些天然的高分子化合物，如木材细胞壁主要由纤维素、半纤维素、木质素组成，其中纤维素占50%左右，此外，还有少量油脂、树脂、果胶质、蛋白质、无机物等。

木材的化学性质复杂多变。在常温下木材对稀的盐溶液、稀酸、弱碱有一定的抵抗能力，高温状态下木材的抵抗力明显下降。而在常温下木材在强酸、强碱作用下也会发生变色、湿胀、水解、氧化、酯化、降解交联等反应，在高温下，即使是 pH=7 的水中也会发生水解等反应。

我们可以使用木材的这些化学性质对木材进行某些处理、改性以及综合利用。

9.3 木材的干燥、防腐和防火

9.3.1 木材的干燥

为了使木材在使用过程中，保持其原有的尺寸和形状，避免发生变形、翘曲和开裂，并防止腐朽、虫蛀，保证正常使用，需要木材在锯解、加工、使用前进行干燥处理。干燥方法有自然干燥和人工干燥。自然干燥法不需要特殊设备，用时长，占地大，可达到风干状态，干燥后木材的质量较好。人工干燥法时间短，可干燥至窑干状态，但如干燥不当，会因收缩不均匀而引起开裂。

9.3.2 木材的防腐

1. 木材的腐朽原因及条件

木材是天然有机材料，具有适合真菌和昆虫生存的各种条件。

木材中常见的真菌有霉菌、变色菌、腐朽菌。霉菌生长在木材表面，是一种发霉的真菌，它对木材不起破坏作用，经过抛光后可去除。变色菌不破坏细胞壁，仅是将木材细胞腔内含物当作养料。所以霉菌、变色菌不影响木材的强度。腐朽菌以木质素为其养料，对木材危害严重，其通过分泌酶来破坏细胞壁组织中的纤维素和半纤维素，致使木材腐朽败坏。最适合真菌繁殖的温度为 25～30℃，含水率在纤维饱和点以上到 50%，又有一定量的空气，温度、空气、湿度这三个条件缺一不可。当温度大于 60℃或小于 5℃时，真菌不能生长。如含水率小于 20%或把木材泡在水中，真菌也难以存在。

木材还会遭受昆虫（如白蚁、天牛、蠹虫等）的蛀蚀，这些昆虫生存、繁殖在树皮或木质部内，导致木材强度降低，甚至结构溃烂。

2. 木材的防腐

为提高木材的耐久性，在建筑中可采用结构预防法和防腐剂法。

（1）结构预防法

结构预防法有：在设计和建造建筑物时，使构件不受潮湿；有良好的通风条件；将防潮物放在木材和其他材料之间；不封闭支座节点或其他任何构件在墙内；木地板下设置通风洞；木屋顶采用山墙通风、设置老虎窗等。

（2）防腐剂法

防腐剂种类很多，常用的有三类：①水溶性防腐剂，主要有氟化钠、硼砂、亚砷酸钠等，这类防腐剂主要用于室内木构件的防腐。②油剂防腐剂，主要有杂酚油（又称克里苏油）、杂酚油—煤焦油混合液等，这类防腐剂毒杀效力强，毒性持久，但有刺激性臭味，处理后木材表面呈黑色，故多用于室外、地下或水下木构件。③复合防腐剂，主要品种有硼酚合剂、氟铬酚合剂、氟硼酚合剂等，这类防腐剂对菌、虫毒性大，对人、畜毒性小，药效持久，因此应用日益扩大。

9.3.3 木材的防火

木材的防火处理（也称阻燃处理）是针对木材易燃的缺点，旨在提高其耐火性，使之不易燃烧；或火焰不会沿木材表面快速蔓延；或当火焰移开后，木材表面火焰可立即熄灭。

在木材表面涂刷或覆盖难燃材料和将防火剂浸注入木材是常用的防火处理方法。常用的防火涂层材料有无机涂料（如硅酸盐类、石膏等）、有机涂料（如四氯苯酐醇树脂防火涂料、膨胀型丙烯酸乳胶防火涂料等）；各种金属可用作覆盖物；以磷酸铵为主要成分的磷—氮系列、硼化物系列、卤素系列及磷酸-氨基树脂系列等是一般常用的注入木材的防火剂。

9.4 木材的合理应用

我国是少林国家，林木生长速度缓慢，生态建设和环境保护的需要与建设事业大量耗用木材的矛盾十分突出。因此，要求建筑工程中在经济合理的条件下，尽可能少用木材，使用中更应避免大材小用、长材短用、优材劣用；并充分利用木材的边角废料，生产各种人造板材，以提高木材的利用率。

1. 胶合板

胶合板是将经干燥、涂胶，按纹理交错重叠在一起的沿年轮旋切成大张薄片，在热压机上加压制造而成的人造板材，胶合板有 3 层、5 层、7 层，市场比较普遍的是三合板和五合板。胶合板的木材利用率高、材质均匀、不翘、不裂、装饰性好，应用广泛。

2. 纤维板

纤维板是把树皮、刨花、树枝等废料经破碎、浸泡、研磨成木浆，加入胶黏剂，再经热压成型、干燥处理等工序制成的人造板材。根据成型时温度和压力的不同，可将其分为硬质、半硬质和软质三种。

纤维板不但在构造上是均质的，而且完全避免了木节、裂缝、腐朽、虫眼等缺陷，它的胀缩性小，不翘曲，不开裂，各向强度一致，并有一定的绝热性，可代替木板，用于室内墙面、顶棚、门心板、家具等。软质纤维板大部分用作绝热、吸声材料。

3. 刨花板、木丝板和木屑板

它们是利用刨花碎片、短小废料加工刨制的木丝、木屑等，经过干燥，加胶黏剂拌和，经压制而成的板材，所用的胶黏剂可为植物胶、合成树脂、水泥、菱苦土等。这种板材常用于代替木材，作为建筑物一般装修，如隔断板、顶棚、屋面板、封檐板、绝热板以及制作家具等。

4. 旋切微薄木

旋切微薄木是由色木、桦木或树根瘤多的木段，经水蒸软化后，旋切成 0.1mm 左右的薄片，与坚韧的薄纸胶合制成。常加工成卷状，装饰性好，可压贴在胶合板或其他板材表面，作墙、门和橱柜的面板。

5. 软木壁纸

软木壁纸不同于 PVC（聚氯乙烯）壁纸、织物壁纸和金属壁纸。软木壁纸是由软木纸与基纸复合而成，以栓皮（软木的树皮）为原料，经粉碎、筛选和风干的颗粒加胶结剂后，在一定压力和温度下胶合而成。这种壁纸保持了原软木的材质，触感好、隔声吸声、典雅舒适、气氛温和，特别适用于室内墙面和顶棚的装修。

6. 木质合成金属装饰材料

木质合成金属装饰材料是将木材经金属化处理而成的新型装饰材料。它是以木材、木纤维作芯材，再合成金属层（铜或铝），在金属层上进行着色氧化、电镀贵重金属，再经涂膜保护等工序加工制成。木质芯材金属化后克服了木材易遭腐朽、虫蛀、易燃等缺点，又保留了木材易于加工、安装的优良工艺性，同时具有金属般的质感。木质合成金属装饰材料可制成方形、半圆形、多边形断面的木条、木线或薄板，可用于装饰门框、墙面、柱面、顶棚，使建筑物显得金碧辉煌。

7. 强化木地板

强化木地板是一种新型的强化复合木地板，它是由高度耐磨的表面层、不同木纹颜色的装饰层，用厚度为 8mm 的高密度木质纤维板作基层，并用平衡纸作底层复合制成。这是一种绿色环保、美观耐用的地面装饰材料，耐磨、防潮、耐烟头灼烧，木纹清晰，可以在平整的地面上拼装，而无须胶黏，平整光滑，不用上光打蜡，便于清洁维护。强化木地板多用于家居、商务会所等的地面装修，做成四边具有凹凸的企口，以便拼装咬合，规格一般为 1200mm×195mm×8mm。

本章回顾与思考

1. 木材的特点

优点：比强度大；弹性韧性好；对热、声、电的绝缘性好；装饰性好；加工性好。缺点：构造不均匀；湿胀干缩大；天然缺陷较多；耐火性差；易腐朽、虫蛀。

2. 木材的分类

针叶树；阔叶树。

3. 木材的构造

树木主要由树皮、髓心和木质部组成，工程上主要利用木质部。

在木质部中，靠近髓心的颜色较深，称为心材；靠近树皮的部分颜色较浅，称为边材。

4. 木材的含水率与性质

当吸附水已达饱和状态而又无自由水存在时，木材的含水率称为该木材的纤维饱和点。含水率小于纤维饱和点时，它的增加或减少才能引起体积的膨胀或收缩。另外，随着含水率降低，木材各种强度会随之增加。

木材的平均含水率指木材长时间处于一定温度和湿度的空气中，其水分的蒸发和吸收趋于平衡，含水率相对稳定，此时的含水率为平均含水率。木材平衡含水率随大气的温度和相对湿度变化而变化。

5. 木材的防腐与防火

可腐蚀木材的常见真菌有霉菌、变色菌和腐朽菌三种。霉菌及变色菌不会明显影响其力学性质，对木材起破坏作用最严重的是腐朽菌。木材的防腐有结构预防法和防腐剂法。

木材防火处理的方法有表面处理法和防火剂浸注法两种。

6. 木材的综合利用

胶合板、纤维板、刨花板、木丝板和木屑板、旋切微薄木、软木壁纸、木质合成金属装饰材料、强化木地板。

工程案例

案例1：兰州市某住宅的木地板使用一段时间后出现接缝不严的情况，试分析出现此问题的原因。

提示：从含水率与干燥收缩的关系分析。

案例2：南京市某住宅的木地板使用一段时间后出现起拱的情况，试分析出现此问题的原因。

提示：从含水率与吸水膨胀的关系分析。

案例 3：木材使用的实践知识中有句俗语“干千年，湿千年，干干湿湿两三年”，用所学知识分析其中的原理。

提示：从真菌在木材中生存和繁殖须同时具备的条件分析。

思考题

1）木材的顺纹强度与横纹强度有区别吗？为什么？

2）木材的平衡含水率有什么含义？

3）影响木材强度的因素有哪些？

4）木材病害有哪些？如何防治？

第 10 章　建筑功能材料

图 10-1 这栋建筑是由我国台湾成功大学建筑、土木及工程科学专业多位教授设计建造的。绿色魔法学校建筑采用水库的污泥烧制成的陶粒，作为隔间墙骨料以及屋顶花园的土壤，可吸音、保水；采用不会产生戴奥辛的电线、玉米做成的地毯，宝特瓶抽纱制作的窗帘，以及不含甲醛与重金属的油漆、抑菌钢板，可吸臭气的墙面。此外，建筑外的车道还可吸附二氧化碳，屋顶有空中花园隔绝热气，还有可随太阳转向的太阳能板，作为风力发电的桅杆，堪称最具环境效益的“平价绿色建筑”。

图 10-1　台湾“绿色魔法学校”

这个引例中，具有特殊功能的材料称为建筑功能材料，是随着人们对建筑物的要求不断提高，应运而生的一类材料，它们的出现大大改善了建筑物的使用功能，优化人们的生活和工作环境。本章主要介绍防水材料、保温隔热材料和吸声隔声材料。

10.1 防水材料

防水材料具有防止雨水、地下水与其他水分浸入建筑物的功能，它是建筑工程中重要的功能材料之一。本节主要介绍防水卷材、防水涂料和密封材料。

10.1.1 防水卷材

防水卷材是一种具有一定宽度和厚度并可卷曲的片状定型防水材料，它是用特制的纸胎及纺织物，通过浸透石油沥青、煤沥青及高聚物改性沥青制成的，或以高分子材料为基料加入助剂及填充料经过多种工艺加工而成。防水卷材在我国建筑材料的应用中处于主导地位，广泛应用于建筑物地上、地下和其他特殊构筑物的防水，是一种量大面广的防水材料。

防水卷材要满足建筑防水工程的要求，必须具备以下性能。

1）耐水性，指在水的作用和被水浸润后其性能基本不变，在水的压力作用下具有不透水性，常用不透水性、吸水性等指标表征。

2）温度稳定性，指在高温下不流淌、不起泡、不滑动；低温下不脆裂的性能，即在一定温度变化下保持原有性能的能力，常用耐热度、耐热性等指标表征。

3）机械强度、延伸性和抗断裂性，指防水卷材承受一定荷载、应力或在一定变形条件下不断裂的性能，常用拉力、拉伸强度和断裂伸长率等指标表征。

4）柔韧性，指在低温条件下保持柔韧性的性能，对保证易于施工、不脆裂十分重要，常用柔度、低温弯折性等指标表征。

5）大气稳定性，指在阳光、热、臭氧及其他化学侵蚀介质等因素的长期综合作用下抵抗侵蚀的能力，常用耐老化性、热老化保持率等指标表征。

目前常用的防水卷材按照材料组成不同一般可分为沥青防水卷材、高聚物改性沥青防水卷材和合成高分子防水卷材等三大系。

1. 沥青防水卷材

沥青防水卷材是用原纸、纤维织物、纤维毡等胎体浸涂沥青，表面撒布粉状、粒状、片状或合成高分子薄膜、金属膜等材料而制成的片状防水材料，常用品种有石油沥青纸胎油毡、石油沥青玻璃布油毡、石油沥青玻纤胎油毡、石油沥青麻布胎油毡等。沥青防水卷材是我国传统的防水卷材，成本较低，应用广泛，但低温柔性差，温度敏感性较大，延伸率、拉伸强度及耐久性能较差，在大气作用下易老化，防水耐用年限较短，属于低档防水材料。

常用的沥青防水卷材的特点及适用范围见表 10-1 和表 10-2。

表 10-1　石油沥青纸胎油毡物理性能

项目		指标		
		I 型	II 型	III 型
单位面积浸涂材料总量 / （g/m^2），≥		600	750	1000
不透水性	压力/MPa，≥	0.02	0.02	0.10
	保持时间/h，≥	20	30	30
吸水率/%，≤		3.0	2.0	1.0
耐热度		85 ± 2℃，2h 涂盖层无滑动、流淌和集中性气泡		
拉力（纵向）/N		240	270	340
柔度		18 ± 2℃，绕ϕ20mm 棒或弯板无裂纹		

注：本标准 III 型产品物理性能要求为强制性，其余为推荐性。

表 10-2 常用的沥青防水卷材的特点及适用范围

卷材名称	特点	适用范围	施工工艺
石油沥青纸胎油毡	传统的防水材料，低温柔性差，防水层耐用年限较短，但价格较低	三毡四油、二毡三油叠层设的屋面工程	热沥青、冷沥青黏贴施工
玻璃布胎沥青油毡	抗拉强度高，胎体不易腐烂，材料柔韧性好，附久性比纸胎油毡提高一倍以上	多用作纸胎油毡的增强附加层和突出部位的防水层	热沥青、冷沥青黏贴施工
玻纤毡胎沥青油毡	具有良好的耐水性、耐腐蚀性和耐久性，柔韧性也优于纸胎沥青油毡	常用作屋面或地下防水工程	热沥青、冷沥青黏贴施工
黄麻胎沥青油毡	抗拉强度高，耐水性好，但胎体材料易腐烂	常用作屋面增强附加层	热沥青、冷沥青黏贴施工
铝箔胎沥青油毡	有很高的阻隔蒸汽的渗透能力，防水功能好，且具有一定的抗拉强度	与带孔玻纤毡配合或单独使用，宜用于隔汽层	热沥青、冷沥青黏贴施工

2. 高聚物改性沥青防水卷材

高聚物改性沥青防水卷材是以合成高分子聚合物改性沥青为涂盖层，纤维织物或纤维毡为胎体，粉状、粒状、片状或薄膜材料为覆面材料制成的可卷曲片状防水材料。

这种防水卷材改善了温度稳定性差和延伸率小的不足，具有高温不流淌、低温不脆裂、拉伸强度高、延伸率较大等优异性能，价格适中，在我国属中低档防水卷材。按改性高聚物的种类，有弹性 SBS（苯乙烯-丁二烯嵌段共聚物）改性沥青防水卷材、塑性 APP 无规聚丙烯改性沥青防水卷材、聚氯乙烯改性焦油沥青防水卷材、三元乙丙改性沥青防水卷材、再生胶改性沥青防水卷材等；按油毡使用的胎体品种又可分为玻纤胎、聚乙烯膜胎、聚酯胎、黄麻布胎、复合胎等品种。

常用的几种高聚物改性沥青防水卷材的特点和适用范围见表 10-3，在防水设计中可参照选用。

表 10-3 常用高聚物改性沥青防水卷材的特点和适用范围

卷材名称	特点	适用范围	施工工艺
SBS 改性沥青防水卷材	耐高、低温性能有明显提高，卷材的弹性和耐疲劳性明显改善	单层铺设的屋面防水工程或复合使用，适合于寒冷地区和结构变形频繁的建筑	冷施工铺贴或热熔铺贴
APP 改性沥青防水卷材	具有良好的强度、延伸性、耐热性，耐紫外线照射及耐老化性能	单层铺设，适合于紫外线辐射强烈及炎热地区屋面使用	热熔法或冷黏法铺设
聚氯乙烯改性焦油防水卷材	有良好的耐热及耐低温性能，最低开卷温度为-18℃	有利于在冬季负温度下施工	可热作业亦可冷施工
再生胶改性沥青防水卷材	有一定的延伸性，且低温柔性较好，有一定的防腐蚀能力，价格低廉属低档防水卷材	变形较大或档次较低的防水工程	热沥青黏贴施工
废橡胶粉改性沥青防水卷材	比普通石油沥青纸胎油毡的抗拉强度、低温柔性均有明显改善	叠层使用于一般屋面防水工程，宜在寒冷地区使用	热沥青黏贴施工

高聚物改性沥青防水卷材除外观质量和规格应符合要求外，还应检验拉伸性能、耐热度、柔性和不透水性等物理性能，并应符合表 10-4 的要求。

表 10-4　高聚物改性沥青防水卷材物理性能

<table>
<tr><th colspan="2" rowspan="2">项目</th><th colspan="5">性能要求</th></tr>
<tr><th>聚酯毡胎体</th><th>玻纤毡胎体</th><th>聚乙烯胎体</th><th>自黏聚酯胎体</th><th>自黏无胎体</th></tr>
<tr><td colspan="2">可溶性含量/（g/m²）</td><td colspan="2">3mm 厚≥2100
4mm 厚≥2900</td><td>—</td><td>2mm≥1300
3mm≥2100</td><td>—</td></tr>
<tr><td colspan="2">拉力/N</td><td>≥450</td><td>纵向≥350
横向≥250</td><td>≥100</td><td>≥350</td><td>≥250</td></tr>
<tr><td colspan="2">延伸率/%</td><td>最大拉力时
≥30</td><td>—</td><td>断裂时
≥200</td><td>最大拉力时
≥30</td><td>断裂时
≥450</td></tr>
<tr><td colspan="2">耐热度（℃，2h）</td><td colspan="2">SBS 卷材 90
APP 卷材 110
无滑动、流淌、滴落</td><td>PEE 卷材
90，无流淌、起泡</td><td>70，无滑动、流淌、滴落</td><td>70，无起泡、滑动</td></tr>
<tr><td colspan="2" rowspan="2">低温柔度/℃</td><td colspan="3">SBS 卷材（-18℃），APP 卷材-5，PEE 卷材-10</td><td colspan="2">-20</td></tr>
<tr><td colspan="3">3mm 厚，γ=15mm；4mm 厚，γ=25mm；3s，弯 180°无裂纹</td><td>γ=15mm，3s，弯 180°无裂纹</td><td>ϕ20mm，3s，弯 180°无裂纹</td></tr>
<tr><td rowspan="2">不透水性</td><td>压力/MPa</td><td>≥0.3</td><td>≥0.2</td><td>≥0.3</td><td>≥0.3</td><td>≥0.2</td></tr>
<tr><td>保持时间/min</td><td colspan="4">≥30</td><td>≥120</td></tr>
</table>

3．合成高分子防水卷材

合成高分子防水卷材是以合成橡胶、合成树脂或两者的共混体为基料，加入适量的化学助剂和填充料等，经混炼、压延或挤出等工序加工而制成的可卷曲的片状防水材料，具有拉伸强度和抗撕裂强度高、断裂伸长率大、耐热性和低温柔性好、耐腐蚀、耐老化等一系列优异的性能，是新型高档防水卷材。常用的有再生胶防水卷材、三元乙丙橡胶防水卷材、三元丁橡胶防水卷材、聚氯乙烯防水卷材、氯化聚乙烯防水卷材、氯化聚乙烯-橡胶共混防水卷材等。

常见的合成高分子防水卷材的特点和适用范围见表 10-5。

表 10-5　常见合成高分子防水卷材的特点和适用范围

卷材名称	特点	适用范围	施工工艺
再生胶油毡［JC 206—1976（1996）］	有良好的延伸性、耐热性、耐寒性和耐腐蚀性，价格低廉	单层非外露部位及地下防水工程或加盖保护层的外露防水工程	冷黏法施工
氯化聚乙烯防水卷材（GB 12953—2003）	具有良好的耐候、耐臭氧、耐热老化、耐油、耐化学腐蚀及抗撕裂的性能	单层或复合作用宜用于紫外线强的炎热地区	冷黏法施工

续表

卷材名称	特点	适用范围	施工工艺
聚氯乙烯 PVC 防水卷材（GB 12952—2011）	具有较高的拉伸和撕裂强度，延伸率较大，耐老化性能好，原材料丰富，价格便宜，容易黏结	单层或复合使用于外露或有保护层的防水工程	冷黏法或热风焊接法施工
屋顶橡胶防水材料三元乙丙片材（HG 2402—1992）	防水性能优异，耐候性好，耐臭氧性、耐化学腐蚀性、弹性和抗拉强度大，对基层变形开裂的适用性强，重量轻，使用温度范围宽，寿命长，但价格高、黏结材料尚需配套完善	防水要求较高，防水层耐用年限长的工业与民用建筑，单层或复合使用	冷黏法或自黏法
三元丁橡胶防水卷材（JC/T 645—2012）	有较好的耐候性、耐油性、抗拉强度和延伸率，耐低温性能稍低于三元乙丙橡胶防水卷材	单层或复合使用于要求较高的防水工程	冷黏法施工
氯化聚乙烯-橡胶共混防水卷材（JC/T 684—1997）	不但具有氯化聚乙烯特有的高强度和优异的耐臭氧、耐老化性能，而且具有橡胶所特有的高弹性、高延伸性以及良好的低温柔性	单层或复合使用，尤宜用于寒冷地区或变形较大的防水工程	冷黏法施工

10.1.2 防水涂料

防水涂料是一种流态或半流态物质，可用刷、喷等工艺涂布在基层表面，经溶剂或水分挥发或各组分间的化学反应，形成具有一定弹性和一定厚度的连续薄膜，使基层表面与水隔绝，起到防水、防潮作用。

防水涂料广泛应用于工业与民用建筑的屋面防水工程、地下室防水工程和地面防潮、防渗等。防水涂料要满足防水工程的要求，必须具备以下性能。

1）固体含量，指防水涂料中所含固体比例，由于涂料涂刷后涂料中的固体成分形成涂膜，因此，固体含量多少与成膜厚度及涂膜质量密切相关。

2）耐热度，指防水涂料成膜后的防水薄膜在高温下不发生软化变形、不流淌的性能，它反映防水涂膜的耐高温性能。

3）柔性，指防水涂料成膜后的膜层在低温下保持柔韧的性能，它反映防水涂料在低温下的施工和使用性能。

4）不透水性，指防水涂膜在一定水压（静水压或动水压）和一定时间内不出现渗漏的性能，是防水涂料满足防水功能要求的主要质量指标。

5）延伸性，指防水涂膜适应基层变形的能力，防水涂料成膜后必须具有一定的延伸性，以适应由于温差、干湿等因素造成的基层变形，保证防水效果。

防水涂料按成膜物质的主要成分可分为沥青类、高聚物改性沥青类和合成高分子类（又可再分为合成树脂类和合成橡胶类）。

1. *沥青基防水涂料*

沥青基防水涂料是指以沥青为基料配制而成的水乳型或溶剂型防水涂料，这类涂料对沥青基本没有改性或改性作用不大，主要有石灰膏乳化沥青、膨润土乳化沥青和水性石棉沥青防水涂料等，常用的有石灰乳化沥青。

石灰乳化沥青涂料是以石油沥青为基料，石灰膏为乳化剂，在机械强制搅拌下将沥青乳化制成的厚质防水涂料。石灰乳化沥青涂料为水性、单组分涂料，具有无毒、不燃、可在潮湿基层上施工等特点。按《水乳型沥青防水涂料》（JC/T 408—2005）的规定，石灰乳化沥青涂料的技术性能应满足表 10-6 的要求。

表 10-6 水乳型沥青防水涂料物理力学性能

<table>
<tr><th colspan="2">项目</th><th>L</th><th>H</th></tr>
<tr><td colspan="2">固体含量/%，≥</td><td colspan="2">45</td></tr>
<tr><td colspan="2" rowspan="2">耐热度/℃</td><td>80±2</td><td>110±2</td></tr>
<tr><td colspan="2">无流淌、滑动、滴落</td></tr>
<tr><td colspan="2">不透水性</td><td colspan="2">0.10MPa，30min 无渗水</td></tr>
<tr><td colspan="2">黏结强度/MPa，≥</td><td colspan="2">0.30</td></tr>
<tr><td colspan="2">表干时间/h，≤</td><td colspan="2">8</td></tr>
<tr><td colspan="2">实干试件/h，≤</td><td colspan="2">24</td></tr>
<tr><td rowspan="4">低温柔度*/℃</td><td>标准条件</td><td>−15</td><td>0</td></tr>
<tr><td>碱处理</td><td rowspan="3">−10</td><td rowspan="3">5</td></tr>
<tr><td>热处理</td></tr>
<tr><td>紫外线处理</td></tr>
<tr><td rowspan="4">断裂伸长率/%</td><td>标准条件</td><td colspan="2" rowspan="4">600</td></tr>
<tr><td>碱处理</td></tr>
<tr><td>热处理</td></tr>
<tr><td>紫外线处理</td></tr>
</table>

* 供需双方可以商定温度更低的低温柔度指标。

2. 高聚物改性沥青防水涂料

高聚物改性沥青防水涂料是指以沥青为基料，用合成高分子聚合物进行改性，制成的水乳型或溶剂型防水涂料。这类涂料在柔韧性、抗裂性、拉伸强度、耐高低温性能、使用寿命等方面比沥青基涂料有很大改善，品种有再生橡胶改性防水涂料、氯丁橡胶改性沥青防水涂料、SBS 橡胶改性沥青防水涂料、聚氯乙烯改性沥青防水涂料等，常见的有水性聚氯乙烯焦油防水涂料。

水性聚氯乙烯焦油防水涂料是用聚氯乙烯树脂改性煤焦油并经乳化稳定分散在水中而制成的一种水乳性防水涂料，由于用聚氯乙烯进行改性，与沥青基防水涂料相比，水乳性聚氯乙烯焦油防水涂料在柔性、延伸性、黏结性、耐高低温性、抗老化性等方面都有改善，具有成膜快、强度高、耐候性好、抗裂性好等特点。按《水性聚氯乙烯焦油防水涂料》（JC 634—1996）的规定，其主要技术性能应满足表 10-7 的要求。

表 10-7 水性聚氯乙烯焦油防水涂料技术性能

项目	性能指标	项目	性能指标
不挥发物含量/%	≥43	延伸性（膜厚 4mm），mm	无处理≥14.0
低温柔性（-10℃，2h）	ϕ20mm，不断裂		热处理≥8.0
耐热性（80℃，2h）	无流淌，起泡		碱处理≥12.0
不透水性（0.1MPa，30min）	无渗水		紫外线处理≥8.0
黏结强度/MPa	≥0.2		

3. 合成高分子防水涂料

合成高分子防水涂料是指以合成橡胶或合成树脂为主要成膜物质制成的单组分或多组分的防水涂料。这类涂料具有高弹性、高耐久性及优良的耐高低温性能，品种有聚氨酯防水涂料、丙烯酸酯防水涂料、环氧树脂防水涂料和有机硅防水涂料等，最常见的是聚氨酯防水涂料。聚氨酯防水涂料属双组分反应型涂料。甲组分是含有异氰酸基的预聚体，乙组分由含有多羟基的固化剂与增塑剂、稀释剂等，甲乙两组分混合后，经固化反应形成均匀、富有弹性的防水涂膜。聚氨酯防水涂料是反应型防水涂料，固化时体积收缩很小，可形成较厚的防水涂膜，并具有弹性高、延伸率大、耐高低温性好、耐油、耐化学侵蚀等优异性能，其主要技术性能需要满足《聚氨酯防水涂料》（GB/T 19250—2013）的相关规定。

10.1.3 建筑密封材料

建筑密封材料是能承受位移并具有高气密性及水密性而嵌入建筑接缝中的定型和不定型的材料。定型密封材料是具有一定形状和尺寸的密封材料，如密封条带、止水带等；不定型密封材料通常是黏稠状的材料，分为弹性密封材料和非弹性密封材料。

为保证防水密封的效果，建筑密封材料应具有良好的黏结性、良好的耐高低温性和耐老化性能、一定的弹塑性和拉伸—压缩循环性能。我们可以根据密封材料的使用部位、被黏基层的材质、表面状态和性质来选择密封材料。目前，常用的密封材料有：沥青嵌缝油膏、塑料油膏、丙烯酸类密封膏、聚氨密封膏和硅酮密封膏等。

1. 沥青嵌缝油膏

沥青嵌缝油膏是以石油沥青为基料，加入改性材料、稀释剂及填充料混合制成的密封膏，改性材料有废橡胶粉和硫化鱼油，稀释剂有松焦油、松节重油和机油，填充料有石棉绒和滑石粉等。沥青嵌缝油膏主要作为屋面、墙面、沟和槽的防水嵌缝材料，使用沥青油膏嵌缝时，缝内应洁净干燥，先涂刷冷底子油一道，待其干燥后即嵌填注油膏，油膏表面可加石油沥青、油毡、砂浆、塑料为覆盖层。建筑防水沥青嵌缝油膏的技术性能应符合《建筑防水沥青嵌缝油膏》（JC/T 207—2011）的要求，见表 10-8。

表 10-8　建筑防水沥青嵌缝油膏的技术性能要求

序号	项目		技术指标	
			702	801
1	密度/（g/cm^3）		规定值±0.1	
2	施工度/mm，≤		22.0	20.0
3	耐热性	温度/℃	70	80
		下垂值/mm，≤	4.0	
4	低温柔性	温度/℃	−20	−10
		黏结状况	无裂纹和剥离现象	
5	拉伸黏结性/%，≥		125	
6	浸水后拉伸黏结性/%，≥		125	
7	渗出性	渗出幅度/mm，≤	5	
		渗出张数/张，≤	4	
8	挥发性/%，≤		2.8	

2. 聚氯乙烯接缝膏和塑料油膏

聚氯乙烯接缝膏是以煤焦油和聚氯乙烯（PVC）树脂粉为基料，按一定比例加入增塑剂（邻苯二甲酸二丁酯、邻苯二甲酸二辛酯）、稳定剂（三盐基硫酸铝、硬脂酸钙）及填充料（滑石粉、石英粉）等，在 140℃温度下塑化而成的膏状密封材料，简称 PVC 接缝膏。

塑料油膏是用废旧聚氯乙烯（PVC）塑料代替聚氯乙烯树脂粉，其他原料和生产方法同聚氯乙烯接缝膏，成本较低。

PVC 接缝膏和塑料油膏有良好的黏结性、防水性、弹塑性、耐热、耐寒、耐腐蚀和抗老化性能，适用于各种屋面嵌缝或表面涂布作为防水层，也可用于水渠、管道等接缝，用于工业厂房自防水屋面嵌缝，大型墙板嵌缝等。PVC 接缝膏和塑料油膏应符合《聚氯乙烯建筑防水接缝材料》（JC/T 798—1997）的要求，见表 10-9。

表 10-9　聚氯乙烯建筑防水接缝材料的技术要求

性能		802	801
耐热性	温度/℃	80	
	下垂直/mm，<	4	
低温柔性	温度/℃	−20	−10
	柔性	无裂缝	
拉伸黏结性	最大抗拉强度/MPa	0.02～0.15	
	最大延伸率/%，≥	300	
进水拉伸黏结性	最大抗拉强度/MPa，≥	0.02～0.15	
	最大延伸率/%，≥	250	
恢复率/%	≥	80	
挥发率/%	≤	3	

3. 丙烯酸类密封膏

丙烯酸类密封膏是丙烯酸树脂掺入增塑剂、分散剂、碳酸钙、增量剂等配制而成，有溶剂型和水乳型两种，通常为水乳型。

丙烯酸类密封膏比橡胶类的便宜，属于中等价格及性能的产品，具有优良的抗紫外线性能（特别是对于透过玻璃的紫外线），延伸率好，固化初期阶段为 200%～600%，经过热老化、气候老化试验后达到完全固化时为 100%～350%，主要用于屋面、墙板、门、窗嵌缝，在一般建筑基底（包括砖、砂浆、大理石、花岗石、混凝土等）上不产生污渍，但耐水性不佳，所以不宜用于经常浸泡在水中的工程，如广场、公路、桥面、水池、污水处理厂、灌溉系统、堤坝等接缝中。

丙烯酸密封膏的技术性能应符合《丙烯酸酯建筑密封膏》（JC/T 484—2006）中的相关规定，见表 10-10。

表 10-10　丙烯酸酯建筑密封膏技术性能

序号	项目	技术指标		
		12.5E	12.5P	7.5P
1	密度/（g/cm^3）	规定值±0.1		
2	下垂度/mm	≤3		
3	表干时间/h	≤1		
4	挤出性/（mL/min）	≥100		
5	弹出恢复率/%	≥40	见表注	
6	定伸黏结性	无破坏	—	
7	进水后定伸黏结性	无破坏	—	
8	冷拉—热压后黏结性	无破坏	—	
9	断裂伸长率/%	—	≥100	
10	浸水后断裂伸长率/%	—	≥100	
11	同一温度下拉伸—压缩循环后黏结性	—	无破坏	
12	低温柔性/℃	-20	-5	
13	体积变化率/%	≤30	—	

注：报告实测值。

4. 聚氨酯密封膏

聚氨酯密封膏一般用双组分配制，甲组分是含有异氰酸基的预聚体，乙组分含有多羟基的固化剂与增塑剂、填充料、稀释剂等。使用时，将甲乙两组分按比例混合，经固化反应成弹性体。聚氨酯密封膏的弹性、黏结性及耐气候老化性能特别好，与混凝土的黏结性也很好，同时不需要打底，可用于玻璃、金属材料的嵌缝，作屋面、墙面的水平或垂直接缝，公路及机场跑道的补缝、接缝，尤其适用于游泳池工程。

聚氨酯密封膏的流变性、低温柔性、拉伸黏结性和拉伸—压缩循环性能等，应符合标准《聚氨酯建筑密封膏》（JC/T 482—2003）的相关规定。

5. 硅酮密封膏

硅酮密封膏是以聚硅氧烷为主要成分的单组分和双组分室温固化型的建筑密封材料，目前大多为单组分系统，以氧烷聚合物为主体，加入硫化剂、硫化促进剂以及增强填料，在隔绝空气的条件下将各组分混合均匀后装于密闭包装筒中，借助空气中的水分进行交联反应，形成橡胶弹性体。硅酮密封膏具有良好的耐热性、耐寒性和耐水性，与各种材料黏结性能良好，且耐拉伸—压缩疲劳性强。

根据《硅酮建筑密封膏》（GB/T 14683—2003）的规定，硅酮建筑密封膏分为 F 类和 G 类两种类别。其中，F 类为建筑接缝用密封膏，适用于预制混凝土墙板、水泥板、大理石板的外墙接缝，混凝土和金属框架的黏结，卫生间和公路接缝的防水密封等；G 类为镶装玻璃用密封膏，主要用于镶嵌玻璃和建筑门、窗的密封。硅酮密封膏的各项性能应符合 GB/T 14683—2003 的有关规定。

10.2 绝热材料

10.2.1 概述

热量的传递方式有三种：导热、对流和热辐射。在每一实际的传热过程中，往往都同时存在着两种或三种传热方式。

10.2.2 绝热材料的绝热机理

常见的绝热材料有多孔型、纤维型、反射型，其绝热机理简单介绍如下。

1. 多孔型

多孔型绝热材料起绝热作用的机理可由图 10-2 来说明。当热量 Q 从高温面向低温面传递时，在未碰到气孔之前，传递过程为固相中的导热。在碰到气孔后，一条路线仍然是通过固相传递，但其传热方向发生变化，总的传热路线大大增加，从而使传递速度减缓。另一条路线是通过气孔内气体的传热，其中包括高温固体表面对气体的辐射与对流传热、气体自身的对流传热、气体的导热、热气体对低温固体表面的辐射及对流传热以及热固体表面和冷固体表面之间的辐射传热。由于在常温下对流和辐射传热在总的传热中所占比例很小，故以气孔中气体的导热为主，但由于空气的导热系数仅为 0.029W/（m·K），远小于固体的导热系数，故热量通过气孔传递的阻力较大，从而传热速度大大减缓。

2. 纤维型

纤维型绝热材料的绝热机理基本上和通过多孔材料的情况相似（图 10-3）。显然，传热方向和纤维方向垂直时的绝热性能，比传热方向和纤维方向平行时要好一些。

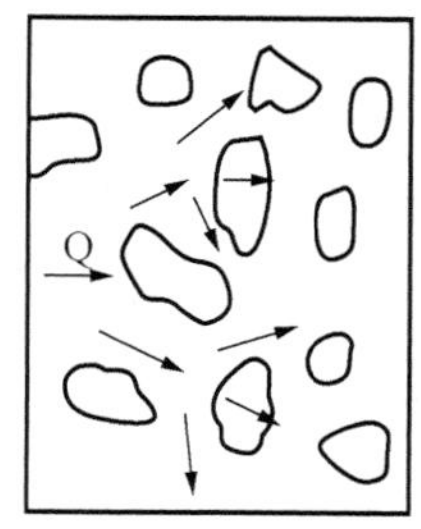

图 10-2　多孔材料导热过程

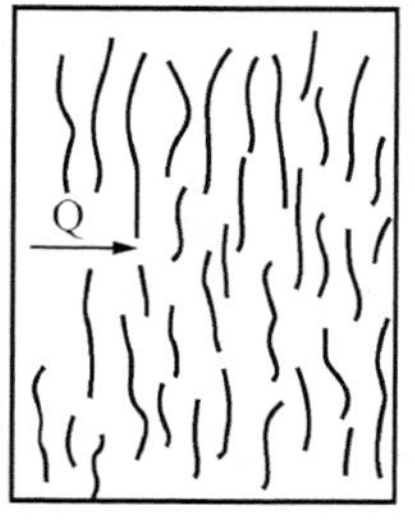

图 10-3　纤维材料导热过程

3. 反射型

反射型绝热材料的绝热机理可由图 10-4 来说明。

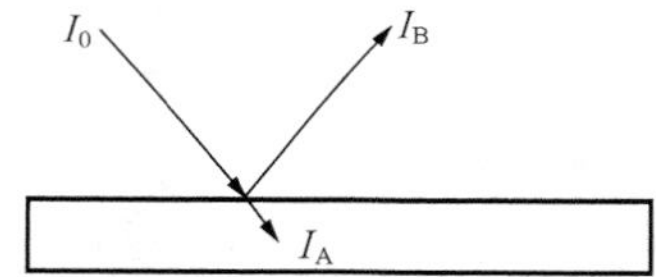

图 10-4　材料对热辐射的放射和吸收

当外来的热辐射能量 I_0 投射到物体上时，通常会将其中一部分能量 I_B 反射掉，另一部分 I_A 被吸收。根据能量守恒，我们知道，凡是反射能力强的材料，吸收热辐射的能力就小，故利用某些材料对热辐射的反射作用（如铝箔的反射率为 0.95），在需要绝热的部位表面贴上这种材料，就可以将绝大部分外来热辐射（如太阳光）反射掉，从而起到绝热作用。

10.2.3　绝热材料的性能

绝热材料性能包括导热性能、温度稳定性、吸湿性和力学性能。

1. 导热性能

材料的导热性能可以用导热系数来表征，导热系数是指在稳定传热条件下，1m 厚的材料，两侧表面的温差为 1℃，在 1s 内，通过 $1m^2$ 面积传递的热量，它反映了材料本身热量传导能力大小，受如下因素影响。

1）材料的物质构成。材料的导热系数受自身物质的化学组成和分子结构影响，化学组成和分子结构比较简单的物质比结构复杂的物质有较大的导热系数。

2）孔隙特征。由于固体物质的导热系数比空气的导热系数大得多，一般情况下，材料的孔隙率越大，材料的导热系数越小，另外材料的导热系数还与孔隙的大小、分布、形状及连通状况有关。

3）温度。温度升高，材料固体分子的热运动增强，同时材料孔隙中空气的导热和孔壁间的辐射作用也有所增加，因此，材料的导热系数随温度的升高而增大。

4）湿度。水的导热系数比空气的导热系数要大约 20 倍，因此，材料受潮吸水后，导热系数增大，若水结冰，则由于冰的导热系数约为空气的导热系数的 80 倍左右，从而使材料的导热系数增加更多。

5）热流方向。对于纤维状材料，热流方向与纤维排列方向垂直时材料表现出的导热系数要小于平行时的导热系数，这是因为前者可对空气的对流等作用能起有效的阻止作用所致。

2. 温度稳定性

材料在受热作用下保持其原有性能不变的能力，称为绝热材料的温度稳定性，通常用其不致丧失绝热性能的极限温度来表示。

3. 吸湿性

绝热材料从潮湿环境中吸收水分的能力称为吸湿性，一般其吸湿性越大，对绝热效果越不利。

4. 力学性能

绝热材料的力学性能，通常采用抗压强度和抗折强度来表征，对于某些纤维材料有时常用材料达到某一变形时的承载能力作为其强度代表值。

选用绝热材料时，应综合考虑上述主要性能指标。在实际应用中，由于绝热材料含有大量孔隙，故其强度一般不大，因此不宜将绝热材料用于受荷部位。另外，由于大多数绝热材料都具有一定的吸水、吸湿能力，须在其表层加防水层或隔汽层。

10.2.4 常用的绝热材料①

1. 硅藻土

硅藻土是水生植物硅藻的残骸，常用作填充料，或用其制作硅藻土砖等。在显微镜下，可以观察到硅藻土是由微小的硅藻壳构成，硅藻壳的大小在 5～400μm 之间，每个硅藻壳内包含大量极细小的微孔，其孔隙率为 50%～80%，因此硅藻土有很好的保温绝热性能，其导热系数为 0.060W/（m·K），最高使用温度约为 900℃。

2. 膨胀蛭石

蛭石是一种复杂的镁、铁含水铝硅酸盐矿物，由云母类矿物经风化而成，具有层状结构。将天然蛭石经破碎、预热后快速通过锻烧带可使蛭石膨胀 20～30 倍，锻烧后的膨胀蛭石表观密度可降至 87～900kg/m^3，导热系数 0.046～0.07W/（m·K），最高使用温度为 1000～1100℃，可直接用作填充材料，还可与胶结材料混合制成膨胀蛭石制品。

① 引自《土木工程材料》，湖南大学、天津大学、同济大学、东南大学合编，中国建筑工业出版社，2002。

3. 膨胀珍珠岩

珍珠岩是由地下喷出的熔岩在地表水中急冷而成，具有类似玉髓的隐晶结构。将珍珠岩（以及松脂岩、黑曜岩）经破碎，预热后，快速通过煅烧带，可使珍珠岩体积膨胀约20倍，得到的膨胀珍珠岩的堆积密度为40～500kg/m^3，导热系数0.047～0.07W/（m·K），最高使用温度为800℃，最低使用温度为-200℃。膨胀珍珠岩除可用作填充材料外，还可与水泥、水玻璃、沥青、黏土等结合制成膨胀珍珠岩绝热制品。

4. 发泡黏土

将一定矿物组成的黏土（或页岩）加热到一定温度会产生一定数量的高温液相，同时会产生一定数量的气体，由于气体受热膨胀，使其体积胀大数倍，冷却后即得到发泡黏土（或发泡页岩）轻质骨料，其堆积密度约为350kg/m^3，导热系数为0.105W/(m·K)，可用作填充材料和混凝土轻骨料。

5. 轻质混凝土

轻质混凝土包括轻骨料混凝土和多孔混凝土。

轻骨料混凝土采用的轻骨料可以有多种，如黏土陶粒、膨胀珍珠岩等，采用的胶结材料也可以有多种，如普通硅酸盐水泥、矾土水泥、水玻璃等。以水玻璃为胶结材料、陶粒为粗集料、蛭石砂为细集料的轻集料混凝土，表观密度约为1100kg/m^3，导热系数为0.222W/（m·K）。

多孔混凝土主要有泡沫混凝土和加气混凝土。泡沫混凝土的表观密度约为300～500kg/m^3，导热系数0.082～0.186W/(m·K)；加气混凝土的表观密度约为400～700kg/m^3，导热系数约为0.093～0.164W/（m·K）。

6. 微孔硅酸钙

微孔硅酸钙是以石英砂、普通硅石或活性高的硅藻土以及石灰为原料经过水热合成的绝热材料，其主要水化产物为托贝莫来石或硬硅钙石。以托贝莫来石为主要水化产物的微孔硅酸钙，其表观密度约为200kg/m^3，导热系数约为0.047W/（m·K），最高使用温度约为65℃；以硬硅钙石为主要水化产物的微孔硅酸钙，其表观密度约为230kg/m^3，导热系数0.056W/（m·K），最高使用温度约为1000℃。

7. 泡沫玻璃

用玻璃粉和发泡剂配成的混合料经煅烧而得到的多孔材料称为泡沫玻璃，可用来砌筑墙体，也可用于冷藏设备的保温，或用作漂浮、过滤材料。

气相在泡沫玻璃中占总体积的80%～95%，而玻璃只占总体积的5%～20%，其气孔尺寸为0.1～5mm，且绝大多数气孔是孤立的。泡沫玻璃的表观密度为150～600kg/m^3，导热系数为0.058～0.128W/（m·K），抗压强度为0.8～15MPa，最高使用温度为300～400℃（采用普通玻璃）、800～1000℃（采用无碱玻璃）。

8. 岩棉及矿渣棉

由熔融的岩石经喷吹制成的称为岩棉，由熔融矿渣经喷吹制成的称为矿渣棉，岩棉和矿渣棉统称矿物棉。矿棉也可制成粒状棉用作填充材料，也可将矿棉与有机胶结剂结合制成矿棉板、毡、筒等制品，其堆积密度为 45～150kg/m^3，导热系数约为 0.044～0.049W/（m·K），最高使用温度约为 600℃。

9. 玻璃棉

将玻璃熔化后从流口流出的同时，用压缩空气喷吹形成乱向玻璃纤维，也称玻璃棉，其纤维直径约 20μm，堆积密度为 10～120kg/m^3，导热系数为 0.035～0.041W/（m·K）。玻璃棉的最高使用温度为 350℃（采用普通有碱玻璃时）和 600℃（采用无碱玻璃时），可用作围护结构、管道绝热及低温保冷工程。

10. 陶瓷纤维

陶瓷纤维为采用氧化硅、氧化铝为原料，经高温熔融、喷吹制成，可制成毡、毯、纸、绳等制品，用于高温绝热，还可将陶瓷纤维用于高温下的吸声材料。陶瓷纤维直径为 2～4μm，堆积密度为 140～190kg/m^3，导热系数为 0.044～0.049W/（m·K），最高使用温度 1100～1350℃。

11. 吸热玻璃

在普通的玻璃中加入氧化亚铁等能吸热的着色剂或在玻璃表面喷涂氧化锡可制成吸热玻璃，与普通玻璃相比，其热阻挡率可提高 2.5 倍。我国生产的茶色、灰色、蓝色等玻璃即为此类玻璃。

12. 热反射玻璃

在平板玻璃表面采用一定方法涂敷金属或金属氧化膜，可制得热反射玻璃，该种玻璃的热反射率可达 40%，从而可起绝热作用。热反射玻璃多用于门、窗、橱窗上，近年来广泛用作高层建筑的幕墙玻璃。

13. 中空玻璃

中空玻璃是由两层或两层上平板玻璃或钢化玻璃、吸热玻璃及热反射玻璃，以高强度气密性的密封材料将玻璃周边加以密封，而玻璃之间一般留有 10～30mm 的空间并充入干燥空气而制成。中间空气层厚度为 10mm 的中空玻璃，导热系数为 0.100W/（m·K），而普通玻璃的导热系数为 0.756W/（m·K）。

14. 窗用绝热薄膜

窗用绝热薄膜是以聚酯薄膜经紫外线吸收剂处理后，在真空中蒸镀金属粒子沉积层，然后与有色透明塑料薄膜压制而成，表面常涂以丙烯酸或溶剂基胶黏剂，使用时只要用水润湿即可黏贴在需要绝热的玻璃上，其性能和外观基本上与热反射玻璃相同，而价格只有热反射玻璃的 1/6，使用寿命 5～10 年，该薄膜的阳光反射率最高可达 80%，可见光的透过率可下降 70%～80%。

15. 泡沫塑料

1）聚氨基甲酸酯泡沫塑料。由聚醚树脂与异氰酯加入发泡剂，经聚合发泡形成，可用于屋面、墙面绝热，还可用于吸声、浮力、包装及衬垫材料，其表观密度 30～65kg/m^3，导热系数为 0. 035～0.042W/（m·K），最高使用温度 120℃，最低使用温度为-60℃。

2）聚苯乙烯泡沫塑料。由聚苯乙烯树脂加发泡剂经加热发泡形成，强度较高，吸水性较小，但其自身可以燃烧，需加入阻燃材料，可用于屋面、墙面绝热，也可与其他材料制成夹芯板材使用，同样也可用于包装减震材料，表观密度约 20～50kg/m^3，导热系数约 0.038～0.047W/（m·k），最高使用温度 70℃。

3）聚氯乙烯泡沫塑料。由聚氯乙烯为原料，采用发泡剂分解法、溶剂分解法和气体混入法等制得，其表观密度为 12～72kg/m^3，导热系数约 0.031～0.045W/（m·K），最高使用温度 70℃。聚氯乙烯泡沫塑料遇火自行熄灭，故可用于安全要求较高的设备保温上，同时其低温性能良好，可用于低温保冷方面。

16. 碳化软木板

碳化软木板是以一种软木橡树的外皮为原料，经适当破碎后再在模型中成型，在 300℃左右热处理而成。其表观密度 105～437kg/m^3，导热系数约 0.044～0.079W/（m·K），最高使用温度 130℃，低温下长期使用不会引起性能的显著变化，故常用作保冷材料。

17. 纤维板

纤维板是采用木质纤维或稻草等草质纤维经物理化学处理后，加入水泥、石膏等胶结剂，再经过滤压而成，表观密度 210～1150kg/m^3，导热系数约 0.058～0.307W/(m·K)，可用于墙壁、地板、顶棚等，也可用于包装箱、冷藏库等。

18. 蜂窝板

蜂窝板是由两块较薄的面板，牢固地黏结一层较厚的蜂窝状芯材两面而成的板材，亦称蜂窝夹层结构。蜂窝状芯材通常采用浸渍过合成树脂（酚醛、聚酯等）的牛皮纸、玻璃布和铝片，经过加工黏合成六角形空腹（蜂窝状）的整块芯材，芯材的厚度在 1.5～450mm 范围内，空腔的尺寸在 10mm 左右；常用的面板为浸渍过树脂的牛皮纸或不经树脂浸渍的胶合板、石膏板等。

此外，还有一些绝热材料新品种，如彩钢夹芯板、多孔陶瓷、绝热涂料、PE/EVA 发泡塑料、气凝胶等，不再详述。表 10-11 列出常用绝热材料的组成及基本性能。

表 10-11　常用绝热材料的组成及基本性能

名称	主要组成	导热系数/［W/（m•K）］	主要应用
硅藻土	无定形 SiO_2	0.060	填充料、硅藻土砖等
膨胀蛭石	铝硅酸盐矿物	0.046～0.070	填充料、轻骨料等
膨胀珍珠岩	铝硅酸盐矿物	0.047～0.070	填充料、轻骨料等
微孔硅酸钙	水化硅酸钙	0.047～0.056	绝热管、砖等
泡沫玻璃	硅、铝氧化物玻璃体	0.058～0.128	绝热砖、过滤材料等
岩棉及矿棉	玻璃体	0.044～0.049	绝热板、毡、管等
玻璃棉	钙硅铝系玻璃体	0.035～0.041	绝热板、毡、管等
泡沫塑料	高分子化合物	0.031～0.047	绝热板、管及填充等
中空塑料	玻璃	0.100	窗、隔断等
纤维板	木材	0.058～0.307	墙壁、地板、顶棚等

10.3　吸声隔声材料

10.3.1　概述

当声波在传播过程中遇到材料表面时，入射声能的一部分从材料表面反射，另一部分则被材料吸收，被吸收声能（E）和入射声能（E_0）之比，称为吸声系数 α，材料的吸声系数越高，吸声效果越好。材料的吸声特性除与声波的方向有关外，还与声波的频率有关，同一材料，对于高、中、低不同频率的吸声系数不同。为了全面反映材料的吸声特性，通常取 125Hz、250Hz、500Hz、1000Hz、2000Hz、4000Hz 六个频率的吸声系数来表示材料吸声的频率特性，凡六个频率的平均吸声系数大于 0.2 的材料，可称为吸声材料。

为发挥吸声材料的作用，材料的气孔应开放，且应相互连通，气孔越多，吸声性能越好。由于气孔的存在，大多数吸声材料强度较低，易于吸湿，所以应考虑到胀缩的影响，还应考虑防水、防腐、防蛀等问题。

10.3.2　吸声材料的类型

吸声材料按吸声机理的不同可分为两类：一类是多孔性吸声材料，主要是纤维质和开孔型结构材料；另一类是吸声的柔性材料、膜状材料、板状材料和穿孔板。多孔性吸声材料从表面至内部存在许多细小的敞开孔道，当声波入射至材料表面时，声波很快地顺着微孔进入材料内部，引起孔隙内的空气振动，由于摩擦、空气黏滞阻力和材料内部的热传导作用，使相当一部分声能转化为热能而被吸收；而柔性材料、膜状材料、板状材料和穿孔板，在声波作用下发生共振作用使声能转变为机械能被吸收。不同的吸声材料对于不同频率的声波吸收性能不同，柔性材料和穿孔板以吸收中频声波为主，膜状材料以吸收低中频声波为主，面板状材料以吸收低频声波为主。

1. 多孔性吸声材料

多孔性吸声材料是比较常用的一种吸声材料，其吸声性能不仅与材料的表观密度和内部构造有关，还与材料的厚度、材料背后的空气层以及材料的表面状况有关。

1）材料表观密度和构造的影响。材料孔隙率高、孔隙细小，吸声性能较好，孔隙过大，则效果较差。

2）材料厚度的影响。多孔材料的低频吸声系数，一般随着厚度的增加而提高，当材料的厚度达到一定程度后，吸声效果的变化就不明显，另外，厚度对高频吸声性能影响不显著。

3）背后空气层的影响。材料背后空气层（材料离墙面的安装距离）的作用相当于增加了材料的厚度，吸声效能一般随空气层厚度增加而提高，空气层厚度等于1/4波长的奇数倍时，可获得最大的吸声系数。

4）表面特征的影响。吸声材料表面的空洞和开口孔隙对吸声是有利的，当材料吸湿或表面喷涂油漆，孔口充水或堵塞，会大大降低吸声材料的吸声效果。

2. 柔性吸声材料

具有密闭气孔和一定弹性的材料，若表面仍为多孔材料，但具有密闭气孔，声波引起的空气振动不易直接传递至材料内部，只能相应地产生振动，在振动过程中由于克服材料内部的摩擦而消耗了声能，引起声波衰减，这种材料的吸声特性是在一定的频率范围内出现一个或多个吸收频率。

3. 薄板振动吸声结构

建筑中常用胶合板、薄木板、硬质纤维板、石膏板、石棉水泥或金属板等，把它们周边固定在墙或顶棚的龙骨上，并在背后留有空气层，形成薄板振动吸声结构。薄板振动吸声结构是在声波作用下发生振动，板振动时由于板内部和龙骨间出现摩擦损耗，使声能转变为机械振动，而起吸声作用。建筑中常用的薄板振动吸声结构的共振频率在80～300Hz，在此共振频率附近的吸声系数最大，约为0.2～0.5，而在其他频率附近的吸声系数就较低。

4. 共振腔吸声结构

共振腔吸声结构具有封闭的空腔和较小的开口，腔内空气受到外力激荡时，会以一定频率振动，每个单独的共振器都有一个共振频率，在其共振频率附近，颈部空气分子在声波的作用下往复运动，因摩擦而消耗声能，这就是共振腔的吸声机理。若在腔口蒙一层细布或疏松的棉絮，可以加宽和提高共振频率范围的吸声量。

5. 穿孔板组合共振腔吸声结构

穿孔板组合共振腔吸声结构与单独的共振吸声器相似，可看作是多个单独共振器并联而成，由穿孔的胶合板、硬质纤维板、石膏板、石棉水泥板、薄钢板等，将周边固定在龙骨上，并在背后设置空气层而构成，这种吸声结构适合吸收中频声波。

6. 悬挂空间吸声体

悬挂于空间吸声体利用声波与吸声材料的两个或两个以上的表面接触，从而增加了有效吸声面积，产生边缘效应，加上声波的衍射作用，大大提高了实际的吸声效果，其形式有平板形、球形、圆锥形、棱锥形等多种。

7. 帘幕吸声体

帘幕吸声体是用具有通气性能的纺织品，安装在离墙面或窗洞一定距离处，背后设置空气层。帘幕吸声体安装、拆卸方便，兼具装饰作用，对中、高频都有一定的吸声效果。

常用吸声材料的吸声系数见表 10-12。

表 10-12　常用材料的吸声系数

材料		厚度/cm	各种频率下的吸声系数						装置情况
			125	250	500	1000	200	400	
无机材料吸声砖	石膏板（有花纹） 水泥蛭石板 石膏砂浆（掺水泥、玻璃纤维） 水泥膨胀珍珠岩板 水泥砂浆 砖（清水墙面）	 6.5 — 4.0 2.2 5 1.7	0.05 0.03 — 0.24 0.16 0.21 0.02	0.07 0.05 0.14 0.12 0.46 0.16 0.03	0.10 0.06 0.46 0.09 0.64 0.25 0.04	0.12 0.09 0.78 0.30 0.48 0.40 0.04	0.16 0.04 0.50 0.32 0.56 0.42 0.05	— 0.06 0.60 0.83 0.56 0.48 0.05	贴实 贴实 墙面粉刷
木质材料	软木材	2.5	0.05	0.11	0.25	0.63	0.70	0.70	贴实
	木丝板	3.0	0.10	0.36	0.62	0.53	0.71	0.90	钉在龙骨上　后留 10cm 空气层
	三夹板	0.3	0.21	0.73	0.21	0.19	0.08	0.12	钉在龙骨上　后留 5cm 空气层
	穿孔五夹板	0.5	0.01	0.25	0.55	0.30	0.16	0.19	钉在龙骨上　后留 5～15cm 空气层
	木丝板	0.8	0.03	0.12	0.03	0.03	0.04	—	钉在龙骨上　后留 5cm 空气层
	木质纤维板	1.1	0.06	0.05	0.28	0.30	0.33	0.31	钉在龙骨上　后留 5cm 空气层
泡沫材料	泡沫玻璃	4.4	0.11	0.32	0.52	0.44	0.52	0.33	
	脲醛泡沫塑料	5.0	0.22	0.29	0.40	0.68	0.95	0.94	贴实
	泡沫水泥								贴实
	（外面粉刷）	2.2	0.18	0.05	0.22	0.48	0.22	0.32	紧靠基层粉刷
	吸声蜂窝板	—	0.27	0.12	0.42	0.86	0.48	0.30	
	泡沫塑料	1.0	0.03	0.06	0.12	0.41	0.85	0.67	
纤维材料	矿棉板	3.13	0.10	0.21	0.60	0.95	0.85	0.72	贴实
	玻璃棉	5.0	0.06	0.08	0.18	0.44	0.72	0.82	贴实
	酚醛玻璃纤维板	8.0	0.25	0.55	0.80	0.92	0.98	0.95	贴实
	工业毛毡	3.0	0.10	0.28	0.55	0.60	0.60	0.56	紧靠墙面粉刷

10.3.3　隔声材料

声波传播到材料或结构时，因材料或结构吸收会失去一部分声能，材料或结构起到了隔声作用，我们把透过材料的声能（E_τ）与入射总声能（E_0）的比值称为透射系数（τ）。透射系数反映了材料的隔声能力，材料的透射系数越小，说明材料的隔声性能越好。

声波在材料或结构中传递的基本途径有两种：一是经由空气直接传播，或者是声波使材料或构件产生振动，使声音传至另一空间中去，称为空气声；二是由于机械振动或撞击使材料或构件振动发声，称为结构声（固体声）。

对空气声的隔声而言，墙或板传声的大小，主要取决于其单位面积质量，质量越大，越不易振动，则隔声效果越好。因此，应选择密实、沉重的材料（如黏土砖、钢板、钢筋混凝土等）作为隔声材料。

对结构隔声最有效的措施是以弹性材料作为楼板面层，常用的弹性材料有厚地毯、橡胶板、塑料板、软木地板等；或在楼板基层与面层间加弹性垫层材料形成浮筑层，常用的弹性垫层材料有矿棉毡、玻璃棉毡、橡胶板等，也可在楼板基层下设置弹性吊顶，隔声吊顶材料有板条吊顶、纤维板吊顶、石膏板吊顶等。

常见的隔声结构分类见表 10-13。

表 10-13　隔声结构的分类

分类		提高隔声的措施
空气声隔绝	单层墙空气声隔绝	提高墙体的单位面积质量和厚度；墙与墙接头不存在缝隙；黏贴或涂抹阻尼材料
	双层墙空气声隔绝	采用双层分离式隔墙；提高墙体的单位面积质量；黏贴或涂抹阻尼材料
	轻型墙的空气声隔绝	轻型材料与多孔或松软吸声材料多层复合；各层材料质量不等。避免非结构谐振；加大双层墙间的空气层厚度
	门窗的空气声隔绝	采用多层门窗；设置铲口，采用密封条等材料填充缝隙
结构声隔绝	撞击声隔绝	面层增加弹性层；采用浮筑接面，使面层和结构层之间减振；增加吊顶

本章回顾与思考

1）防水卷材是建筑防水材料得重要品种，它是具有一定宽度和厚度并可卷曲的片状定型防水材料。目前防水卷材有沥青防水卷材、高聚物改性沥青防水卷材和合成高分子防水卷材等三大系列。防水卷材要满足建筑防水工程的要求，必须具备的性能包括耐水性、温度稳定性、机械强度、延伸性、抗断裂性、柔韧性和大气稳定性。

2）防水涂料是一种流态或半流态物质，可用刷、喷等工艺涂布在基层表面，经溶剂或水分挥发或各组分间的化学反应，形成具有一定弹性和一定厚度的连续薄膜，使基层表面与水隔绝，起到防水、防潮作用。防水涂料分沥青基防水涂料、高聚物改性沥青防水涂料和合成高分子防水涂料等三类。防水涂料要满足防水工程的要求，必须具备的性能包括固体含量、耐热度、柔性、不透水性和延伸性。

3）建筑密封材料是能承受位移并具有高气密性及水密性而嵌入建筑接缝中的定型和不定型的材料。常用的密封材料有沥青嵌缝油膏、塑料油膏、丙烯酸类密封膏、聚氨密封膏和硅酮密封膏等。

4）绝热材料的性能包括导热系数、温度稳定性、吸湿性和强度。常用的绝热材料包括硅藻土、膨胀蛭石、膨胀珍珠岩、发泡黏土等。

5）吸声材料按吸声机理的不同可分为两类吸声材料。一类是多孔性吸声材料，另一类是吸声的柔性材料、膜状材料、板状材料和穿孔板。对空气声的隔声，应选择密实、沉重的材料；对结构隔声最有效的措施是以弹性材料作为楼板面层，直接减弱撞击能量；在楼板基层与面层间加弹性垫层材料形成浮筑层，减弱撞击产生的振动；在楼板基层下设置弹性吊顶，减弱楼板振动向下辐射的声能。

工程案例

1）1992 年，美国人 Hunt A. J. 等在国际材料工程大会上提出了超级绝热材料的概念，认为超级绝热材料是指在特定的使用条件下，其导热系数低于“静止空气”导热系数的绝热材料，此类材料具有大量的纳米孔隙，亦被称为纳米孔超级绝热材料。相比于传统保温材料，纳米孔超级绝热材料具有更为优异的保温性能，常温条件下，一般为传统材料的 5～8 倍，而当随着温度的升高，具有更为稳定的保温隔热效果，其耐高温且相对热稳定性这一特点是其他材料所无法比拟的。当温度达到 300～400℃，或者这一温度以上，纳米孔超级绝热材料的保温效果达到传统材料的 10 倍以上，节能效果更为明显，获得更大的经济效益。为什么超级绝热材料的保温绝热效果比一般材料好呢？

2）气凝胶是一种固体物质形态，密度很小，目前最轻的硅气凝胶仅有 $0.16mg/cm^3$，比空气密度略低，所以也被叫作“冻结的烟”或“蓝烟”，气凝胶孔隙率极高，其体积的 80%以上都是空气，其孔隙结构明显不同于微米和毫米级的多孔材料，纤细的纳米结构使得材料具有极大的比表面积，作为功能材料，有广阔的应用前景。

思考题

1）防水卷材有哪几类？分别有哪些特点？

2）防水涂料有哪几类？分别有哪些特点？

3）试述建筑密封材料的技术特点及分类有哪些？

4）请简述绝热材料的绝热机理及影响因素有哪些？

5）吸声材料与绝热材料有哪些相同与不同之处？

6）隔声材料有哪些？

第11章 装 饰 材 料

装饰是人们生活中不可或缺的一部分，从原始人洞穴的简单图形到现代社会的复杂装潢，无不反映了人类对美的执着追求。图 11-1 是法国巴黎圣母院的内景，富丽堂皇的装饰使教堂显得庄严、肃穆；图 11-2 是一间起居室的装修效果图，现代简约的装饰风格显得温馨，更具生活气息。建筑装饰反映了人类的精神与文化，使建筑具备了生命力，但如果没有装饰材料，这一切都将无从谈起，本章将给读者展现一个丰富多彩的建筑装饰材料世界。

图 11-1 巴黎圣母院内景

图 11-2 现代家居装饰

11.1 概 述

当主体结构工程完成后，对室内外墙面、屋顶、地面等进行装饰所需的材料，称为建筑装饰材料。建筑装饰材料在建筑工程中具有重要地位。

1. 建筑装饰材料的分类

建筑装饰材料的范围十分广泛，可根据不同的性质进行分类。

由于建筑装饰材料的化学性质各异，通常将其分为无机装饰材料和有机装饰材料两类，其中无机装饰材料可分为金属和非金属两类；有机装饰材料有塑料、涂料等。

根据其装饰功能不同，又可分为外墙、内墙、地面、顶棚及其他装饰材料。

2. 建筑装饰材料的作用

建筑装饰材料主要作用是装饰，而材料的质感、图象以及色彩等一定程序上决定了装饰的整体效果。所谓质感，就是对材料质地的真实感觉，有的光滑，有的粗糙，有的线条粗犷，有的文理细腻，材料的质感取决于材料本身，同时可以通过不同的加工方法获得不同的质感。色彩即材料的颜色，不同的色彩可使人们获得不同的心情。

建筑装饰材料除了具有良好的装饰作用，还对建筑主体起到保护作用。如外墙直接受到风吹、日晒、雨淋等作用，使建筑物的耐久性受到威胁，采用面砖黏贴和涂料复涂的方法能够起保护作用，减轻这类影响。

建筑装饰材料还具有完善建筑使用功能的作用，可以改善室内使用条件（如光线、温度、湿度等）、吸声、隔声以及防火等作用。例如玻璃幕墙由于可以对热量进行大量反射，因此可以起到降低室内温度的效果，起到“冷房效应”等。

3. 建筑装饰材料的选择

在建筑装饰工程中，由于不同功能的建筑物对装饰的要求不同，或同类建筑也会因为时间、地点不同而有所不同，因此应根据实际，按照一定需要正确合理对建筑装饰材料进行选择。

1）装饰效果。装饰效果良好与环境和谐是建筑装饰目的所在，而材料的质感和色彩选择则是建筑装饰的重要部分。对于建筑物外部，要考虑建筑物的规模、环境及作用，来选择不同的色彩，如小规模建筑一般适合浅色调，而大型建筑物则会用深色。对于建筑物内部，考虑到不同的色彩产生不同的感觉，应该综合考虑建筑物的用途及色彩功能，以使得人们在生理和心理上均产生良好的效果。色彩相近的材料，也会因质感不同而产生新颖的效果，应该充分体现手工艺术与现代科学技术相结合所带来的美学情趣。

2）耐久性。建筑装饰材料是否耐久，是工程人员关心的问题。环境中的阳光、水分、温度、空气以及其他物质等因素共同影响建筑物，往往会降低其装饰材料的耐久性。因此，在选择装饰材料时侧重考虑耐久性较好的材料。

3）经济性。建筑装饰材料在满足良好的装饰性、耐久性的同时，还应注意成本问题，不但要考虑到一次投资，也应考虑维修费用，保证总体上的经济性。

11.2 装饰石材

装饰石材是指在建筑物上具有能被锯切、抛光等加工为饰面材料的石材，包括天然石材和人造石材两大类。科学技术的发展改变了自古以来只采用天然石材的状况，开始出现人造石材这一种新型的饰面材料。

11.2.1 天然石材

天然石材是由天然岩体中开采出来的，我们把经加工或未加工的石材统称为天然石材，它具有抗压强度高、耐久性好、生产成本低，便于就地取材等特点。

1. 装饰用岩石

装饰用岩石材按岩石的形成类型，可分为岩浆岩、沉积岩和变质岩三种。

（1）岩浆岩

建筑装饰常用的岩浆岩有花岗岩和玄武岩。

花岗岩的矿物成分主要有三种：①浅色长石（带红、黄、灰色调）；②无色或灰色的石英；③白色或黑色的云母。这种石材是一种高级饰面材料，它色彩多样，质地坚实，抗蚀力强；玄武岩主要成分为橄榄石、辉石，花色自然，组成颗粒细小致密，抗压抗折性能好，耐磨性好，吸水率低，广泛用于室内外装饰。

（2）沉积岩

建筑装饰常用的沉积岩有石灰岩和砂岩。石灰岩的化学成分以碳酸钙为主，矿物成分主要为方解石，常含有白云石、石英等，常为灰白色和浅灰色，有时因含有杂质而呈现深灰色或灰黑色，硬度一般不大；砂岩由石英颗粒（沙子）形成，结构稳定，通常呈淡褐色或红色，主要含硅、钙、黏土和氧化铁。

（3）变质岩

建筑中装饰常用的变质岩有大理石、石英岩等。

大理石主要由方解石、石灰石、蛇纹石和白云石构成，其化学成分以碳酸钙为主，还有碳酸镁、氧化钙、氧化锰及二氧化硅等。称为“汉白玉”的是纯大理石，为白色；石英岩矿物成分主要为石英，还有云母类矿物及赤铁矿、针铁矿等。石英岩是石英砂岩及硅质岩经变质作用形成的变质岩（石英含量大于 85%），硬度高，吸水较低，颗粒细腻，结构紧密。

2. 建筑石材

（1）建筑石材的概念

建筑石材是特定或规定之形状的天然石经挑选、剪裁、打磨而形成的。

（2）石材的选用原则

1）经济性。条件允许的情况下，选用运距短、劳动强度小、成本较低的。

2）强度与性能。应根据建筑物所处环境，选用强度高的石材，从而保证与石材强度相关的建筑物的耐久性、耐磨性和耐冲击性等性能。

3）装饰性。选用建筑物饰面的石材时必须充分体现建筑物的艺术美，考虑其色彩及天然纹理与建筑物周围环境的协调性。

3. 石板

用致密岩石凿平或锯解而成的较薄的石材称为石板，在建筑上常用的石板有大理石板、花岗石板等。

大理石既能用于如宾馆、展览馆、影剧院、商场等公共建筑工程的室内柱面，还可用作地画、窗台板、服务台、电梯间门脸的饰面，是理想的室内高级装饰材料，但易被侵蚀，一般不宜用作室外装饰。

花岗石饰面板一般采用晶粒较粗、结构较均匀、排列比较规整的原材，经研磨抛光而成。花岗石板材因用途不同，其加工方法也不同，建筑上常用的剁斧板主要用于室外地面、台阶、基座等处；机刨板材一般多用于地面、踏步、檐口、台阶等处；墙面、柱面、纪念碑等采用的是花岗石粗磨板；室内外墙面、地面、柱面等装修部位用的多是镜面板。

11.2.2 人造石材

人造石材以人造大理石为例，人造大理石生产工艺比较简单，原材料广泛，价格相对便宜，因而被广泛接受。人造大理石大致分为以下四类。

1. 水泥型人造大理石

水泥型人造大理石是以各种水泥如铝酸盐水泥或石灰磨细砂为黏结剂，砂为细集料，碎花岗石、工业废渣等为粗集料，经配料、搅拌、成型、养护、磨光、抛光等工序而制成，表面光洁度高，抗风化性，耐久性及防潮性等均优良。

2. 树脂型人造大理石

树脂型人造大理石多是以不饱和聚酯为黏结剂，与石英砂、大理石、方解石粉等搅拌混合、浇铸成型，在固化剂作用下经脱模、烘干、刨光等工序而制成，产品光泽度好，颜色浅，树脂黏度比较低，容易成型。

3. 复合型人造大理石

复合型人造大理石是指制作过程中用无机胶黏剂把无机填料胶结成型养护后，再在具有聚合性能的有机单体中浸渍坯体，使其聚合成型。

4. 烧结型人造大理石

将长石、石英、辉石、方解石和铁矿粉等混合，用混浆法制成坯料，用半干压法成型，以 1000℃左右高温在窑炉中焙烧而成的大理石称为烧结型人造大理石。

11.3 建筑陶瓷装饰制品

11.3.1 陶瓷的基本知识

陶瓷是以天然黏土以及各种天然矿物为主要原料，经过粉碎混炼、成型和煅烧制得的材料的各种制品。陶瓷在中国历史各朝各代有着不同艺术风格和技术特点。随着近代科学技术的发展，近百年来又出现了许多新的陶瓷品种，在工艺和原料使用上都有了新变化，如采用特殊原料，甚至用非硅酸盐、非氧化物取代黏土、长石、石英等传统原料。

1. 陶瓷的分类

通常陶瓷制品可以分为陶质制品、瓷质制品及炻质制品。

陶质制品断面粗糙无光，不透明，敲之声音沙哑，烧制温度一般在 900～1500℃，常见的有黑陶、白陶、红陶、灰陶和黄陶等。红陶、灰陶和黑陶等采用含铁量较高的陶土为原料，铁质陶土在氧化条件下呈红色，还原条件下呈灰色或黑色。

瓷质制品的坯体致密，基本上不吸水，有一定的半透明性，瓷的质地坚硬、细密，具有耐高温、釉色丰富等特点，敲之声音清脆，表面施釉。

介于陶质制品与瓷质制品之间的制品是炻质制品，也称半瓷，炻器与陶器的区别在于炻器坯体的气孔率很低，坯体致密，达到烧结程度，而与瓷器的区别在于炻器坯体多数带有颜色，呈半透明性。

2. 陶瓷原材料

陶瓷的原材料品种一般分为天然矿物原料和通过化学方法加工处理的化工原料两类。其中天然矿物原料又可分为可塑性物料、助熔物料、有机物料等。

（1）可塑性物料

可塑性物料也就是黏土，是由天然岩石经长期风化而形成，是多种微细矿物的混合体，其中主要是含水的硅酸盐矿物，因为石英、铁矿物、碱等多种杂质对黏土的可塑性、焙烧温度以及制品的性能等有影响，因此可以根据黏土的组成初步判断制品的质量。

（2）助熔物料

助熔物料又称助熔剂，可起到降低可塑性物料的烧结温度、增加制品的密实性和强度的作用，同时也能降低制品的耐火度、体积稳定性和高温下抵抗变形的能力。长石类的自熔性熔剂和铁化物、碳类等的化合性助熔剂是常用的助熔剂。

（3）有机物料

天然腐殖质或由人工加入的锯末、糠皮、煤粉等都被称为有机物料，它的使用可提高物料的可塑性。

11.3.2 陶瓷的装饰

陶瓷装饰不仅能对陶瓷制品本身起到一定的保护作用，还可以提高制品的外观效果，从而有效地把制品的实用性和装饰性结合起来。

1. 釉的作用和分类

附着于陶瓷坯体表面厚 300～400μm 的连续玻璃质层称作釉，陶瓷施釉的目的在于改善坯体的表面性能并提高力学强度。釉的种类繁多，表 11-1 是常用的几种釉及分类方法。

表 11-1 釉的分类

分类方法	种类
按坯体种类	瓷器釉、陶器釉、炻器釉
按化学组成	长石釉、石灰釉、滑石釉、混合釉、硼釉、铅硼釉、食盐釉、土釉
按烧结温度	易熔釉（1100℃以下）；中温釉（1100～1250℃）；高温釉（1250℃以上）
按制备方法	生料釉、熔块釉
按外表特征	透明釉、乳浊釉、有色釉、光亮釉、无光釉、结晶釉、砂金釉、碎纹釉、珠光釉

2. 釉下彩绘

在生坯或素烧釉坯上进行彩绘，然后施一层透明釉，再经釉烧为釉下彩绘。釉下彩绘图案不会在使用过程中损坏，并且显得清秀光亮，但机械化生产困难，目前难以广泛使用。我国的釉下彩绘制品有青花、釉里红及釉下五彩石等。

3. 釉上彩绘

釉上彩绘是在釉烧过的陶瓷釉上用低温彩釉进行彩绘，它的彩烧温度低，可以采用多种陶瓷颜料，故釉上彩绘的色彩极其丰富。

4. 贵金属装饰

贵金属装饰，即用金、铂、钯或银等金属在陶瓷釉上装饰，通常只限于一些高级细陶瓷制品。饰金极其常见，它是用金水（液态金）或金粉末，通过亮金、潜光金及腐蚀金等方法进行装饰。

11.3.3 建筑陶瓷

建筑陶瓷是用于装饰墙面，铺设地面、卫生间的装备等各种陶瓷材料及其制品的统称。建筑陶瓷通常构造致密，质地较为均匀，有一定的强度、耐水、耐磨、耐化学腐蚀、耐久性好的性能。建筑陶瓷的品种最常用的有釉面砖、墙地砖、陶瓷锦砖、以及琉玻璃制品等。

1. 釉面砖

釉面砖又称瓷砖，是由优质陶土等烧制而成，是建筑装饰工程中最常用、最重要的饰面材料之一，它具有坚固耐用，色彩鲜艳，易于清洁、防火、防水、耐磨、耐腐蚀等优点。

2. 墙地砖

墙地砖是墙砖和地砖的总称，一般包括建筑物外墙装饰贴面用砖和室内外地面装饰铺贴用砖。

墙地砖是以品质均匀、耐火度较高的黏土作为原料，经压制成型，在高温下烧制而成，表面可上釉也可不上釉，具有表面光平或粗糙等不同的质感与色彩，背面为了与基材有良好的黏结，常常具有凹凸不平的沟槽等。

3. 陶瓷壁画

陶瓷壁画是以陶瓷面砖、陶板等为基础，经艺术加工而成的现代化建筑装饰，这种壁画既可镶嵌在高层建筑的外墙面上，也可黏贴在会客室等内墙面上。

4. 琉璃制品

琉璃制品是以难熔黏土为原料，经配料、成型、干燥、素烧，表面涂以琉璃釉后，再经烧制而成的制品，一般用于建筑及艺术装饰。

5. 陶瓷锦砖

陶瓷锦砖（马赛克）是以优质瓷土烧制而成的小块瓷砖，以瓷化好、吸水率小、抗冻性能强为特色而成为外墙装饰的重要材料，特别是有釉和磨光制品以其晶莹、细腻的质感更加提高了耐污染能力和材料的高贵感。

11.4 建筑装饰玻璃

玻璃是建筑装饰工程中应用最为广泛的一类装饰材料。随着技术的进步，玻璃的使用越来越广泛，从最初单一的采光功能到现在的装饰功能，而且还在逐步向着能控制光线、调节热量、节约能源、控制噪声的方向改进，同时又向着降低建筑物自重、改善建筑环境、提高建筑艺术水平的方向发展。

11.4.1 玻璃的基础知识

1. 玻璃的原料

（1）主要原料

酸性氧化物：主要有 SiO_2、Al_2O_3 等，它们在煅烧过程中能单独熔融成为玻璃的主体，决定玻璃的主要性质。

碱性氧化物：主要有 Na_2O、K_2O 等，它们在煅烧过程中能与酸性氧化物形成易熔的复盐，起到助熔剂的作用。

增强氧化物：主要有 CaO、MgO、ZnO、PbO 等。

（2）辅助材料

在生产过程中，往往需要其他辅助材料，如助熔剂、脱色剂等。

2. 玻璃的分类

玻璃的多品种性造成了分类方法的各异性，一般情况下通常按照化学组成进行分类：

钠玻璃，主要由 SiO_2、Na_2O、CaO 组成，又名普通玻璃或钠玻璃。

钾玻璃，以 K_2O 替代钠玻璃中部分 Na_2O，并提高 SiO_2 的含量，又名硬玻璃。

铝镁玻璃，通过降低钠玻璃中碱金属和碱土金属物的含量，引入 MgO，并以 Al_2O_3 代替部分 SiO_2 制成的一类玻璃。

铅玻璃，又称钾玻璃或重玻璃、晶质玻璃，是由 PbO、K_2O 及少量的 SiO_2 所组成。

硼硅玻璃，又称耐火玻璃，是由 B_2O_2、SiO_2 及少量 MgO 所组成。

石英玻璃，由 SiO_2 组成。

3. 玻璃的性质

玻璃是将原料的熔融物冷却而形成的固体，是一种无定型结构。

1）密度。玻璃的密度与其化学组成有关，一般密度在 2500～3000kg/m^3 之间。

2）热性质。玻璃的比热随着温度而变化，若温度低于玻璃软化温度和流动温度的范围，玻璃比热几乎不变，但在软化温度和流动温度的范围上，会随着温度上升而急剧变化。

3）光学性质。玻璃能够透过光线、反射光线、吸收光线。玻璃反射光线取决于玻璃反射面的光滑程度、折射率及投射光线的入射角，对光线的吸收则与玻璃化学组成和颜色有关，同时还受温度的影响。

4）化学稳定性。玻璃具有较高的化学稳定性，但长时间接触侵蚀性介质，也能导致玻璃被腐蚀。

4. 玻璃的缺陷

玻璃的缺陷是由于玻璃体内存在各种夹杂物，大大降低玻璃质量，影响装饰效果，甚至可能严重影响玻璃的进一步加工，从而形成大量废品。

1）气泡，是玻璃体中潜藏的空洞，是可见的气体夹杂物，由制造过程中的冷却处理不慎而产生，影响玻璃的外观质量，还影响玻璃的透明度和机械强度。

2）结石，俗称疙瘩，也称沙粒，是指玻璃内的结晶夹杂物和固体夹杂物，对制品的外观和光学均匀性，以及机械强度和热稳定性有很大影响，甚至会使制品自行碎裂。

3）条纹和节瘤（玻璃态夹杂物），是玻璃主体内存在的异类玻璃夹杂物。

5. 玻璃的装饰

玻璃表面装饰的方法有很多，包括玻璃表面膜着色、扩散着色、表面堆釉、表面彩绘、表面金属装饰、表面喷砂和表面化学加工等。

11.4.2 建筑玻璃的主要品种

玻璃品种繁多，建筑上常用的品种有以下几种。

1. 平板玻璃

平板玻璃是建筑玻璃中用量最大的一种，具有透光、隔热、隔声、耐磨、耐气候变化的性能，有的还有保温、吸热、防辐射等性能，可广泛应用于镶嵌建筑物的门窗、墙面、室内装饰等。平板玻璃按生产方法分有垂直引上法和浮法两种，它的规格按厚度通常分为2mm、3mm、4mm、5mm和6mm，亦有生产8mm和10mm的，一般2mm、3mm厚的适用于民用建筑物，4～6mm的用于工业和高层建筑。

2. 中空玻璃

中空玻璃是用两片玻璃，使用高强度高气密性复合胶黏剂，将玻璃片与内含干燥剂的铝合金框架黏结制成的，由于玻璃间留有一空腔，因此具有良好的隔热、隔音性能，并且可降低筑物自重，主要用于采暖、防噪等建筑上，如办公楼、学校、医院等。如将各种能漫射光线的材料或电介质等充斥于玻璃之间，能获得更好的声控、光控、隔热等效果。

3. 钢化玻璃

钢化玻璃又称强化玻璃，是将玻璃加热到玻璃软化温度，迅速冷却或用化学方法钢化处理所得的制品。钢化玻璃实际上是一种预应力玻璃，玻璃承受外力时首先抵消表层应力，从而提高了承载能力，增强玻璃自身抗风压性、冲击性等。钢化玻璃不能切割、磨削，边角不能碰击，在破碎时，易出现网状裂纹。

4. 夹丝玻璃

夹丝玻璃也称防碎玻璃或钢丝玻璃，由普通平板玻璃加热到红热软化状态，再将预热处理的铁丝网压入玻璃中间而制成。与普通玻璃相比，夹丝玻璃增加了强度，在玻璃遭受冲击或温度剧变时，也能破而不缺，裂而不散。当火灾蔓延，夹丝玻璃还能起到隔绝火焰的作用，故又称防火玻璃。

5. 夹层玻璃用

夹层玻璃是用透明的塑料层将 2～8 层平板玻璃胶结而成的一种玻璃，具有较高的强度，受到破坏产生裂纹，碎片不易脱落，且不影响透明度，不产生折光现象，常用的有赛璐珞塑料夹层玻璃和乙烯醇缩丁醛树脂夹层玻璃两种。

6. 压花玻璃

压花玻璃是将熔融的玻璃液在冷却中通过带图案花纹的辊压而成的制品，又称花玻璃或滚花玻璃，包括一般压花玻璃、真空镀膜压花玻璃、彩色膜压花玻璃等。

7. 毛玻璃

毛玻璃是磨砂玻璃的俗称，用金刚砂等打磨或以化学方法处理以使表面粗糙，包括磨砂玻璃、喷砂玻璃及酸蚀玻璃等，一般用于建筑物的卫生间、浴室、办公室等的门窗及隔断，也有用作黑板等。

8. 热反射玻璃

热反射玻璃是在玻璃表面喷涂金、银、铜、铝、铬、镍和铁等金属及金属氧化物，或黏贴有机薄膜，或以某种金属或离子置换玻璃中原有的离子而制成，具有较高的热反射能力，同时具有良好的透光性能，又称镀膜玻璃或镜面玻璃。

9. 吸热玻璃

吸热玻璃是在普通玻璃中加入有着色作用的氧化物，如 Fe_2O_3 等，或在玻璃表面喷涂 SnO 薄膜，使玻璃带色并具有较高的吸热性能，又能保持良好光通过率。

10. 水晶玻璃饰面板

水晶玻璃也称石英玻璃，它是以 SiO_2 和其他一些添加剂为主要原料，经配料后烧熔、结晶而制成，外表层光滑，并带有各种形式的点缀花纹，具有良好的装饰效果，同时具有机械强度高、化学稳定性和耐大气腐蚀性较好的性能。

11. 光致变色玻璃

光致变色玻璃是在玻璃中加入卤化银，或在玻璃与有机夹层中加入钼和钨的感光化合物，使得玻璃的颜色会随着光线的增强而逐新变暗，而当照射停止时，又会恢复成原来颜色。

12. 釉面玻璃

釉面玻璃是在玻璃表面涂敷一层彩色易熔性色釉，使釉层与玻璃牢固结合在一起，并经不同热处理方法制成的玻璃制品。

13. 泡沫玻璃

泡沫玻璃是由碎玻璃、发泡剂、改性添加剂和发泡促进剂等，经过细粉碎和均匀混合后，再经过高温熔化、发泡、退火而制成的无机非金属玻璃材料，该种玻璃含有大量直径为1～2mm的均匀气泡结构，具有防潮、防火、防腐的作用，被广泛用于墙体保温、石油、化工、机房降噪、军工产品等。

14. 玻璃砖

玻璃砖又称特厚玻璃，玻璃砖有空心砖和实心砖两种，实心玻璃是采用机械压制方法制成的，空心玻璃砖是采用箱式模具压制而成的。

15. 玻璃幕墙

玻璃幕墙是以铝合金型材为边框，玻璃为内外敷面，其中填充绝热材料的复合墙体。

11.5 金属装饰材料

金属材料是指一种或两种以上的金属元素或金属与某些非金属元素组成的合金总称，一般分为黑色金属和有色金属两大类。黑色金属包括铁、铸铁、钢材，其中只有钢材的不锈钢用作装饰使用；有色金属包括有铝及其合金、铜及铜合金、金、银等，它们广泛地用于建筑装饰装修中。

11.5.1 铝及铝合金

1. 铝及铝合金

铝属于有色金属中的轻金属，其化学性质很活泼，当暴露在空气中时会在表面生成一层 Al_2O_3 薄膜，从而保护了其下金属不受腐蚀，但耐腐蚀性有限。纯铝的强度极低，因此为提高铝的实用性，通常在 Al 中加入 Mg、Cu、Zn、Si 等元素组成合金，称为铝合金。铝合金广泛应用于工业中，主要是航空、航天、汽车、机械制造、船舶及化学工业领域，目前在建筑工程中已经大量采用了铝合金门窗、铝合金柜台、货架及铝合金装饰板、铝合金吊顶等铝制品。

2. 铝合金的表面处理

1）阳极氧化处理。建筑用铝型材应全部进行阳极处理，目的主要是通过控制氧化条件及工艺参数，在铝型材料表面形成比自然氧化膜厚得多的氧化膜层，从而提高表面硬度、耐磨性、耐蚀性等，也为进一步着色创造了条件。

2）表面着色处理。经中和水洗或阳极氧化后的铝型材，可以进行表面着色处理，着色方法有：自然着色法、电解着色法、化学浸渍着色法等。

3. 铝合金门窗

铝合金门窗与普通木门窗、钢门窗相比，有很多优点，主要如下。

1）质轻、高强。铝合金材料多是空芯薄壁组合断面，方便使用，减轻重量，且截面具有较高的抗弯刚度，做成的门窗耐用，变形小。

2）性能好。密封性、隔声性、隔热性较普通门窗有所提高。

3）造型美观。铝合金表面经阳极电化处理，可根据呈现不同颜色和花纹；窗扇框架大，可镶较大面积的玻璃，让室内光线充足明亮，增强了室内外之间立面虚实对比，让居室更富有层次。

4）耐久性好。铝合金氧化层不褪色，不脱落，不需涂漆，易于保养，不用维修，零件使用寿命长，开闭轻便灵活，无噪声。

5）制造方便。铝合金本身易于挤压，型材的横断面尺寸精确，加工精确度高，便于进行工业化生产。

4. 铝合金装饰板

铝合金装饰板是用铝、铝合金为原料，经辊压冷压加工成各种断面的金属板材，具有重量轻、强度高、刚度好、耐腐蚀、经久耐用等优良性能，板表面经阳极氧化或喷漆、喷塑处理后，可形成装饰要求的多种色彩。

1）铝合金花纹板。铝合金花纹板是采用防锈铝合金等坯料，用特制的花纹轧辊制而成，花纹美观大方，不易磨损，防滑性能良好，防腐蚀性强，便于冲洗，通过表面处理可以得到不同的颜色，花纹板材平整，裁剪尺寸精确，便于安装，一般广泛用于墙面装饰及楼梯等处。

2）蜂窝芯铝合金复合板。蜂窝芯铝合金复合板的外表层为0.2～0.7mm的铝合金薄板，中心层用铝箔、玻璃布或纤维制成蜂窝结构，铝板表面喷涂以聚合物着色保护涂料——聚偏二氟乙烯，在复合板的外表面覆以可剥离的塑料保护膜，以保护板材表面在加工和安装过程中不致受损。蜂窝芯铝合金复合板作为高级饰面材料，可用于各种建筑的幕墙系统，也可用于室内墙面、屋面、天棚、包柱等工程部位。

3）铝合金波纹板和压型板。其表面经化学处理以后可以有各种颜色，有较好的装饰效果，且还有很强的反射阳光的能力，十分经久耐用，主要用于墙面的装饰，应用非常广泛。

4）铝合金穿孔吸声板。其根据声学原理，利用各种不同穿孔率以达到消除噪声的目的。常用防锈铝板和电化铝板，其特点是材质轻、强度高、耐高温高压、耐腐蚀、防火、防潮、化学稳定性好，且装饰效果好，组装也很简便。

11.5.2 建筑装饰钢材制品

目前，建筑装饰工程中常用的钢材制品主要有不锈钢板与钢管、彩色不锈钢板、彩色涂层钢板和彩色压型钢板以及塑料复合钢板及轻钢龙骨等。

1. 彩色涂层钢板

彩色涂层钢板是以冷轧钢板、电镀锌钢板、热镀锌钢板或镀铝锌钢板为基板经过表面脱脂、磷化、铬酸盐处理后，涂上有机涂料经烘烤而制成的产品。钢板的涂层大致可以分为有机涂层、无机涂层和复合涂层三类，常用的有机涂层为聚氯乙烯和环氧树脂等。彩色涂层钢板提高了钢板的装饰性能和防腐蚀性。

2. 彩色压型钢板

彩色压型钢板是采用彩色涂层钢板，经辊压冷弯成型各种波形的压型板，质轻、高强、色泽丰富、施工方便快捷、抗震防火、防雨、寿命长、免维修等，适用于工业与民用及公共建筑的屋盖、墙板等，可以单独用于不保温建筑的外墙、屋面或装饰，也可以与岩棉或玻璃棉组合成各种保温屋面及墙面。

3. 塑料复合钢板

塑料复合钢板是在钢板或压型钢板上覆以 0.2～0.4mm 的软质或半硬质聚氯乙烯塑料薄膜，分单面和双面覆层两种，不仅具有绝缘、耐磨、耐腐蚀、耐油等特点，还具有塑料耐腐蚀的性能，并且可弯折、咬口、钻孔等，常用于制作空气洁净系列的风管和配件等，也可做墙板、屋面板。

4. 轻钢龙骨

轻钢龙骨作为新型的建筑材料，是以镀锌钢带或薄板由特制轧机以多道工序轧制而成，重量轻、强度高，具有防水、防震、防尘、隔音、吸音、恒温等功能，同时还具有工期短、施工简便等优点，可广泛用于宾馆、候机楼、车运站、车站、游乐场、商场、工厂、办公楼、旧建筑建筑改造、室内装修设置、顶棚等场所。

11.6 建筑塑料装饰制品

装饰塑料是指用于室内装饰装修工程的各种塑料及其制品。

11.6.1 塑料地板

塑料地板，即用塑料材料铺设的地板。塑料地板按其使用状态可分为块材（或地板砖）和卷材（或地板革）两种；按其材质可分为硬质、半硬质和软质（弹性）三种；按其基本原料可分为聚氯乙烯（PVC）塑料、聚乙烯（PE）塑料和聚丙烯（PP）塑料等数种；按照生产工艺来分，可分为热压法、压延法、注解法三类；按照塑料地板的结构来分，有单层塑料地板、多层塑料地板等。

塑料地板的装饰性好，色彩及图案不受限制，能满足各种用途的需要。同时施工铺设方便，耐磨性好，使用寿命较长，便于清扫，具有隔声、隔热和隔潮等特性，在采用塑料地板时，我们应当根据其耐磨性、尺寸稳定性、翘曲性、耐化学腐蚀性和耐久性等性能来正确地选择地板。

11.6.2 塑料壁纸

塑料壁纸是目前应用最为广泛的壁纸，具有耐擦洗、透气好、伸缩性好、抗裂性较好的特点，还具有良好的装饰效果，可以制成各种图案及丰富的凹凸花纹，富有质感，且施工简单，节约大量粉刷工作，提高工效，缩短施工周期。塑料壁纸包括涂塑壁纸和压塑壁纸。涂塑壁纸是以木浆原纸为基层，涂布氯乙烯-乙酸乙烯共聚乳液与钛白、瓷土、颜料、助剂等配成的乳胶涂料烘干后再印花而成。压塑壁纸如聚氯乙烯塑料壁纸，是聚氯乙烯树脂与增塑剂、稳定剂、颜料、填料经混练、压延成薄膜，然后与纸基热压复合，再印花、压纹而成。

11.6.3 化纤地毯

化纤地毯也称为合成纤维地毯，品种极多，有尼龙（锦纶）、聚丙烯（丙纶）、聚丙烯腈（腈纶）、聚酯（涤纶）等不同种类。化纤地毯外观与手感类似羊毛地毯，价格低于其他材质地毯，并且耐磨性好，不易虫蛀和霉变，很受人们欢迎。

1. 化纤地毯的分类

化纤地毯按其加工方法的不同，主要分为以下几种。

簇绒地毯由毯面纤维、初级背衬、防松涂层和次级背衬组成，是应用最广泛的一种化纤地毯。

针扎地毯，由三部分组成，即毯面纤维、低衬和防松涂层。

机织地毯，机织地毯是传统的品种，即把经纱和纬纱相互交织编成地毯，也称纺织地毯。

手工编结地毯，完全采用手工编结，一般是单张，没有背衬。

印染地毯，一般是以簇绒地毯为基础加以印染加工而成。

2. 化纤地毯的性能

1）装饰性。化纤地毯被公认为一种高级的地面装饰材料，种类繁多，颜色从淡雅到鲜艳，图案从简单到复杂，质感从平滑的绒面到立体感的浮雕。

2）对环境的调节作用。化纤地毯具有一定的吸音性及绝热作用，因此对环境起到一定的调节作用。

3）耐污和藏污性。化纤地毯的耐污和藏污性主要取决于毯面纤维的结构、性质和毯面的结构。

4）耐倒伏性。化纤地毯的耐倒伏性是指由于毯面纤维在长期受压摩擦后向一边倒下而不能回弹的性能，此性能不好会导致露底、表面色泽不均匀以及藏污性下降。

5）耐磨性。化纤地毯的耐磨性优于羊毛地毯。

6）耐燃性。化纤地毯的耐燃性及耐烟头性较塑料地毯差。

7）抗静电性。化纤地毯在使用时，表面由于摩擦会产生静电积累和放电，可进行防静电处理。

8）色牢度。色牢度是指地毯在使用过程中，在光、热、水和摩擦等的作用下，颜色的变化程度。色牢度在很大程度上与染色的方法有关。

9）剥离强度。剥离强度是衡量地毯面层与背衬复合强度的一项指标，也能衡量地毯复合后的耐水性指标。

10）老化性。老化性是衡量地毯经过一段时间光照和接触空气中的氧气后，化学纤维老化降解的程度。

11.7 建筑装饰木材

11.7.1 木材的装饰效果

木材的装饰效果主要有以下三点。

1）纹理美观，色泽柔和。木材天然生长，具有天然纹理和丰富的自然色彩与表面光泽，使木装饰品更加典雅、亲切、温和。

2）涂饰性好。木材表面可涂饰面油漆，黏贴贴面等。

3）质感好。木材的手感和脚感极富弹性。

11.7.2 常用装饰木材制品

在装修中木材是必不可少的装修材料，铺装木质地板、制作隔墙，甚至是选择木制家具，都和木材息息相关。常用的装饰木材有如下几种。

1. 木质人造板

木质人造板是利用木质原料，或木材加工原料和植物纤维等，加入胶黏剂等添加剂而人工加工而成的装修板材，是装修中最常见的装修板材。木质人造板可以分为不同的板材，一般可分为胶合板、纤维板、刨花板、细木工板、碎木板以及木丝板等。

2. 人造饰面板

按照不同的制作工艺，人造饰面板可以分为不同的种类，主要有装饰微薄木贴面板和大漆建筑装饰板。装饰微薄木贴面板是利用珍贵的木材，将其切成微薄木板，再利用胶合板为基材，将这些珍贵材料的薄片用先进的工艺手段黏合起来，它是一种新型、高档的装饰木板。而大漆建筑装饰板则是利用我国特有的漆料，涂刷在各种木材基层上再进行加工而成的木板。

3. 拼接木地板

拼接木地板是将优良的木质材料，加工成条状小木板，再经过加工制作而成的一种木地板，它可以灵活地进行拼接组合，受到人们的广泛欢迎。

4. 木线条

木线条是装饰工程中各平面交接处的收边封口材料，如室内阴角、阳角、踢脚线以及天花线等，一般选用质地较硬、木质较细的木质材料或者木植物来进行加工处理而成。各类木线条立体造型各异，断面形状繁多，材质可选性强，表面可再行涂饰，使室内增添古朴、高雅、亲切的感觉。在选择木线条的时候，我们应注意木线条加工性能、油漆上色性能是否良好以及和墙面的黏合度是否良好。

11.8 建筑装饰涂料

涂料作为重要的建筑装饰材料之一，可装饰和保护建筑物外墙面，使建筑物外貌美观整洁，还具有省工省料、造价低、工期短、工效高、自重轻、维修方便等特点，因此在装饰工程中应用十分广泛。

11.8.1 涂料的分类

涂料的分类方法很多，按照涂料的使用部位可分为墙面涂料、地面涂料、顶棚涂料；按照涂料所形成的涂膜的质感可分为薄质装饰涂料、厚质装饰涂料、复层装饰涂料。

11.8.2 涂料的组成

涂料主要由成膜物质、颜料、溶剂和助剂四部分组成。

成膜物质是涂料的基础，决定了涂料和涂膜的性能，其主要成分是合成树脂，如醇酸树脂、丙烯酸树脂、氯化橡胶树脂、环氧树脂等。

颜料使涂膜呈现色彩，使涂膜具有遮盖被涂物体的能力，以发挥其装饰和保护作用，有些颜料还能提高漆膜机械性能、漆膜耐久性，也可以提供防腐蚀、导电、阻燃等性能。按来源可以分为天然颜料和合成颜料；按化学成分可分为无机颜料和有机颜料；而按在涂料中的作用，可分为着色颜料、体质颜料和特种颜料。

溶剂能将涂料中的成膜物质溶解或分散为均匀的液态，以便于施工成膜，当施工后又能从漆膜中挥发至大气。溶剂有的是在涂料制造时加入，有的是在涂料施工时加入。

助剂也称为涂料的辅助材料组分，它不能独立形成涂膜，而是在涂料成膜后作为涂膜一个组分而存在。助剂可以对涂料或涂膜的某一特定方面的性能起改进作用，不同品种的涂料需要使用不同作用的助剂。

11.8.3 涂料的性能和特点

1. 性能

1）遮盖力，通常用能使规定的黑白格遮盖所需的涂料的重量来衡量，重量越大遮盖力越小。

2）涂膜附着力，表示涂膜与基层的黏结力。

3）细度，大小直接影响涂膜表面的平整性和光泽。

4）黏度，不同的施工方法要求涂料有不同的黏度。

2. 特点

1）耐污性，是涂料的一个重要的特点。

2）耐久性，包括耐冻融、耐洗刷性、耐老化性。

3）耐碱性，涂料的装饰对象主要是一些碱性材料，因此耐碱性是涂料的重要特性。

4）最低成膜温度，每种涂料的最低成膜温度都不同。

11.8.4 薄质装饰涂料与厚质装饰涂料

薄质涂料与厚质涂料都是按涂料所形成涂膜的质感来划分，主要区别在于涂料中的填充料的量不一样。

薄质涂料黏度低，刷涂后能形成较薄的涂膜，表面光滑平整细致，但对基层凹凸线型无任何改变作用，主要有水溶性树脂薄涂料、合成树脂乳液薄涂料、溶剂型薄涂料、无机薄涂料等。水泥系薄质装饰涂料，是以白色硅酸盐水泥、白云石灰膏、热石灰以及骨料为主要原材料，掺加着色料、防水剂、调湿剂等配制而成，可以和水泥系的基层结合成整体，耐久性能优异，主要用于建筑外墙工程，但有时也用于楼梯间墙裙等内墙装饰，也可适用于水泥砂浆拉毛基层、预制混凝土板材、加气混凝板材等的涂饰施工。

厚质涂料黏度较高，具有触变性，上墙后不流淌，成膜后能形成一定粗糙质感的较厚涂层，涂层经拉毛或滚花后富有立体感。厚质涂料要有合成树脂乳液厚涂料、合成树脂乳液砂壁状涂料、无机厚涂料。

11.8.5 复层装饰涂料

复层涂料也称凹凸花纹涂料或浮雕涂料，是由封底涂料、主层涂料及罩面涂料组成，位于中间层的主涂层具有花纹图案，罩面涂层则具备颜色、光泽等，装饰性良好且防水，耐久性俱佳，是应用较广的建筑物内外墙涂料。主要包括水泥系复层装饰涂料、聚合物水泥系复层装饰涂料、硅酸质系复层涂料以及合成树脂乳液系、反应固化型合成树脂乳液系等品种。

本章回顾与思考

1）建筑装饰材料的作用和选择：装饰、保护建筑物、完善建筑的使用功能；应从装饰性、耐久性、经济性三方面选择装饰材料。

2）装饰石材分天然石材和人工石材。

3）陶瓷是陶器和瓷器的总称，可通过施釉、釉下彩绘、釉上彩绘、贵金属等进行装饰，建筑上可用于铺饰墙面、铺设地面等。

4）玻璃是由原料的熔融物冷却形成的固体，建筑上有平板玻璃、中空玻璃、钢化玻璃等。

5）建筑装饰工程中，大量采用铝合金门窗、柜台、货架等。装饰钢材包括：彩色涂层钢板、彩色压型钢板、轻钢龙骨、不锈钢包柱等。

6）建筑塑料以合成树脂或天然树脂为主要原料，在一定温度和压力作用下塑制成型，包括塑料地板、塑料壁纸、化纤地毯等。

7）建筑装饰木材主要包括木质人造板、人造饰面板、拼接木地板和木线条。

8）涂料的分类方法很多，涂料主要由四部分组成：成膜物质、颜料、溶剂、助剂。

工程案例

1）某写字楼工程进行装修，外檐墙面水泥砂浆打底抹面压光，刷外檐涂料，勒角及群房外檐干挂花岗岩，局部玻璃幕墙；内檐墙面混合砂浆打底，涂刷乳胶漆；楼地面为花岗岩楼地面（门厅、营业大厅、餐厅等）和地砖地面（办公室、会议室、储藏室等）；顶棚为轻钢龙骨矿棉板吊顶；卫生间墙面镶贴釉面砖，地面为防滑地砖，顶棚PVC吊顶。

2）某酒店室内精装修工程做法一览表（表11-2）。

表11-2　装修做法

房间名称	墙面	顶面	地面	踢脚
客房	特色玻璃、墙纸、木皮及布料软包	轻钢龙骨石膏板	地毯	木踢脚
卫生间	石材	轻钢龙骨石膏板	石材	—
走廊	特色玻璃、清镜、墙纸及木皮	轻钢龙骨石膏板	地毯	木踢脚

思考题

1）建筑装饰材料如何进行选择？

2）装饰石材包括哪些品种，具有哪些性质？

3）建筑陶瓷的性质是什么，有哪些建筑陶瓷制品？

4）建筑玻璃有哪些品种，具有哪些功能？

5）结合你熟悉的室内室外装饰，对所用装饰材料进行阐述。

主要参考文献

蔡珣，2010．材料科学与工程基础[M]．上海：上海交通大学出版社．

湖南大学，等，1997．建筑材料[M]．北京：中国建筑工业出版社．

黄维蓉，2011．道路建筑材料[M]．北京：人民交通出版社．

李静娟，2011．道路材料[M]．哈尔滨：哈尔滨工程大学出版社．

李立寒，2010．道路工程材料[M]．北京：人民交通出版社．

梁松，程从密，王绍怀，等，2007．土木工程材料[M]．广州：华南理工大学出版社．

彭小芹，2010．土木工程材料[M]．重庆：重庆大学出版社．

全国水泥标准化技术委员会，2012．建筑材料标准汇编，水泥（上）[M]．北京：中国标准出版社．

苏达根，2008．土木工程材料[M]．北京：高等教育出版社．

孙世民，2013．土木工程材料[M]．北京：航空工业出版社．

谭忆秋，2007．沥青与沥青混合料[M]．哈尔滨：哈尔滨工业大学出版社．

田焜，丁庆军，胡曙光，2010．新型水泥基吸波材料的研究[J]．建筑材料学报，13（3）：295-299．

向才旺，2014．建筑装饰材料[M]．北京：中国建筑工业出版社．

徐德龙，肖国先，程福安，等，2004．再论 21 世纪中国水泥工业的科技进步（Ⅱ）[J]．西安建筑科技大学学报：自然科学版，36（2）：1-10．

杨三强，刘涛，马淑红，等，2013．干旱荒漠区路面覆盖效应评价指标与评价模型研究[J]．干旱区资源与环境，27（5）：76-82．

余丽武，2011．土木工程材料[M]．南京：东南大学出版社．

苑芳友，2010．建筑材料与检测技术[M]．北京：北京理工大学出版社．

张思梅，郑华，葛军，2012．道路建筑材料[M]．郑州：黄河水利出版社．

FMLEA，1980．水泥和混凝土化学[M]．唐明述，等译．北京：中国建筑工业出版社．

Karassik I J，Mcguire T，1997，Materials of Construction[M]. New York: Springer US.

Young J F，1998. The Science and technology of civil engineering materials[M]. New Jersey: Prentice Hall.